高等职业学校机械类专业教材

数控车床加工工艺与编程

（第三版）

李灿军　张同兴　主编

中国劳动社会保障出版社

简介

本书主要内容包括数控车削加工基础，外圆与端面加工，圆锥面与圆弧加工，孔加工，槽与螺纹加工，非圆曲线加工，数控车床加工程序综合实例，数控车仿真加工，数控车床的安装、调试、维护与保养。

本书由李灿军、张同兴任主编，吕波、解鸿翔任副主编，万露、侯延斌、张超参加编写，李启瑞任主审。

图书在版编目（CIP）数据

数控车床加工工艺与编程 / 李灿军，张同兴主编 . 3 版 . -- 北京 : 中国劳动社会保障出版社，2025.
（高等职业学校机械类专业教材）. -- ISBN 978-7-5167-6976-8

Ⅰ. TG519.1

中国国家版本馆 CIP 数据核字第 2025MY4305 号

数控车床加工工艺与编程（第三版）

SHUKONG CHECHUANG JIAGONG GONGYI YU BIANCHENG

中国劳动社会保障出版社出版发行

（北京市惠新东街 1 号　邮政编码：100029）

*

北京汇林印务有限公司印刷装订　　新华书店经销

787 毫米 ×1092 毫米　16 开本　16.5 印张　391 千字

2025 年 7 月第 3 版　　2025 年 7 月第 1 次印刷

定价：48.00 元

营销中心电话：400-606-6496

出版社网址：https://www.class.com.cn

https://jg.class.com.cn

目录
CONTENTS

模块一

数控车削加工基础

任务 1　认识数控车床

任务目标

- ◆ 了解数控车床的基本组成
- ◆ 了解数控车床的结构特点和加工特点

任务引入

数控车床是当今使用最广泛的一种数控机床，主要用于加工轴类、盘套类等回转体零件，通过程序控制能够自动完成内外圆柱面、圆锥面、圆弧、螺纹等的切削加工，也可进行车槽、钻孔、扩孔和铰孔等工作。图 1–1–1 所示的复杂轴类零件可以用数控车床加工。

任务分析

与普通车床相比，数控车床的加工精度高，生产率高，并且适合加工复杂形状的回转体零件，数控车床已经成为零件加工领域必不可少的加工设备。为了更好地使用和操作数控车床，必须了解数控车床的基本组成部件及其构成关系，熟悉数控车床加工零件的特点，了解数控车床的分类。

图 1-1-1 复杂轴类零件

相关知识

一、数控车床的基本组成

数控车床如图 1-1-2 所示。数控车床主要由车床本体（主要包括床身、主轴、滑板、刀架等）、数控系统（主要包括显示器、控制面板等）和辅助装置（液压系统、冷却和润滑系统、切削液系统、清屑系统）等组成。数控车床与普通车床的进给系统有本质上的区别，普通车床有进给箱和挂轮箱，而数控车床则是直接用伺服电动机通过滚珠丝杠驱动滑板实现进给运动，因而进给系统的结构大为精简，传动精度大为提高。

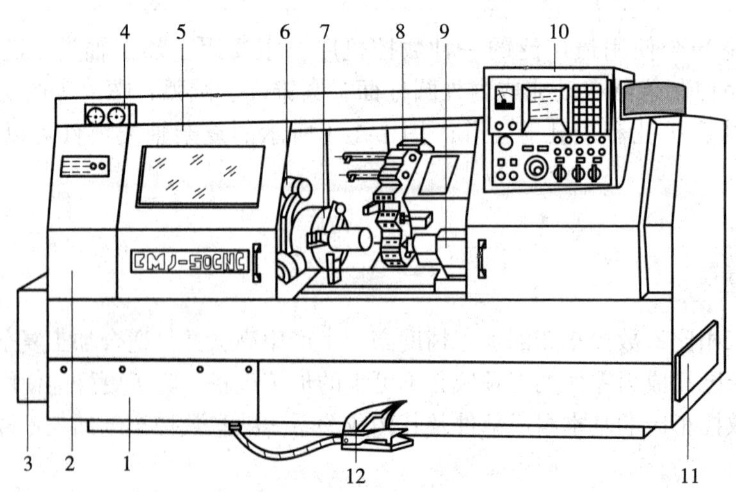

图 1-1-2 数控车床

1—床身 2—主轴箱 3—液压系统 4—压力表 5—防护门 6—机内对刀仪 7—液压卡盘 8—回转刀架及纵横滑板 9—尾座 10—数控系统 11—清屑系统 12—脚踏开关

数控车床的切削液系统大致有两种结构形式，低档数控车床的切削液系统与普通车床的切削液系统相似，是用外接的塑料软管（见图 1–1–3）接切削液泵，而高档数控车床的管路不外露，切削液喷嘴安装在刀架上（见图 1–1–4），使用更为方便，喷嘴能准确地将切削液喷在切削部位，冷却效果更好。

图 1–1–3　低档数控车床的切削液系统

图 1–1–4　高档数控车床的切削液系统

二、数控车床的分类

随着数控车床制造技术的不断发展，数控车床形成了品种繁多、规格多样的局面。对于数控车床可以采用不同的分类方法进行分类。

1. 按照车床主轴的布置形式进行分类

（1）卧式数控车床

卧式数控车床主轴的轴线是水平布置的，如图 1–1–5 所示。

（2）立式数控车床

立式数控车床主轴的轴线是竖直布置的，如图 1–1–6 所示。

图 1–1–5　卧式数控车床

图 1–1–6　立式数控车床

2. 按照数控系统的功能进行分类

（1）经济型数控车床

经济型数控车床是在普通车床的基础上改造而来的，一般采用步进电动机驱动的开环控制系统。这类数控车床结构简单，价格低廉，调整和维修较为方便。由于这类车床没有检测反馈装置，所以只适用于精度和速度要求不高的场合。

（2）全功能数控车床

全功能数控车床具有显示、图形仿真、刀具和位置补偿等功能，带有通信接口等；采用的是闭环或半闭环控制系统，可以进行多个坐标轴的控制，具有较高的刚度、精度和生产率。

（3）车削中心

车削中心以全功能数控车床为主体，并配置刀库、换刀装置、分度装置、铣削动力头（见图 1–1–7）、机械手、机内对刀仪（见图 1–1–8）等，可以实现多工序复合加工。在工件一次装夹后，它可完成回转类零件的车、铣、钻、铰、攻螺纹等多种加工工序。其功能全面，但价格较高。

图 1–1–7 铣削动力头

图 1–1–8 机内对刀仪

三、数控车床的结构特点

1. 采用了高性能的无级变速主轴伺服传动系统，大大简化了机械传动结构。

2. 大量采用了精度和刚度都较好的传动元件，如滚珠丝杠（见图 1–1–9）、贴塑导轨等。

3. 采用多刀架、自动换刀装置和自动排屑装置等，减轻了操作者的劳动强度并提高了生产率。

4. 大大减小了车床的热变形，保证车床加工过程中的精度稳定，获得可靠的加工质量。

图 1–1–9 滚珠丝杠

四、数控车床的加工特点

1. 适应能力强，适用于多品种、小批量零件的加工

在传统的自动车床上加工新零件时，需要经常调整车床或车床附件，以适应新零件的加工要求。如果使

用数控车床加工新零件，只需要重新编制加工程序就可以达到要求，大大缩短了车床准备时间。因此，数控车床适用于多品种、单件或小批量加工。

2．加工精度高，加工质量稳定

由于数控车床是由预先输入的程序通过计算机进行控制加工的，所以从一定程度上避免了操作者技术水平的差异引起的产品质量的变化。同时，数控车床的加工过程不受操作者体力、情绪等因素的影响。

3．能够加工复杂型面

随着自动编程技术的发展，利用图形自动编程软件生成加工程序，可以加工出普通车床难以加工的复杂型面零件。

4．加工效率高

在数控车床上可以实现多道工序的连续加工，一名操作人员可以同时管理多台数控车床。与普通车床相比，数控车床的生产率大大提高。

5．减轻操作人员的劳动强度

使用数控车床，操作人员不需要进行繁重的重复性手工操作，劳动强度大大降低。

五、数控车床主要加工对象

1．精度要求较高的回转体零件

由于数控车床刚度大，精度高，以及能方便和精确地进行人工补偿或自动补偿，因此能够加工尺寸精度要求较高的零件。

2．表面粗糙度值小的回转体零件

由于数控车床具有较大的刚度和较高的加工精度，同时还具有恒线速度切削功能，所以数控车床能够加工出表面粗糙度值较小的零件。在材质、精车余量和刀具一定的情况下，表面粗糙度值的大小取决于切削用量的选择。使用数控车床的恒线速度控制功能，就可以选用最佳的切削速度。数控车床还适合车削各部位表面粗糙度值要求不同的零件。对于表面粗糙度值要求较小的表面，可以用减小进给速度的方法来加工；而对于表面粗糙度值要求较大的表面，可以相应地加大进给速度，以提高加工效率。

3．轮廓形状复杂的零件

数控车床一般具有圆弧插补功能，可以直接使用圆弧插补指令来加工圆弧轮廓。借助编程软件数控车床还可以加工椭圆、抛物线等非圆曲线型面零件（见图 1–1–10），加工复杂回转体零件也极为方便。

4．带有特殊螺纹的回转体零件

普通车床只能加工等导程的圆柱或圆锥螺纹，而且一台车床只能限定加工若干种导程。而数控车床可以车削任何等导程或变导程圆柱螺纹（见图 1–1–11）、圆锥螺纹和端面螺纹等。

图 1–1–10　非圆曲线型面零件

图 1–1–11　变导程圆柱螺纹

任务 2　数控车床的基本操作

任务目标

◆ 掌握 FANUC 0i 系统数控车床操作面板各按键、旋钮的名称及功能

◆ 能够规范操作数控车床

任务引入

数控车床的操作是通过系统控制面板和机床操作面板来完成的。不同类型的数控车床，由于配置的数控系统不同，面板功能和布局也各不相同。因此，在操作数控车床之前，必须仔细阅读编程与操作说明书，充分了解和掌握所用设备的特性及各项操作与编程规定。现以 CK6150 型数控车床上的 FANUC 0i 数控系统为例，要求掌握数控车床的开机与关机、手动返回参考点操作方式、手动操作方式、手轮操作方式等，并掌握数控车床的安全操作规程。

相关知识

一、数控车床操作部分的组成

数控车床的操作部分一般位于数控车床的正面，就是带有液晶显示屏的区域。FANUC 0i 系统数控车床的操作部分由系统控制面板、机床操作面板等组成，如图 1–2–1 所示。

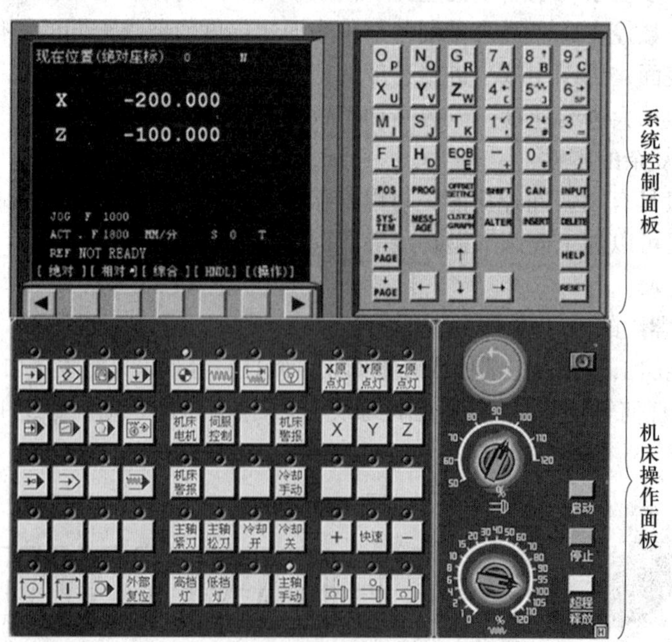

图 1–2–1　FANUC 0i 系统数控车床的系统控制面板和机床操作面板

二、系统控制面板

系统控制面板主要包括液晶显示屏、MDI 键盘和功能软键等，如图 1–2–2 所示。按键的名称和功能见表 1–2–1。

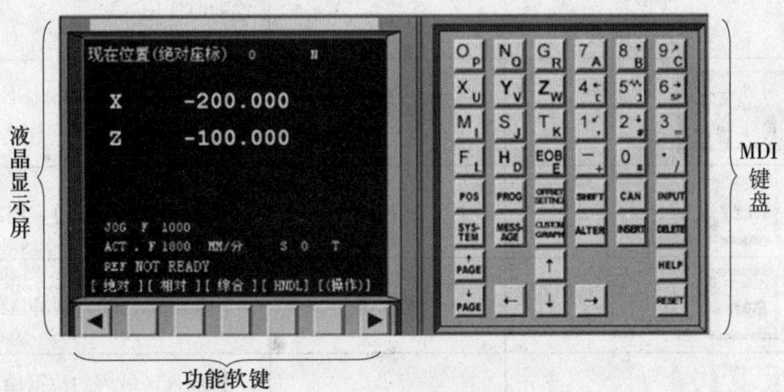

图 1–2–2 系统控制面板

表 1–2–1 按键的名称和功能

按键图标	名称	功能
O P N Q G R 7 A 8 B 9 C X U Y V Z W 4 [5] 6 SP M I S J T K 1 , 2 # 3 = F L H D EOB E – + 0 * . /	数字 / 字母键	用于输入数据到输入区域，系统自动判别取字母、数字还是字符
EOB E	回车换行键	结束一行程序的输入并且换行
POS	坐标位置显示键	位置显示有绝对、相对和综合三种方式，用其对应的下方软键切换
PROG	程序显示键	在编辑方式下，用于编辑、显示存储器内的程序；在手动数据输入方式下，用于输入和显示程序；在自动运行方式下，用于显示程序指令和机床运行状态
OFFSET SETTING	偏置参数输入键	用于刀具补偿数据的显示与设定
SYS-TEM	系统参数键	用于显示系统画面
MESS-AGE	信息键	用于显示提示信息
CUSTOM GRAPH	图形参数设置键	用于显示图形画面

续表

按键图标	名称	功能
↑PAGE 屏幕向前翻页键　↓PAGE 屏幕向后翻页键	翻页键	控制屏幕向前或向后翻一页，检查程序与诊断时使用
↑ ← ↓ →	光标移动键	控制光标在操作区上下左右移动，修改程序或参数时使用
SHIFT	转换键	某些键有两个字符，用此键来选择字符
CAN	修改键	用于删除已输入缓冲区的最后一个字符
INPUT	输入键	将输入区域内的数据输入参数页面或者输入一个外部的数控程序
ALTER 替换键　INSERT 插入键　DELETE 删除键	编辑键	替换键：用输入的数据替代光标所在处的数据 插入键：把输入区域中的数据插入当前光标所在的位置 删除键：删除光标所在处的数据，删除一个数控程序或者删除全部数控程序
HELP	系统帮助页面键	用于显示如何操作数控车床，可在数控系统发生报警时提供报警信息
RESET	复位键	用于对数控系统进行复位，或清除报警信息

三、机床操作面板

图 1–2–3 所示为 FANUC 0i 系统数控车床的机床操作面板。

图 1–2–3　机床操作面板

机床操作面板上按键和旋钮的名称和功能见表 1–2–2。

表 1–2–2 机床操作面板上按键和旋钮的名称和功能

图标	名称	功能
AUTO EDIT MDI ZRN JOG HANDLE	模式选择按键	AUTO：自动运行加工程序 EDIT：程序的输入及编辑 MDI：手动数据输入 ZRN：回机床参考点 JOG：手动进给 HANDLE：手轮进给
SBK BDT DRN MLK CYCLE START FEED HOLD	AUTO 模式下的按键	SBK：单段运行。按下该按键，每按一次循环启动按键，机床将执行一段程序后暂停 BDT：程序段跳跃。按下该按键，程序段前加“/”符号的程序段将被跳过执行 DRN：空运行。按下该按键，在自动运行模式下，刀架将以最快的速度运行，用于检查刀具运动轨迹 MLK：车床锁住。按下该按键，刀架的移动功能将被限制，用于检查程序编制是否正确 CYCLE START：循环启动。用于启动程序自动运行 FEED HOLD：进给保持。按下该按键，机床将暂时停止进给
	急停按钮	在车床手动或自动运行期间，发生紧急情况时，按下此按钮，车床立即停止运行，如主轴停转、滑板停止移动、切削液关闭等。松开时，沿箭头指示方向旋转此按钮即可弹起，恢复正常
50 60 70 80 90 100 110 120 %	主轴倍率修调旋钮	用于适时调整车床主轴转速
0 1 2 4 6 8 10 15 20 30 40 50 60 70 80 90 95 100 105 110 120 %	进给倍率修调旋钮	用于适时调整刀架的移动速度
启动 停止 系统启动按键 系统停止按键	系统电源按键	系统启动按键：在车床电源总开关打开时，按下系统启动按键后，数控系统通电 系统停止按键：在车床停止工作时，按下系统停止按键后，数控系统断电

续表

图标	名称	功能
超程释放	超程释放按键	出现超程时，按下此键，同时按下超程反方向键，解除超程
CW STOP CCW	主轴功能按键	主轴功能按键只在 JOG 或 HANDLE 模式下有效 CW：主轴正转按键 STOP：主轴停转按键 CCW：主轴反转按键

任务实施

可以根据操作需要，选择数控车床的工作状态，按下对应的按键（见图 1–2–4），其相应的指示灯点亮表示该工作状态被选中。

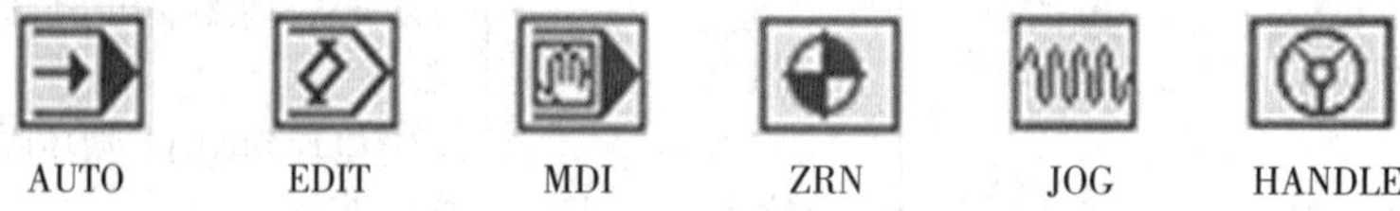

图 1–2–4　数控车床的六种工作状态按键

一、数控车床的开机与关机

1．数控车床的开机

（1）检查数控车床的状态是否正常（如润滑油量是否合适）。

（2）打开车床电源总开关。

（3）按下机床操作面板上的系统启动按键。

（4）旋起急停按钮。

2．数控车床的关机

（1）按下急停按钮。

（2）按下机床操作面板上的系统停止按键。

（3）关闭车床电源总开关。

注意：为了避免数控车床在开关机过程中，由于电流的瞬间变化而冲击数控系统外部设备，应严格按照以上操作顺序开关机。

二、手动返回参考点操作方式 ZRN

对于使用绝对位置编码器的数控车床，数控系统断电重新启动后，不需要执行返回参考点操作。但对于使用相对位置编码器的数控车床，数控系统断电重新启动后，必须执行返回参考点操作。如果断电重新启动后没有返回参考点，参考点指示灯会不停地闪烁，提醒操作者进行该项操作。其操作方式如下。

1. 按下按键，选择手动返回参考点操作方式。

2. 依次按下 X 键和 + 键，使 X 轴回到参考点；再按下 Z 键和 + 键，使 Z 轴回到参考点。

3. 各轴都返回参考点后，对应的原点指示灯 X原点灯 和 Z原点灯 点亮。

在手动返回参考点过程中，为了保证车床和刀具的安全，一般按先回 X 轴后回 Z 轴的顺序进行。

三、手动操作方式 JOG

手动操作方式是通过 X 轴、Z 轴方向移动按键，实现两轴各自的移动，并通过进给倍率修调旋钮选择移动的速度，还可以同时按下快速移动键 快速，实现快速连续移动。其操作方式如下。

1. 按下按键，选择手动操作方式。

2. 根据移动需要按下 X 键或 Z 键，选择移动轴。

3. 根据移动需要按下 + 键或 - 键，滑板将沿着已选定的轴，向"+"方向或"-"方向移动。

四、手轮操作方式 HANDLE

操作者可以转动手轮使滑板进行前后左右的移动，手轮操作方式适合于近距离对刀操作。其操作方式如下。

1. 按下按键，选择手轮操作方式。

手轮脉冲倍率开关有 ×1、×10、×100 三个位置，分别表示每格移动量为 0.001 mm、0.01 mm 和 0.1 mm，根据移动量要求任选其一，这样就可以确定手轮每格当量值。

2. 根据移动需要顺时针或逆时针摇动手轮，顺时针方向摇动时为正方向脉冲，逆时针方向摇动时为负方向脉冲。

五、手动数据输入方式 MDI

手动数据输入方式用来在系统键盘上输入一段程序，然后按下循环启动键执行该段程序。其操作方式如下。

1. 按下按键，选择手动数据输入方式。

2. 按下程序显示键 PROG，液晶屏幕左上角显示"MDI"。

3. 输入要运行的程序段。

4. 按下循环启动键，按键灯亮，车床开始自动运行该程序段。

注意：

- MDI 手动输入的程序不能被存储，程序运行后被自动消除。
- 按循环启动键后，运行中的程序段不能被编辑。
- FANUC 0i 系统最多输入 10 个程序段。
- 练习 MDI 手动数据输入操作、对刀前，机床应先回参考点。
- 练习 MDI 手动数据输入操作时，不能随意运行快速移动指令，以避免撞刀。

六、编辑操作方式 EDIT

编辑操作方式是用来输入、修改、删除、查询和调用加工程序的一种工作方式。

1．新程序的建立

（1）按下按键，选择编辑操作方式。

（2）按下程序显示键 PROG 。

（3）输入地址符 O，输入程序号（如 O2008），按下插入键 INSERT ，即可完成新程序号“O2008”的输入。

注意：在建立新程序时，新程序的程序号必须是存储器中没有的程序号。

2．程序的调用

（1）按下按键，选择编辑操作方式。

（2）按下程序显示键 PROG 。

（3）输入欲调用的程序号（如 O1997），按下向下移动键 ↓ ，即可完成程序“O1997”的调用。

注意：在调用新程序时，调用的程序号必须是存储器中已有的程序号。

3．程序的删除

（1）按下按键，选择编辑操作方式。

（2）按下程序显示键 PROG 。

（3）输入欲删除的程序号（如 O0097），按下删除键 DELETE，即可完成单个程序“O0097”的删除。

4．指令字的删除

（1）按下按键，选择编辑操作方式。

（2）按下程序显示键 PROG 。

（3）使用光标移动键将光标移动到欲删除的指令字（如 X25.0），按下删除键 DELETE，即可完成指令字“X25.0”的删除。

5．指令字的插入

（1）按下按键，选择编辑操作方式。

（2）按下程序显示键 PROG 。

（3）使用光标移动键将光标移动到欲插入指令字的位置，输入欲插入的指令字（如 X55.0），按下插入键 INSERT，即可完成指令字“X55.0”的插入。

6．指令字的替换

（1）按下按键，选择编辑操作方式。

（2）按下程序显示键 PROG 。

（3）使用光标移动键将光标移动到欲替换的指令字（如 Z55.0），输入要替换的指令字（如 Z5.0），按下替换键 ALTER，即可完成指令字的替换。

七、自动操作方式 AUTO

1．选择要执行的程序。

2．按下按键 →，选择自动操作方式。

3. 按下循环启动键，按键灯亮，自动加工循环开始。

4. 程序执行完毕，循环启动按键灯灭，自动加工循环结束。

八、急停操作

在车床操作过程中，如果出现紧急情况，应立即按下急停按钮，车床的全部动作停止，该按钮同时自锁，并在屏幕上出现“EMG”字样，车床报警指示灯点亮。当险情或故障排除后，沿箭头指示方向旋转一定角度，急停按钮自动弹起。

九、车床超程释放操作

在车床操作过程中，可能会由于某种原因使车床的滑板在某方向的移动位置超出设定的安全区域，数控系统会报警并停止滑板的移动。此时应按着超程释放按键并沿着超程的相反方向移动滑板，解除急停状态。

十、主轴倍率修调操作

为了达到最佳的切削效果，可以利用主轴倍率修调旋钮来调整给定的主轴转速。调整后的实际主轴转速为程序给定S值与主轴倍率修调旋钮所指数值的百分数之积，并可以通过显示屏观察到。其调整范围一般为50%～120%。

十一、进给倍率修调操作

为了达到最佳的切削效果，可以利用进给倍率修调旋钮来调整给定的进给速度。调整后的实际进给速度为程序给定F值与进给倍率修调旋钮所指数值的百分数之积，并可以通过显示屏观察到。其调整范围一般为0%～120%。

十二、车床锁住的操作

为了模拟刀具运动轨迹，通常要进行车床锁住操作。按下车床锁住键，该键指示灯点亮，车床锁住状态有效。要解除车床锁住状态，只要再按一次车床锁住键，即可解除。

注意：在车床锁住状态下，只是锁住了各伺服轴的运动，主轴、冷却系统和刀架照常工作。

十三、数控车床的安全操作规程

1. 安全操作基本注意事项

（1）工作时应穿好工作服、安全鞋，戴好工作帽、防护镜，不允许戴手套操作车床。

（2）不要移动或损坏安装在车床上的警告标牌。

（3）不要在车床周围放置障碍物，工作空间应足够大。

（4）如某一项工作需要多人共同完成，应注意相互间的配合。

（5）不允许使用压缩空气清洗车床、电气柜及数控单元。

2. 工作前的准备工作

（1）车床开始工作前要进行预热，认真检查润滑系统工作是否正常，如车床长时间未开动，可先采用手动方式向各部分供油润滑。

（2）使用的刀具应与车床允许的规格相符，对于严重破损的刀具要及时更换。

（3）调整刀具所用的工具不要遗忘在车床内。

（4）大尺寸轴类零件的中心孔应合适，如果中心孔太小，工作中易发生危险。

（5）刀具安装好后应进行 1 ~ 2 次试切削。

（6）检查卡盘是否夹紧。

（7）车床开动前，必须关好车床防护门。

3．工作过程中的安全注意事项

（1）禁止用手接触刀尖和铁屑，必须用铁钩子或毛刷来清理铁屑。

（2）禁止用手或其他任何物体接触正在旋转的主轴、工件或其他运动部位。

（3）禁止在加工过程中测量、变速，禁止在加工过程中用棉丝擦拭工件或清扫机床。

（4）车床运转过程中，操作者不得离开岗位，发现异常情况应立即停车。

（5）经常检查轴承温度，温度过高时应找有关人员进行检查。

（6）在加工过程中，不允许打开车床防护门。

（7）严格遵守岗位责任制，车床由专人使用，他人使用须经责任人同意。

（8）工件伸出车床超过 100 mm 时，须在伸出位置设防护物。

（9）禁止在不知道规程的情况下进行尝试性操作，操作中如车床出现异常，必须立即向相关人员报告。

（10）手动返回参考点时，注意车床各轴位置要距离原点 100 mm 以上，返回参考点顺序为：先 +X 轴，再 +Z 轴。

（11）使用手轮或快速移动方式移动各轴位置时，一定要看清车床 X 轴、Z 轴各方向“+”“–”按键后再移动。移动时先慢转手轮，观察车床移动方向无误后方可加快移动速度。

（12）编完程序或将程序输入车床后，须先进行图形模拟，准确无误后再进行车床试运行，并且刀具应离开工件端面 200 mm 以上。

（13）程序运行注意事项

1）对刀应准确无误，刀具补偿号应与程序调用刀具补偿号符合。

2）检查车床各功能按键的位置是否正确。

3）光标应在主程序开始处。

4）加注适量切削液。

5）站立位置应合适，启动程序时，右手做按急停按钮准备，在程序运行过程中手不能离开急停按钮，如有紧急情况立即按下急停按钮。

（14）加工过程中认真观察切削及冷却状况，确保车床、刀具的正常运行及工件的质量，并关闭防护门以免铁屑、润滑油飞出。

（15）在暂停程序运行测量工件尺寸时，要待车床完全停止、主轴停转后方可进行测量，以免发生人身事故。

（16）关机时，要等主轴停转 3 min 后方可关机。

（17）未经许可，禁止打开电气柜。

（18）对于各手动润滑点，必须按说明书要求润滑。

（19）在程序调整完后，修改程序的钥匙要立即取下，不得插在车床上，以免改动程序。

（20）切削液要定期更换，一般间隔为 1～2 个月。

（21）若车床暂时不使用，则每隔一周应对数控系统通电 2～3 h。

4．工作完成后的注意事项

（1）清除切屑，擦拭车床，使车床与环境保持清洁状态。

（2）注意检查或更换车床导轨上的防护盖板。

（3）检查润滑油、切削液的状态，及时添加或更换。

（4）按下机床操作面板上的系统停止按键，关闭总电源。

任务 3　数控车床系统（FANUC）的加工程序

任务目标

◆ 掌握数控加工程序的结构与格式

◆ 掌握部分数控代码的基本含义

◆ 掌握数控加工程序的输入与编辑方法

任务引入

图 1–3–1 所示为阶梯轴，其毛坯尺寸为 ϕ45 mm × 60 mm，材料为 45 钢。本任务要求编制其加工程序，将程序输入数控系统，检查、修改并进行图形模拟。

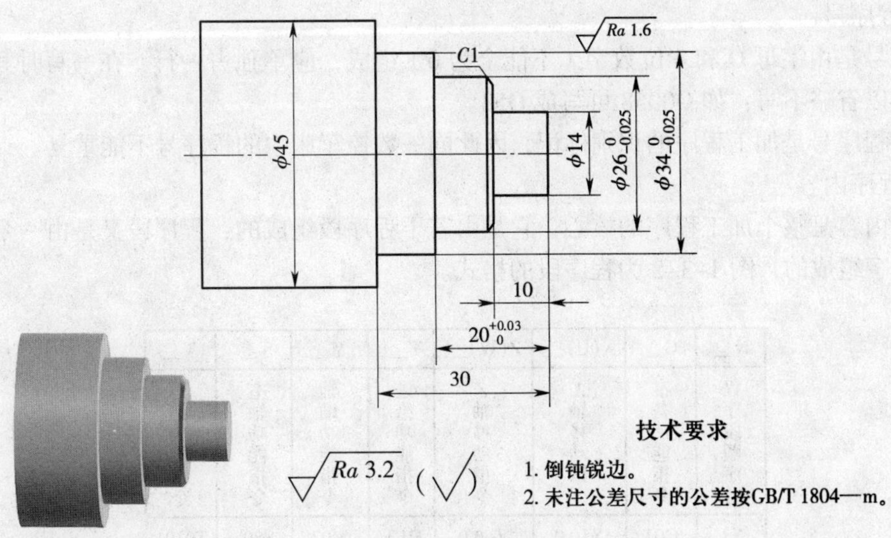

图 1–3–1　阶梯轴

任务分析

编制加工程序是应用数控车床的必备能力。数控加工程序有特定的格式，是由具有不同含义的指令和代码组成的，要完成本任务零件加工程序的输入与编辑，必须掌握编程的基础知识。

相关知识

数控加工程序的编制方法有两种：手工编程和自动编程。本任务主要介绍手工编程的方法。

一、数控加工程序的结构

每一个完整的数控加工程序都是由程序号、程序内容和程序结束三部分组成的。其格式如下所示。

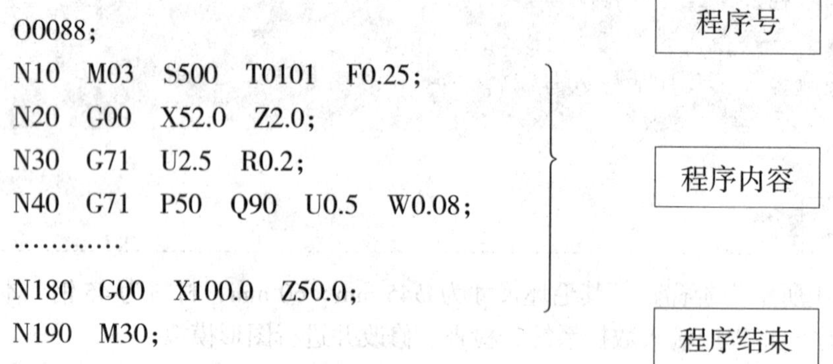

1．程序号

程序号是由字母 O 和 4 位数字（不能全为 0）组成，应单独占一行。在书写时其数字前面的零可以省略不写，如 O0058 可写成 O58。

由于程序号是加工程序的识别标记，因此同一数控车床中的程序号不能重复。

2．程序内容

程序内容是整个加工程序的核心，它是由若干程序段组成的，程序段又是由一个或多个程序指令字组成的，图 1–3–2 为程序段的格式。

N__	G__	X(U)__	Z(W)__	F__	M__	S__	T__
程序段顺序号	准备功能指令	*X* 轴移动指令	*Z* 轴移动指令	进给功能指令	辅助功能指令	主轴功能指令	刀具功能指令
N3	G01	X10.0	Z–5.0	F0.3	M03	S80	T0101

图 1–3–2　程序段的格式

3. 程序结束

程序结束部分由程序结束指令构成，它必须写在程序的最后，代表零件加工程序的结束。为了保证最后程序段的正常执行，程序结束部分通常单独占用一行。

二、程序指令字

程序指令字由地址符（指令字符）和带符号或不带符号的数字组成。主要地址符见表 1–3–1。

表 1–3–1　　主要地址符

地址符	功能	意义
O	程序号	程序编号
N	程序段号	程序段编号
G	准备功能	指令车床动作方式
X、Z、U、W、A、C	尺寸字	坐标轴的移动
R		圆弧半径、固定循环的参数
I、K		圆心坐标
F	进给功能	进给速度指定
S	主轴功能	主轴旋转速度指定
T	刀具功能	刀具编号选择
M	辅助功能	车床相关功能开关控制
P、X	暂停	暂停时间指定
P	程序号指定	子程序号指定
L	重复次数	子程序的重复次数
P、Q、R、U、W、I、K、C、A	参数	车削复合循环参数
C、R	倒角控制	自动倒角参数

指令按照功能不同可以分为五种，分别是准备功能指令、辅助功能指令、主轴功能指令、刀具功能指令和进给功能指令。

1. 准备功能指令

准备功能指令又称 G 功能或 G 指令，由地址符 G 和后面的两位数字组成，用来规定刀具和工件的相对运动轨迹、机床坐标系、刀具补偿、坐标偏置等，见表 1–3–2。

G 指令根据功能的不同又分成若干组，其中 00 组的 G 指令称为非模态指令，其余组的称为模态指令。

表 1-3-2　　准备功能指令

指令	组	功能	指令	组	功能
G00	01	快速点定位	G55	14	选择工件坐标系 2
★ G01		直线插补	G56		选择工件坐标系 3
G02		顺时针圆弧插补	G57		选择工件坐标系 4
G03		逆时针圆弧插补	G58		选择工件坐标系 5
G04	00	暂停	G59		选择工件坐标系 6
G20	06	英制输入	G70	00	精车循环
★ G21		公制输入	G71		内外径复合形状粗车循环
G27	00	返回参考点检测	G72		端面复合形状粗车循环
G28		返回机床参考点	G73		复合形状粗车固定循环
G29		由机床参考点返回	G74		端面深孔钻削循环
G30		返回第二、三、四参考点	G75		内外径车槽复合循环
G32	01	螺纹切削	G76		螺纹切削复合循环
★ G40	07	取消刀尖圆弧半径补偿	G90	01	内外径单一形状切削循环
G41		刀尖圆弧半径左补偿	G92		螺纹切削循环
G42		刀尖圆弧半径右补偿	G94		端面切削循环
G50	00	坐标系设定或主轴最高速度限定	G96	02	恒线速度控制
G52		局部坐标系设定	★ G97		取消恒线速度控制
G53		选择机床坐标系	G98	05	指定每分钟进给量
★ G54	14	选择工件坐标系 1	★ G99		指定每转进给量

说明：标记“★”的指令为缺省 G 指令，即在车床系统通电时被初始化为该功能。

（1）模态指令

模态指令是一组可相互注销的指令，这些指令一旦被执行，则一直有效，直到被同一组的其他指令注销为止。

（2）非模态指令

非模态指令只在所规定的程序段中有效，程序段结束时被注销，也称一次性指令。

不同组的几个 G 指令可以在同一程序段中指定且与顺序无关；同一组的 G 指令在同一程序段中指定，则最后一个 G 指令有效。不同系统的 G 指令并不一致，即使同型号的数控系统，G 指令也未必完全相同，编程时一定以系统的说明书所规定的指令进行编程。

2. 辅助功能指令

辅助功能指令也称 M 功能或 M 指令，用于控制车床辅助动作开关及状态。它由地址符 M 及后面的数字组成。其特点是靠继电器的通断来实现其控制过程。辅助功能指令见表 1–3–3。

表 1–3–3 辅助功能指令

指令	功能	指令	功能
M00	程序停止	M10	车螺纹斜退刀
M01	程序计划停止	M11	车螺纹直退刀
M02	程序结束	M12	误差检测
M03	主轴正转	M13	误差检测取消
M04	主轴反转	M19	主轴准停
M05	主轴停止转动	M30	程序结束并返回起点
M08	切削液打开	M98	调用子程序
M09	切削液关闭	M99	子程序调用结束

（1）程序停止指令 M00

执行 M00 指令后，车床所有动作都暂停，只有当重新按下循环启动按键后，再继续执行 M00 指令后面的程序。该指令常用于粗精加工之间精度检测时的暂停。

（2）程序计划停止指令 M01

M01 指令的执行过程和 M00 指令类似，只有按下机床操作面板上的选择停止按键后，该指令才有效，否则车床继续执行后面的程序。该指令常用于检查工件的某些关键尺寸。

（3）程序结束指令 M02

执行 M02 指令后，表示加工程序内所有内容都已完成，执行光标停止在 M02 指令后。

（4）程序结束并返回起点指令 M30

M30 指令的执行过程与 M02 指令相似。不同之处在于执行 M30 指令后，随即停止主轴的转动等所有动作，并且光标返回程序起始处，准备加工下一个工件。

（5）主轴功能指令 M03/M04/M05

M03 指令用于主轴正转，M04 指令用于主轴反转，M05 指令用于主轴停止转动。

（6）切削液开关指令 M08/M09

M08 指令用于打开切削液，M09 指令用于关闭切削液。

（7）子程序调用指令 M98/M99

M98 指令用于调用子程序，M99 指令用于子程序调用结束并返回其主程序。

3. 主轴功能指令

主轴功能指令也称 S 指令，用于控制主轴转速，由地址符 S 和后面的数字组成，S 后的数字表示主轴转速，单位为 r/min。

在使用恒线速度功能时（G96 指令表示恒线速度切削，G97 指令表示取消恒线速度切削），S 后的数值表示切削线速度，单位为 m/min。

S 指令为模态指令，且 S 指令只有在主轴转速可调节的车床上有效。

4．刀具功能指令

刀具功能指令也称 T 指令，T 指令主要用来选择刀具。它由地址符 T 和后面的数字组成，有 T×× 和 T×××× 之分，具体对应关系由生产厂家确定，使用时应注意查阅车床使用说明书。

T0102 表示选择 01 号刀具并调用 02 号刀具补偿值。

T0000 表示取消刀具选择及刀补。

当一个程序段中同时有 T 指令与刀具移动指令时，则先执行 T 指令选择刀具，而后执行刀具移动指令。

5．进给功能指令

进给功能指令也称 F 指令，由地址符 F 和后面的数字组成。F 后的数字表示坐标轴的进给速度，它的单位取决于 G98 或 G99 指令。G98 指令为每分钟进给量，单位为 mm/min；G99 指令为每转进给量，单位为 mm/r 。

F 指令也为模态指令。在 G01、G02 或 G03 指令方式下，F 指令一直有效，直到被新 F 指令取代或被 G00 指令注销，G00 指令工作方式下的快速定位速度是各轴的最高速度，由系统参数确定，与编程数值无关。

任务实施

建立图 1–3–3 所示零件的工件坐标系，完成右端 $\phi14$ mm × 10 mm、$\phi26_{-0.025}^{0}$ mm × $20_{0}^{+0.03}$ mm、$\phi34_{-0.025}^{0}$ mm × 30 mm 台阶的加工。

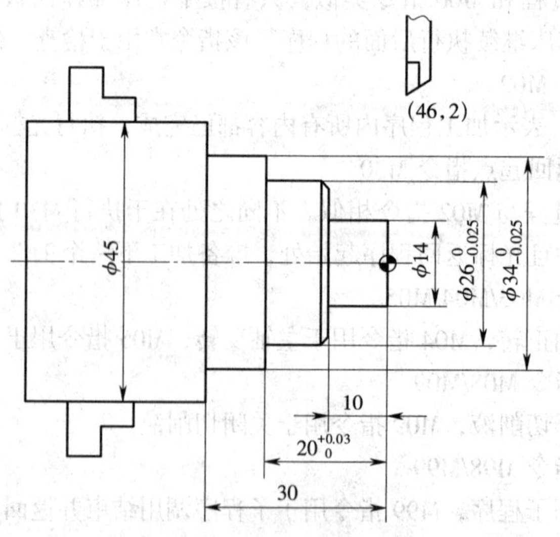

图 1–3–3 零件的工件坐标系

一、材料及刀具准备

1．毛坯

毛坯尺寸为 ϕ45 mm × 60 mm。

2．加工用刀具

数控加工刀具卡见表 1–3–4。

表 1–3–4　　数控加工刀具卡

产品名称或代号		×××	零件名称		阶梯轴	零件图号	×××
序号	**刀具号**	**刀具名称**	**数量**	**加工内容**		**主要参数**	**备注**
1	T01	90° 外圆车刀	1	粗车工件外轮廓		R0.4 mm	
2	T02	93° 外圆车刀	1	精车工件外轮廓		R0.2 mm	
编制	×××	审核	×××	批准	×××	共 × 页	第 × 页

二、工艺分析

1．工件的装夹

直接用三爪自定心卡盘夹持工件外圆，工件伸出卡盘外约 35 mm，这样既能保证切削时车刀不碰到卡盘，又能保证工件被牢固装夹。

2．刀具的安装

粗加工刀具安装在 1 号刀位，精加工刀具安装在 2 号刀位。

3．编程原点的设定

由于该工件的设计基准是右端面，因此以工件右端面与回转轴线的交点为编程原点。

4．切削用量的选择

粗加工：n=750 r/min，a_p=2 mm，f=0.3 mm/r。

精加工：n=1 000 r/min，a_p=0.25 mm，f=0.08 mm/r。

5．编制数控加工工艺卡

数控加工工艺卡见表 1–3–5。

表 1–3–5　　数控加工工艺卡

单位名称	×××	产品名称		零件名称	零件图号
		×××		阶梯轴	×××
序号	**程序号**	**夹具名称**	**设备**	**数控系统**	**车间**
1	O1238	三爪自定心卡盘	CK6150	FANUC	×××

续表

工步	工步内容	刀号	主轴转速 /（r/min）	进给量 /（mm/r）	背吃刀量 / mm	备注
1	三爪自定心卡盘夹持工件伸出约35 mm，粗车外轮廓	T01	750	0.3	2	
2	精车外轮廓，保证尺寸精度和表面质量	T02	1 000	0.08	0.25	
3	检查、去毛刺					手动
编制	×××	审核	×××	批准	×××	

三、编制程序

加工程序如下。

```
O1238;
N10 M03 S750 T0101;
N20 G00 X46.0 Z2.0;
N30 G71 U2.0 R0.5;
N40 G71 P50 Q140 U0.5 W0.1 F0.3;
N50 G00 X0;
N60 G01 Z0 F0.08;
N70 X14.0;
N80 Z-10.0;
N90 X24.0;
N100 X26.0 Z-11.0;
N110 Z-20.0;
N120 X34.0;
N130 Z-30.0;
N140 X46.0;
N150 G00 X100.0 Z100.0;
N160 T0202;
N170 G00 X46.0 Z2.0 S1000;
N180 G70 P50 Q140;
N190 G00 X100.0 Z100.0;
N200 M05;
N210 M30;
```

四、加工程序的输入

1. 输入程序号

（1）按下编辑操作方式键 ，选择编辑操作方式。

（2）按下程序显示键 。

（3）输入地址符“O”和“1238”，再按下插入键 ，即可完成新程序号“O1238”的输入。

2. 输入程序段

在编辑操作方式下输入程序号后，输入已编制好的程序，每输完一个程序段后先按下回车换行键 ，再按下插入键 ，即可完成程序段的输入。

五、加工程序的检查和修改

为了保证安全和工件的加工质量，输入程序后要进行仔细检查，若发现错误，应及时修改。操作方法如下。

1. 按下编辑操作方式键 ，选择编辑操作方式。

2. 按下程序显示键 。

3. 利用光标移动键从头至尾检查已输入的程序，发现有下面三处错误。

```
O1238;
N10 M05 S750 T0101;                        将辅助功能指令 M03 误输为 M05
N20 G00 X46.0 Z2.0;
N30 G71 U2.0  R0.5;
N40 G71 P50 Q140 Q140 U0.5 W0.1 F0.3;      重复输入 Q140
N50 G00 X0;
N60 G01     F0.08;                         遗漏 Z0
N70 X14.0;
N80 Z-10.0;
N90 X24.0;
N100 X26.0 Z-11.0;
N110 Z-20.0;
N120 X34.0;
N130 Z-30.0;
N140 X46.0;
N150 G00 X100.0 Z100.0;
N160 T0202;
N170 G00 X46.0 Z2.0 S1000;
N180 G70 P50 Q140;
N190 G00 X100.0 Z100.0;
N200 M05;
N210 M30;
```

4．利用光标移动键将光标移至错误的辅助功能指令“M05”，输入正确的辅助功能指令“M03”，按下替换键 ALTER，即可将误输的“M05”修改为“M03”。

5．利用光标移动键将光标移至重复输入的“Q140”，按下删除键 DELETE，即可将重复输入的“Q140”删除。

6．利用光标移动键将光标移至遗漏了“Z0”的位置，输入“Z0”，按下插入键 INSERT，即可插入遗漏的“Z0”。

六、利用数控车图形模拟功能进行验证

数控车图形模拟功能能对程序的路径进行模拟，是操作者检验程序是否有误的重要工具，该功能的使用方法如下。

1．选定需要验证的程序，按自动操作方式键 →，按图形参数设置键 CUSTOM GRAPH。

2．模拟时须按车床锁住键锁住车床，使刀架在模拟的过程中不移动，以免发生撞刀。

3．按下循环启动键，系统根据所编写的程序生成模拟加工轨迹，如图 1–3–4 所示，根据生成的轨迹即可判断编程是否存在刀具路径上的错误。

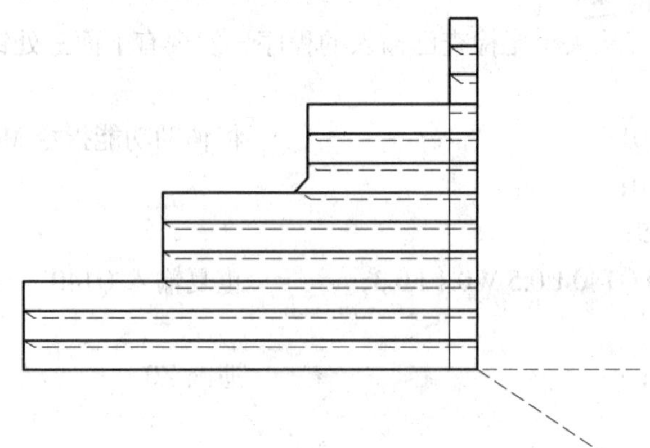

图 1–3–4　阶梯轴的程序模拟加工轨迹

任务 4　数控车床的工件坐标系

任务目标

- 了解数控车床的机床坐标系和工件坐标系
- 能够合理确定工件坐标系
- 了解数控车床刀具补偿的目的和刀位点

任务引入

在数控车床上加工图 1–4–1 所示零件，为满足其加工要求，就必须保证工件和车刀之间具有准确的相对运动位置。要控制工件和车刀的相对运动位置，需要掌握常用的两个坐标系，即机床坐标系和工件坐标系。本任务要求通过学习对刀操作（试切法）完成工件坐标系的建立。

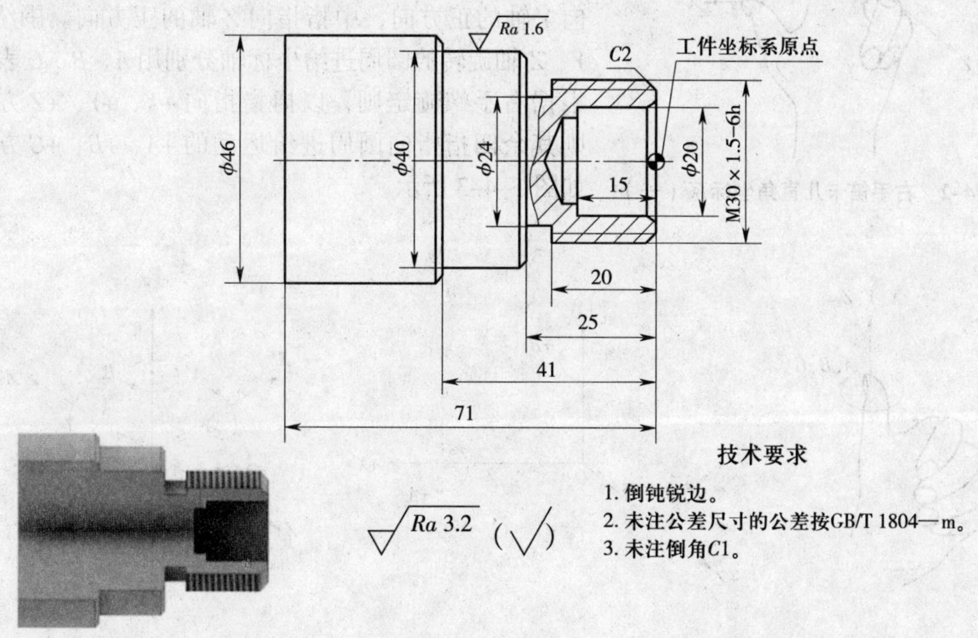

图 1–4–1　螺纹轴

任务分析

要利用数控车床加工该零件，首先需要根据工艺要求在图样上建立编程坐标系，编制零件加工程序。编程人员告知数控车床操作人员零件所选定的坐标系及其原点的位置，数控车床操作人员通过对刀操作（试切法），确定工件和车刀之间的相对运动位置，建立工件坐标系。

相关知识

一、机床坐标系

在数控车床上加工零件，机床的动作是由数控系统发出的指令来控制的。为了确定机床运动部件的运动方向和移动距离，需要在机床上建立一个坐标系，这个坐标系就称为机床坐标系。

1. 坐标系及运动方向的规定

为了简化编程和保证程序的通用性，国际标准化组织（ISO）已经统一了标准机床坐标系的定义。标准的机床坐标系采用右手笛卡儿直角坐标系，如图 1–4–2 所示。

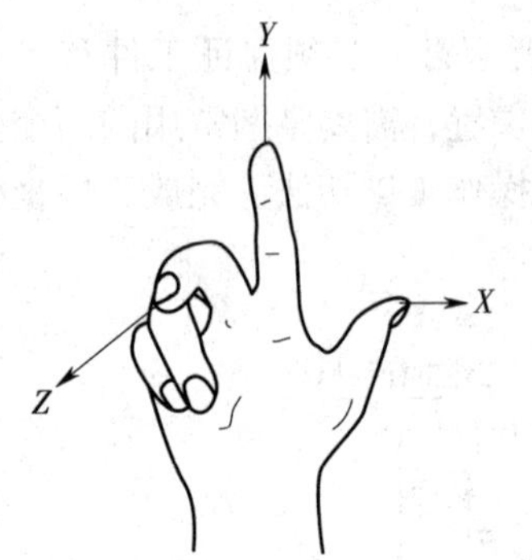

图 1–4–2 右手笛卡儿直角坐标系（一）

标准规定，直线进给坐标轴用 X、Y、Z 表示，称为基本坐标轴。X、Y、Z 坐标轴的相互关系用右手笛卡儿定则确定。图中拇指指向 X 轴的正方向，食指指向 Y 轴的正方向，中指指向 Z 轴的正方向。围绕 X、Y、Z 轴旋转的圆周进给坐标轴分别用 A、B、C 表示，根据右手螺旋定则，以拇指指向 +X、+Y、+Z 方向，则其余四指指向圆周进给运动的 +A、+B、+C 方向，如图 1–4–3 所示。

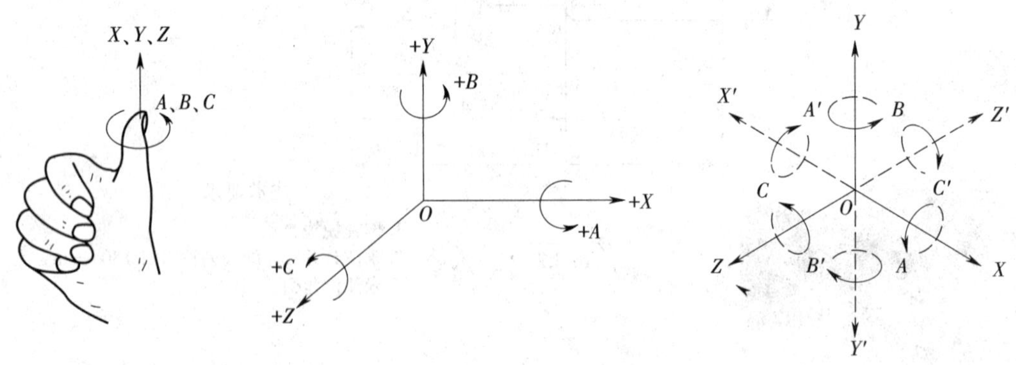

图 1–4–3 右手笛卡儿直角坐标系（二）

2. 机床坐标轴的确定

确定机床坐标轴时，一般先确定 Z 轴，然后再确定 X 轴和 Y 轴。

（1）Z 轴的确定

Z 轴的方向是由传递切削力的主轴确定的，标准规定：平行于机床主轴的刀具运动坐标轴为 Z 轴，并且取刀具远离工件的方向为 Z 轴的正方向。

（2）X 轴的确定

X 轴一般位于平行于工件装夹面的水平面内。对于工件做回转运动的机床（如车床、磨床），在水平面内取垂直于工件回转轴线（Z 轴）的方向为 X 轴，刀具远离工件的方向为 X 轴正方向，如图 1–4–4 所示。

（3）Y 轴的确定

在确定了 X、Z 轴的正方向后，可以按右手笛卡儿直角坐标系确定 Y 轴的正方向。

3. 机床原点

机床坐标系的原点称为机床原点（见图 1–4–5）或机床零点，它是机床上设置的一个固定点。在机床设计、制造和调整后，这个原点就被确定下来，是数控机床进行加工运动的基准参考点，一般不允许用户进行更改。

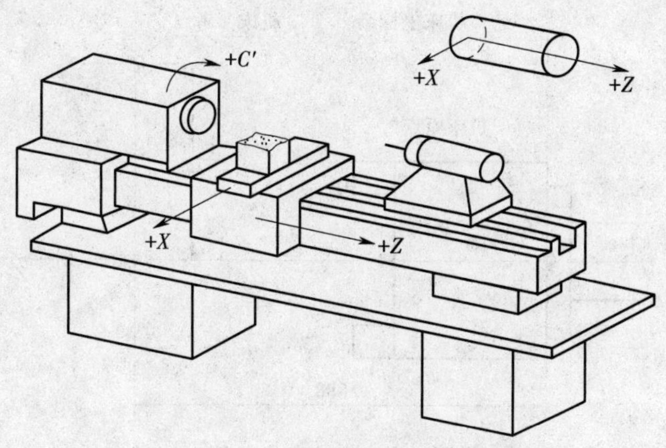

图 1-4-4 简易数控车床的坐标系

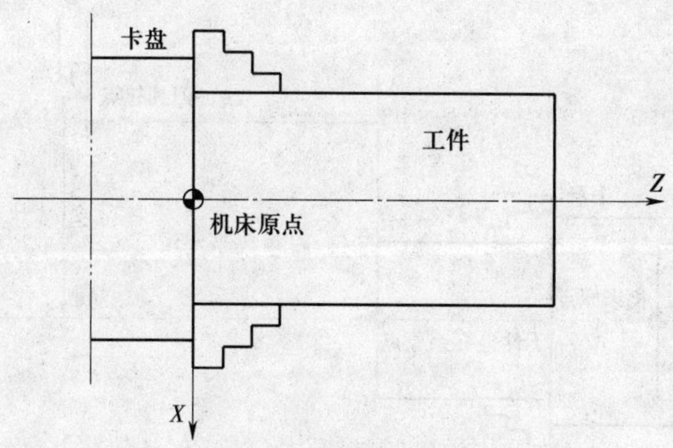

图 1-4-5 机床原点

对于安装相对位置编码器的数控机床，数控装置通电时并不能确定机床原点，为了正确地建立机床坐标系，通常在每个坐标轴的移动范围内设置一个机床参考点（测量起点），机床启动时，首先要进行手动回参考点操作，以建立机床坐标系。机床原点实际上是通过返回机床参考点来确定的。

4. 机床参考点

机床参考点是机床上的一个特殊位置点，通常位于机床滑板正向移动的极限点位置。它由厂家测量并输入系统中，用户不得随意更改。机床参考点可以与机床原点重合，也可以不重合，它是相对于机床原点的一个可以设定的参数值（见图 1-4-6），机床回到了参考点位置，也就知道了该坐标轴的原点位置，找到所有坐标轴的参考点，系统也就建立起了机床坐标系。因此，机床参考点是用于对机床运动进行检测和控制的固定位置点。

二、工件坐标系

一般来说，零件的编程和在机床上的加工是分开进行的。数控编程人员根据零件的设计图样建立的方便编程的坐标系及原点，称为工件坐标系和工件坐标系原点，如图 1-4-7 所示。工件坐标系一旦建立，在该工件的加工过程中便一直有效，直到被新的工件坐标系代替。

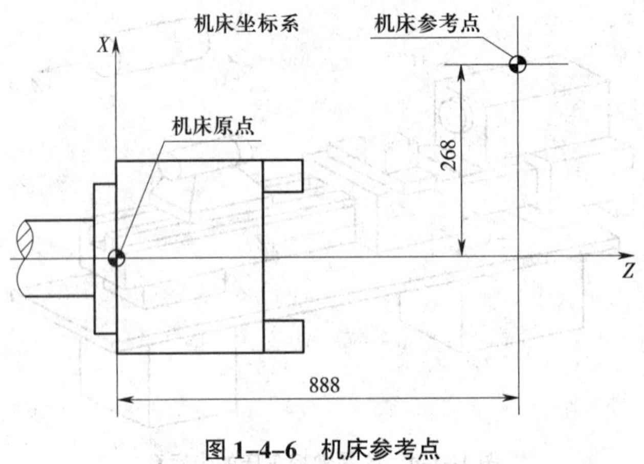

图 1–4–6　机床参考点

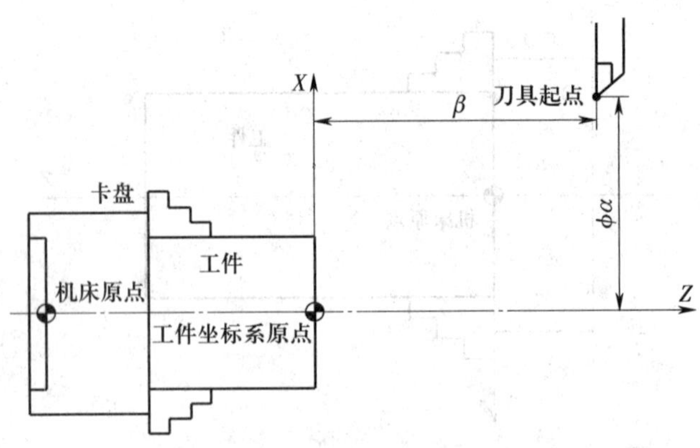

图 1–4–7　工件坐标系

从理论上讲工件坐标系原点选在零件上的任何一点都可以，但实际上，为了换算尺寸尽可能简便，减小尺寸误差，应选择一个合理的工件坐标系原点。在选择工件坐标系时，应尽可能将工件坐标系原点选择在设计基准或工艺定位基准上，工件坐标系中各轴的方向应该与所使用的数控机床相应的坐标轴方向一致，这对保证加工精度有利。图 1–4–8 所示为车削零件的工件坐标系原点。对车床而言，工件坐标系原点一般选在工件的回转中心与左端面或右端面的交点上。工件坐标系原点在图中一般用“⊕”符号表示。

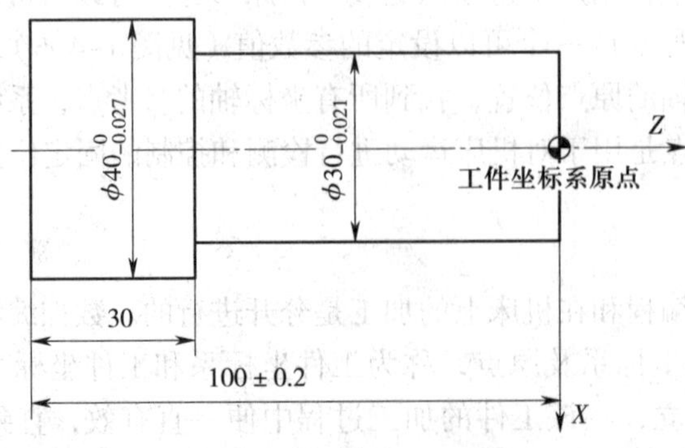

图 1–4–8　车削零件的工件坐标系原点

三、刀具补偿

刀具补偿功能是用来补偿刀具实际安装位置与理论编程位置之差的一种功能。刀具补偿功能是数控车床的一种主要功能，它分为刀具偏移补偿（即刀具位置补偿）和刀尖圆弧半径补偿两种功能。在此，主要介绍刀具位置补偿。

1．刀具位置补偿的目的

刀具位置补偿是数控加工中较为复杂的准备工作之一，各刀具定位及相互之间的位置将直接影响零件的尺寸精度。刀具安装在刀架上后便与机床确定了相互关系，但每把刀具安装的位置和伸出长度均不相同，都存在一定的位置偏差。图 1–4–9a 所示为刀具的安装位置，图 1–4–9b 所示为两把刀在同一基准下的位置偏差量。

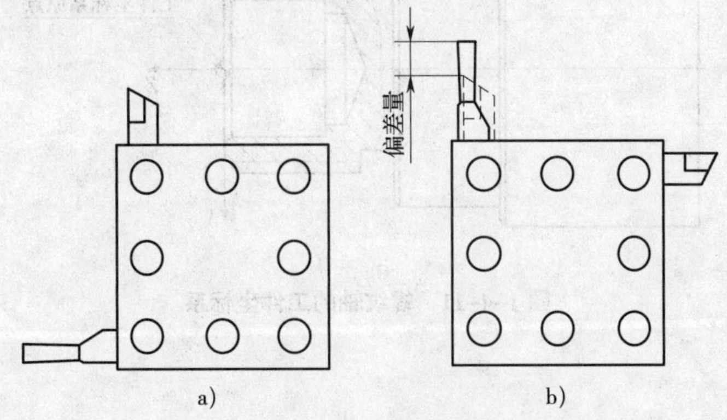

图 1–4–9　刀具位置补偿

a）刀具的安装位置　b）两把刀在同一基准下的位置偏差量

这个偏差值可通过刀具补偿值设定，使刀具在 X 向和 Z 向获得相应的补偿量。通过对刀或刀具预调，使每把刀的刀位点尽量重合于某一理想基准点，同时测定各号刀的刀位偏差值，存入相应的刀具偏置寄存器中以备加工时随时调用。

2．刀位点

刀位点是指在加工程序编制中，用以表示刀具特征的点，也是对刀和加工的基准点。编程时用该点的运动来描述刀具的运动，所形成的轨迹称为编程轨迹。对于数控车床使用的刀具，由于刀具的结构特点，刀位点的选择比较复杂。常用车刀的刀位点如图 1–4–10 所示。目前常用的机夹可转位刀片的刀尖处都有过渡圆弧，所以数控编程时应考虑刀尖圆弧半径对工件加工尺寸的影响。还有车槽刀，实际存在两个刀尖位置，确定刀位点时应主要考虑是否便于对刀和测量。

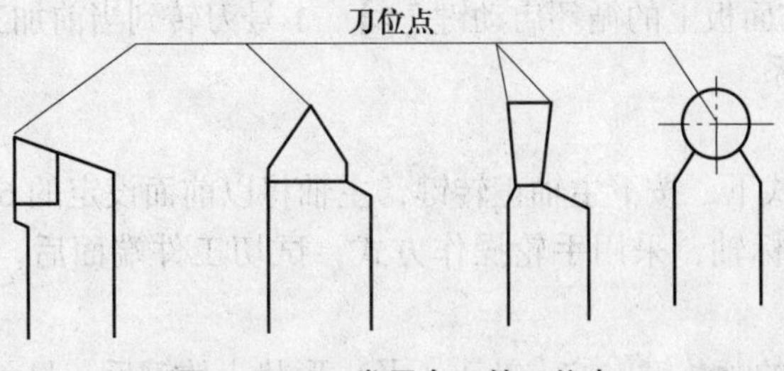

图 1–4–10　常用车刀的刀位点

任务实施

一、确定工件坐标系

以工件右端面与对称中心线的交点为工件坐标系原点，建立工件坐标系，如图 1–4–11 所示。采用手动试切对刀方法进行对刀。

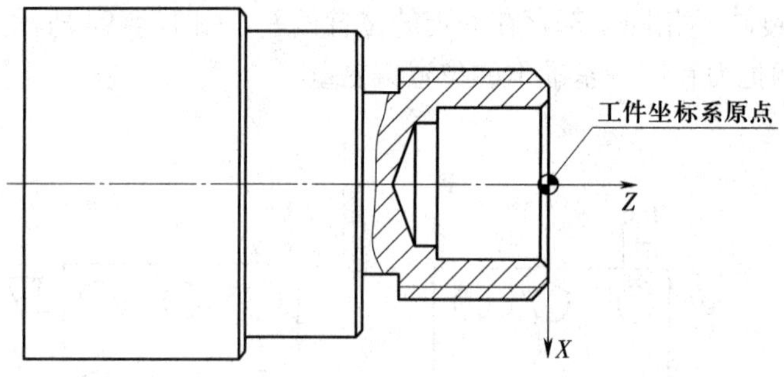

图 1–4–11 螺纹轴的工件坐标系

二、对刀操作

数控车床加工零件时，一般使用多把刀具共同完成。若采用零点偏置指令对刀，需要把车刀设置在一个零点偏置指令中，使用时不太方便，故数控车床加工常采用工件试切对刀。通过对刀将工件坐标系原点在机床坐标系中的位置测出并输入刀具长度补偿等寄存器中，运行程序时调用相应刀具补偿号，使刀具在工件坐标系中运行。此时一般把 G54、G55 等零点偏置指令中的 *X*、*Z* 值先全部清零。

1. 首次启动主轴

（1）选择 MDI 模式，按下 PROG 键。

（2）输入 M03 S650，依次按下 EOB E 键和 INSERT 键。

（3）按下机床操作面板上的循环启动键，按下 RESET 键。

2. 换刀操作

（1）选择 MDI 模式，按下 PROG 键。

（2）输入 T0100，依次按下 EOB E 键和 INSERT 键。

（3）按下机床操作面板上的循环启动键，1 号刀转到当前加工位置。

3. 设定工件坐标系

（1）*Z* 轴对刀

1）在手动操作方式下，按下主轴正转键，主轴将以前面设定的 650 r/min 转速正转。

2）选择相应的坐标轴，采用手轮操作方式，试切工件端面后，*Z* 轴不动，沿 +*X* 向退刀，如图 1–4–12 所示。

3）按 MDI 键盘中的 OFFSET SETTING 键，按［补正］及［形状］软键后，显示图 1–4–13 所示的刀具偏置参数窗口。移动光标键选择与刀具号对应的刀补参数（如 1 号刀，则将光标移至“01”行），输入“Z0”，按［测量］软键，Z 向刀具偏置参数即自动存入。

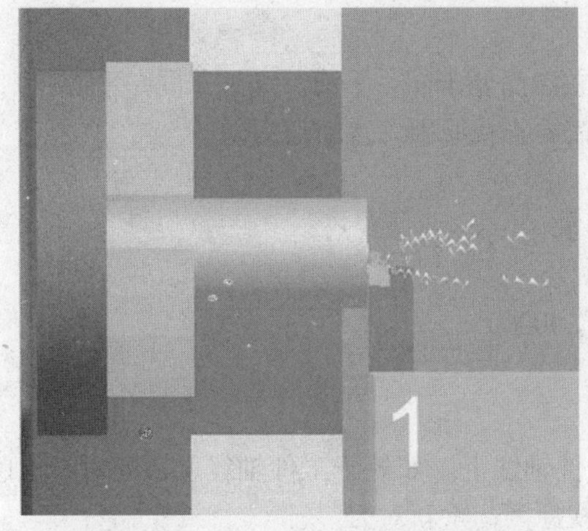

图 1–4–12　试切工件端面，沿 +X 向退刀

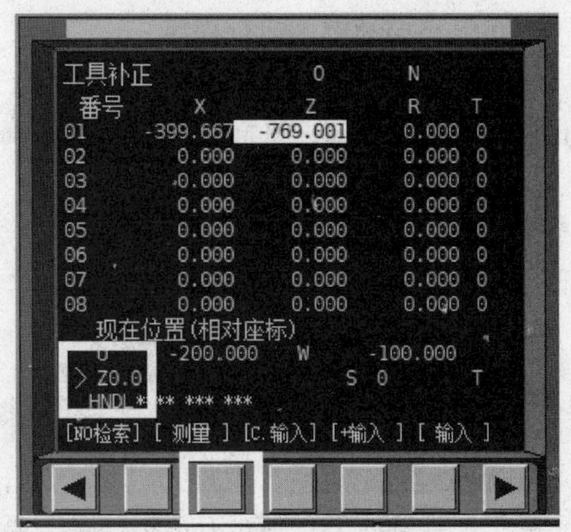

图 1–4–13　Z 向刀具偏置参数自动存入

（2）X 轴对刀

1）启动主轴，试切工件外圆后，X 轴不动，沿 +Z 向退离工件，如图 1–4–14 所示。停机测量加工外圆直径（假设测量直径为 48.25 mm）。

2）在画面的“01”行中输入“X48.25”后，按［测量］软键，X 向刀具偏置参数即自动存入，如图 1–4–15 所示。

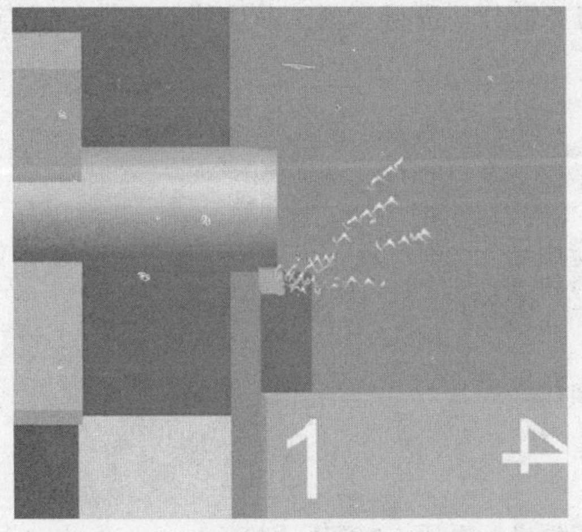

图 1–4–14　试切工件外圆，沿 +Z 向退刀

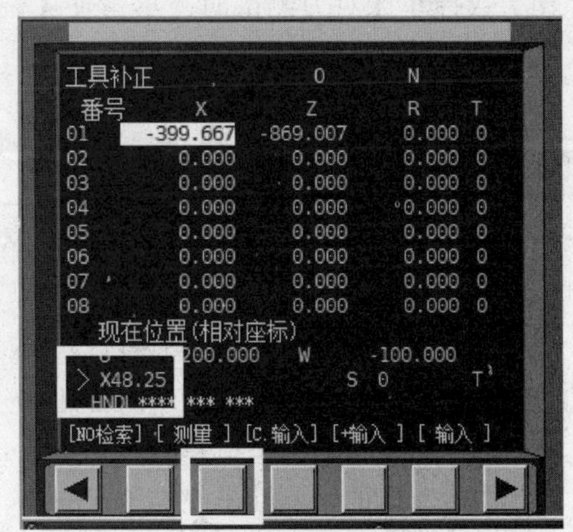

图 1–4–15　X 向刀具偏置参数自动存入

（3）对刀检验

对刀结束后，Z 轴方向和 X 轴方向分别验证对刀是否正确。Z 轴方向验证对刀时，应使刀具在 X 轴方向离开工件；X 轴方向验证对刀时，应使刀具在 Z 轴方向离开工件。

1）Z 轴方向对刀检验步骤如下。

①使机床运行于 MDI 模式。

②按 PROG 键。

③按［MDI］软键，自动出现加工程序号“O0000”。

④输入测试程序“G00 Z0 T0101”。

⑤按循环启动键，运行程序。

⑥程序运行结束后，观察刀具是否与工件右端面处于同一平面。如处于同一平面，则对刀正确；如不处于同一平面，则对刀不正确，需要查找原因，重新对刀。

2）*X* 轴方向对刀检验步骤如下。

①使机床运行于 MDI 模式。

②按 PROG 键。

③按［MDI］软键，自动出现加工程序号“O0000”。

④输入测试程序“G00 X0 T0101”。

⑤按循环启动键，运行程序。

⑥程序运行结束后，观察刀具是否处于工件轴线上。如处于工件轴线上，则对刀正确；如不处于工件轴线上，则对刀不正确，需要查找原因，重新对刀。

（4）注意事项

1）对刀练习中，当刀具接近工件外圆、端面时，使用手轮操作方式。刀具越接近工件，进给倍率应越小。

2）对刀前应注意当前的刀位号，当输入刀具补偿值时，尽量选用相对应的工具补正番号，避免出错。

3）测试对刀时，应调小 G00 的进给倍率，注意观察刀具的运行轨迹，避免因对刀错误而发生撞刀。

4）数控车床对刀测试时，尽量使 *X* 轴与 *Z* 轴分开进行。测试前应使刀具处于适当位置，避免刀具撞到工件。

思考与练习

1. 数控车床由哪几部分组成？各部分的作用是什么？
2. 简述数控车床的加工特点。
3. 数控车床的主要加工对象有哪些？
4. 一个完整的数控加工程序由哪几部分组成？
5. 模态指令与非模态指令的区别是什么？
6. 数控车床的坐标轴是怎样规定的？
7. 数控车床的机床原点、机床参考点和工件坐标系原点有何区别？
8. 数控车床加工零件时为什么需要对刀？简述试切对刀的过程。
9. 如何进行程序和程序段的检索？
10. 简述数控车床安全操作规程。

模块二

外圆与端面加工

数控车床主要加工图 2–1 所示的回转类零件，而外圆和端面加工又是零件加工的基本要素和前期工步，所以应首先掌握外圆与端面的加工工艺与编程指令。

本模块主要讲解外圆与端面加工的加工工艺、特点、刀具补偿以及编程加工基本指令，使学生掌握基本指令 G00、G01 和固定循环加工指令 G90、G94、G71、G72 与 G70 的使用方法，培养学生分析和解决加工误差问题的能力。

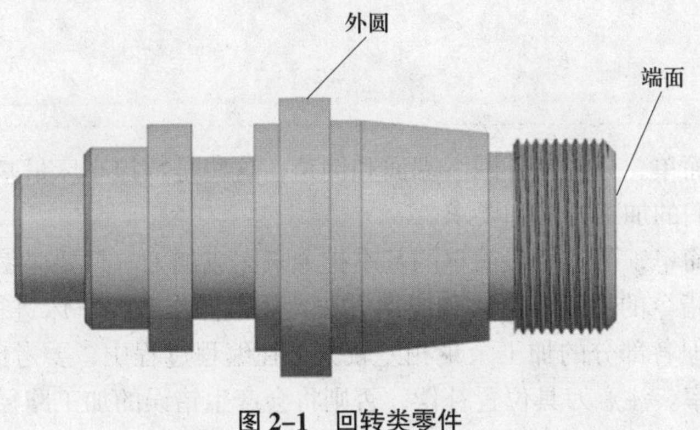

图 2–1　回转类零件

任务 1　轴类零件加工

任务目标

- 掌握 G00、G01 基本指令的功能、编程格式及注意事项
- 掌握用 G90、G71、G70 循环指令完成轴类零件加工的编程方法

任务引入

图 2-1-1 所示为中间轴，其毛坯尺寸为 ϕ40 mm × 73 mm，材料为 45 钢。要求编写该零件的粗精加工程序，并完成该零件的加工。

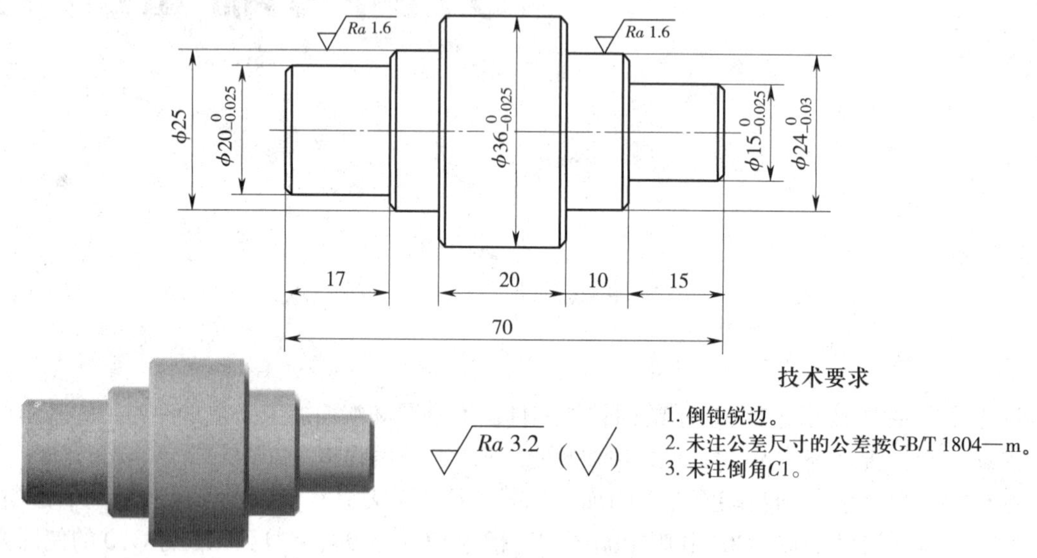

图 2-1-1 中间轴

任务分析

该零件的外形简单，只包括外圆、端面和倒角，这些是数控车床最基础的加工要素，因此必须熟练掌握它们的加工方法和要求。

由于零件外形简单，可选用最简单的基本指令来完成加工。只要会编制中间轴的加工工艺，掌握常用基本指令的功能、格式和应用方法，规范操作数控车床进行正确的对刀操作，就能完成该任务。但各部分的加工余量相差较大，在编程过程中，要考虑简化程序的方法，减小编程出错的概率。注意刀具位置补偿，否则将会产生错误的加工路径，最后导致加工超差。

相关知识

一、基本指令

1. 快速点定位指令 G00

G00 指令命令刀具以点定位控制方式从刀具所在点快速移动到目标位置。它只是快速定位，故只能用于空行程，不能用于切削加工。

指令书写格式：

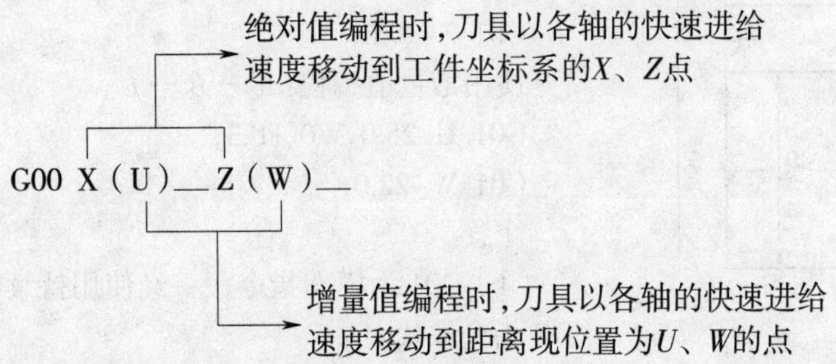

快速点定位指令应用如图 2-1-2 所示，要求刀具快速从 *A* 点移动到 *B* 点，编程格式如下。

使用绝对值编程：

G00 X25.0 Z2.0；

使用增量值编程：

G00 U-25.0 W0；

注意：

（1）G00 指令为模态指令，一经使用持续有效，直到被同组 G 指令取代。

（2）移动速度不能用程序指令设定，而是由厂家预先设置的，但可以通过面板上的进给倍率修调旋钮调节。

（3）G00 指令的执行过程：刀具由程序起始点加速到最大速度，然后快速移动，最后减速到达终点，实现快速点定位。

图 2-1-2　快速点定位指令应用

（4）刀具的实际运动路线可能是直线，也可能是折线，使用时应注意刀具移动过程中是否和工件发生干涉。

（5）G00 指令一般用于加工前的快速定位或加工后的快速退刀。

2．直线插补指令 G01

G01 指令指定刀具以进给功能 F 指令的进给速度沿直线从起始点加工到目标点。

指令书写格式：

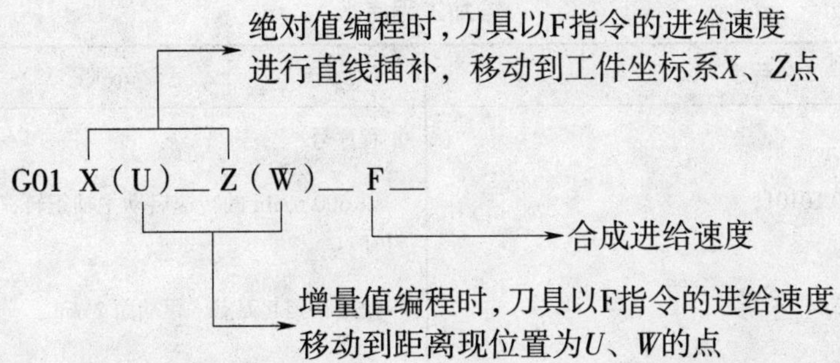

G01 指令格式中，如果省略 X（U），则表示为外圆加工；如果省略 Z（W），则表示为端面加工。直线插补指令应用如图 2-1-3 所示。

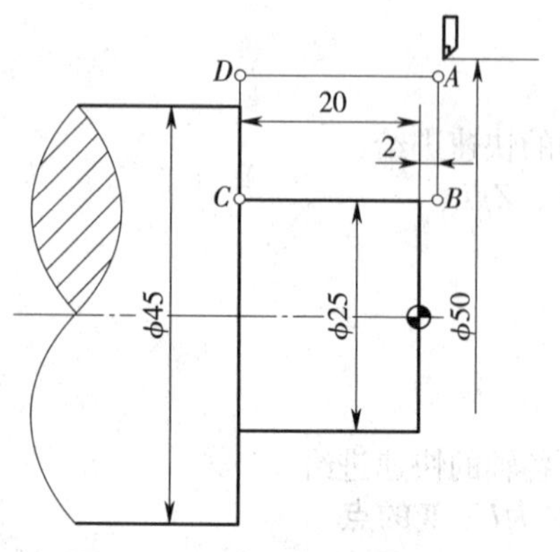

图 2–1–3 直线插补指令应用

使用绝对值编程：$A \to B \to C$

G01 X25.0 Z2.0 F0.3;

G01 Z–20.0;

使用增量值编程：$A \to B \to C$

G01 U–25.0 W0 F0.3;

G01 W–22.0;

注意：

（1）G01 为模态指令，一经使用持续有效，直到被同组 G 指令取代。

（2）G01 指令使用绝对值编程还是增量值编程，由编程者根据实际情况决定。

（3）进给时，直线各轴的分速度与各轴移动距离成正比，以保证刀具在各轴同时到达终点。

（4）F 指令是模态指令，在没有新的 F 指令以前一直有效，不必在每个程序段中都写入 F 指令。如果没有指定进给速度，则认为进给速度为零。

【例 2–1–1】如图 2–1–4 所示，用 G00、G01 指令编写其精加工程序，见表 2–1–1。

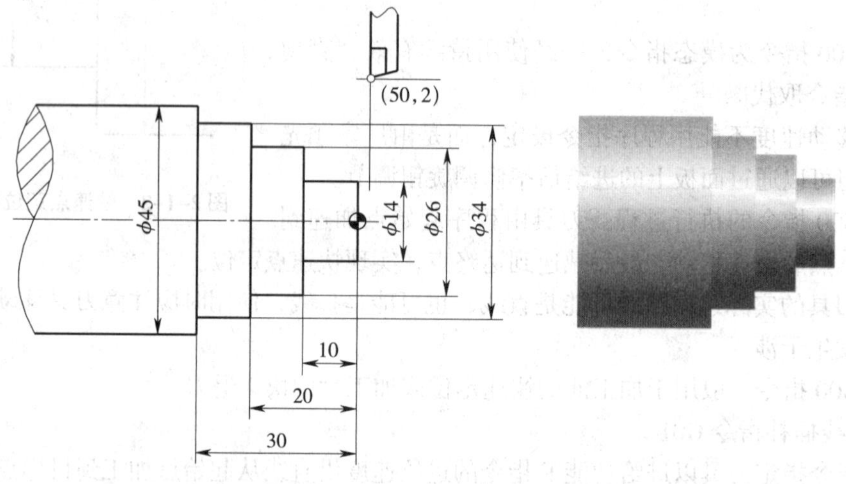

图 2–1–4 G00、G01 编程实例

表 2–1–1 精加工程序

程序	说明
O0001;	程序号
N10 G99 M03 S600 T0101;	以 600 r/min 的转速启动主轴正转，选择 1 号刀及 1 号刀补
N20 G00 X14.0 Z2.0;	快速移到起刀点，距端面 2 mm
N30 G01 Z–10.0 F0.3;	加工 φ14 mm 外圆
N40 X26.0;	退刀

续表

程序	说明
N50 Z-20.0;	加工 ϕ26 mm 外圆
N60 X34.0;	退刀
N70 Z-30.0;	加工 ϕ34 mm 外圆
N80 G00 X100.0 Z10.0;	快速返回换刀点
N90 M05;	主轴停转
N100 M30;	程序结束

二、常用固定循环指令

数控车床上被加工工件的毛坯常用棒料或铸锻件，因此加工余量大，一般需要多次重复循环加工，才能去除全部余量。为了简化编程，数控系统常采用不同形式的固定循环指令，以缩短程序的长度，减少程序所占内存。固定切削循环通常是用一个含 G 指令的程序段完成用多个程序段指令的加工操作，使程序得以简化。

固定循环指令一般分为单一形状固定循环指令和复合形状固定循环指令。其中复合形状固定循环指令应用于非一次走刀即能完成加工的场合，运行动作与单一形状固定循环指令一样，它用于必须重复多次加工才能达到规定尺寸的典型工序。只要编写出内外轮廓的精加工走刀路线，给出每次切除余量或循环次数，数控系统即可以自动决定粗加工时的刀具路径，重复进行切削直至粗加工完毕。

1. 内外径单一形状切削固定循环指令 G90

格式：

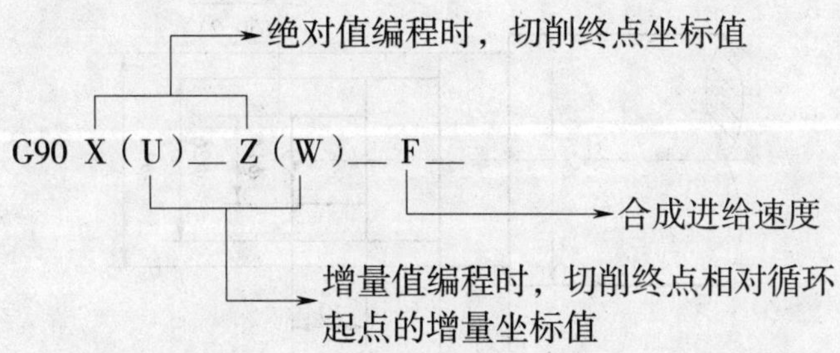

如图 2-1-5 所示，刀具从循环起点开始按矩形循环，最后又回到循环起点。图中虚线和（R）表示快速运动，实线和（F）表示按 F 指定的工作进给速度运动。其他图中标注方法相同。其加工顺序按 1→2→3→4 进行。

注意：

（1）在固定循环切削过程中，M、S、T 等功能都不能改变。

（2）G90 指令每一循环加工结束后刀具均返回起刀点。

（3）G90 指令第一步移动为 X 轴方向的快

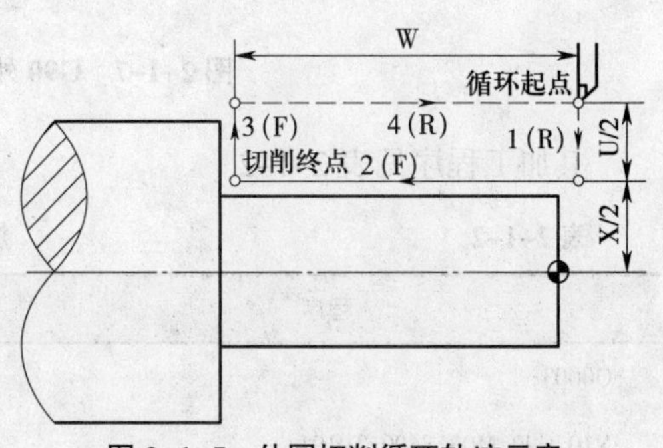

图 2-1-5 外圆切削循环轨迹示意

速移动。

【例 2–1–2】加工图 2–1–6 所示工件，背吃刀量为 5 mm，使用 G90 指令编写加工程序。

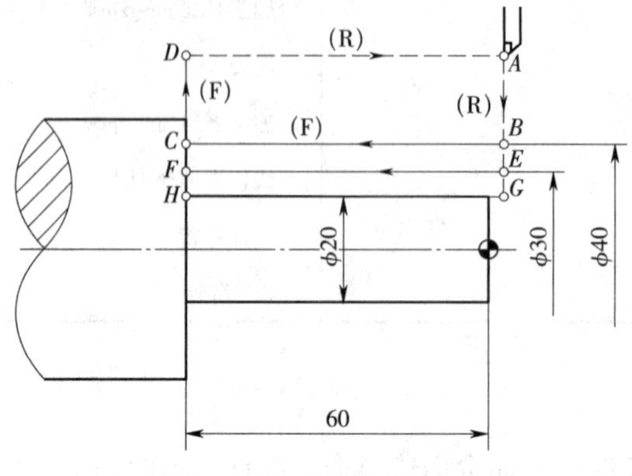

图 2–1–6　外圆切削循环

其加工程序如下：

…………

N50 G90 X40.0 Z–60.0 F0.3;　　　　（$A \to B \to C \to D \to A$）

N60 X30.0;　　　　（$A \to E \to F \to D \to A$）

N70 X20.0;　　　　（$A \to G \to H \to D \to A$）

…………

【例 2–1–3】加工图 2–1–7 所示的工件，编写加工程序。

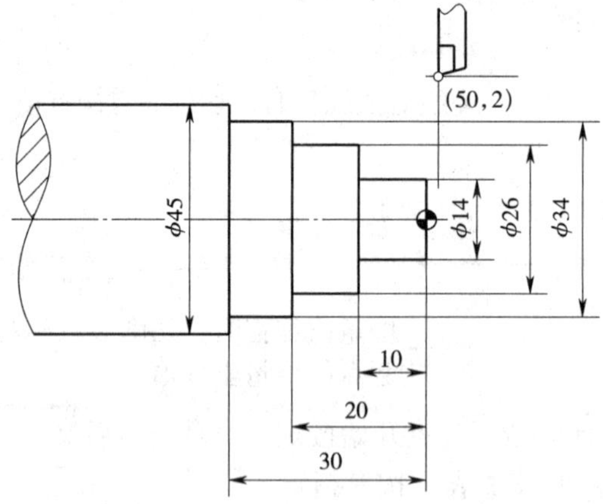

图 2–1–7　G90 外圆切削循环加工编程实例

其加工程序见表 2–1–2。

表 2–1–2　　加工程序

程序	说明
O0003;	程序号
N10 G99 M03 S600 T0101;	以 600 r/min 的转速启动主轴正转，选择 1 号刀及 1 号刀补

续表

程序	说明
N20 G00 X50.0 Z2.0;	快速移动到起刀点
N30 G01 Z0 F0.3;	工进到 Z 轴端面零点
N40 X0;	车端面
N50 Z2.0;	Z 轴方向退刀
N60 G00 X50.0;	退刀至循环起点
N70 G90 X35.0 Z-30.0 F0.2;	循环第一刀加工 ϕ34 mm 外圆，留余量 1 mm，并回到循环起点
N80 X27.0 Z-20.0;	循环第二刀加工 ϕ26 mm 外圆，留余量 1 mm，并回到循环起点
N90 X15.0 Z-10.0;	循环第三刀加工 ϕ14 mm 外圆，留余量 1 mm，并回到循环起点
N100 G00 X14.0 S900;	快速移动到精车起点，转速提高至 900 r/min
N110 G01 Z-10.0 F0.1;	精加工 ϕ14 mm 外圆
N120 X26.0;	退刀至 ϕ26 mm 外圆
N130 Z-20.0;	精加工 ϕ26 mm 外圆
N140 X34.0;	退刀至 ϕ34 mm 外圆
N150 Z-30.0;	精加工 ϕ34 mm 外圆
N160 X50.0;	退刀
N170 G00 X100.0 Z100.0;	快速退刀
N180 M05;	主轴停转
N190 M30;	程序结束

2．内外径复合形状粗车固定循环指令 G71

G71 指令的粗车是以多次 Z 轴方向走刀以切除工件余量，为精车（G70）提供一个良好的条件，适用于毛坯是圆钢的工件。G71 指令适用于轴向车削量相对径向车削量大的毛坯。

格式：

G71 U$\underline{\Delta d}$ R$\underline{e}$;

G71 P$\underline{ns}$ Q$\underline{nf}$ U$\underline{\Delta u}$ W$\underline{\Delta w}$ F__ S__ T__

说明：Δd——径向背吃刀量，半径值，不带正负号；

e——退刀量，半径值，不带正负号；

ns——精车循环中的第一个程序段顺序号；

nf——精车循环中的最后一个程序段顺序号；

Δ*u*——径向（*X*）的精车余量（该尺寸为直径值）；

Δ*w*——轴向（*Z*）的精车余量。

在 ns ~ nf 程序段（即自循环开始至循环结束）内指令 F、S、T 不起作用。在整个粗车循环中，只执行循环开始前指令的 F、S、T 功能。

图 2–1–8 所示为用 G71 指令粗车外圆的走刀路线。图中 *C* 点为粗车循环起刀点，*A* 点是毛坯外径与端面轮廓的交点。Δ*w* 为轴向的精车余量，Δ*u* 为径向的精车余量，Δ*d* 是每次的背吃刀量，*e* 是径向退刀量。只要在程序中给出 *A* → *A′* → *B* 的精加工形状及径向精车余量 Δ*u*、轴向精车余量 Δ*w*、每次背吃刀量 Δ*d*，即可完成 *AA′ BA* 区域的粗车工序。

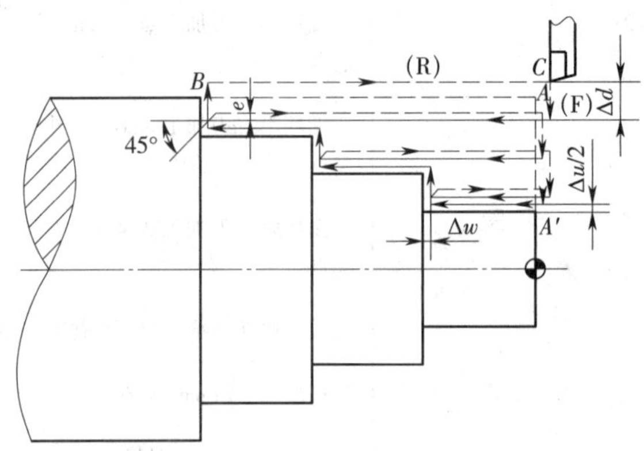

图 2–1–8　用 G71 指令粗车外圆的走刀路线

注意：

（1）Δ*u* 在加工外轮廓时为正值，在加工内轮廓时为负值。

（2）ns ~ nf 程序段中恒线速度功能无效。

（3）ns ~ nf 程序段中不能调用子程序。

（4）起刀点 *C* 必须大于或等于退刀点 *B*。

（5）零件轮廓 *A′* 至 *B* 必须符合 *X* 轴、*Z* 轴方向同时单向增大或单向减小。

（6）ns 程序段中可含有 G00、G01 指令，只允许含有 *X* 轴运动指令，不允许含有 *Z* 轴运动指令。

3. 复合形状精车固定循环指令 G70

当用 G71 指令粗车工件后，用 G70 指令来指定精车循环，切除精加工余量。

格式：

G70 P<u>ns</u> Q<u>nf</u>

说明：ns——精车轨迹中的第一个程序段顺序号；

nf——精车轨迹中的最后一个程序段顺序号。

在精车循环 G70 状态下，ns 至 nf 程序段中指定的 F、S、T 有效；如果 ns 至 nf 程序段中不指定 F、S、T，粗车循环中指定的 F、S、T 有效。在使用 G70 精车循环时，要特别注意快速退刀路线，防止刀具与工件发生干涉。

【例 2–1–4】图 2–1–9 所示为棒料毛坯的加工示意图。粗车背吃刀量为 2 mm，进给量为 0.2 mm/r，主轴转速为 600 r/min；*X* 向精车余量为 1 mm（直径值），*Z* 向精车余量为 0.2 mm，精车时进给量为 0.1 mm/r，主轴转速为 900 r/min。程序起点如图所示，使用 G71 与 G70 指令编写零件的粗精加工程序。

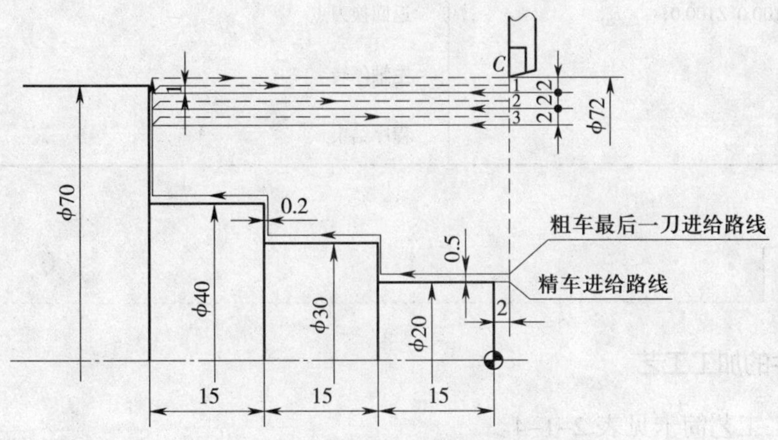

图 2–1–9　棒料毛坯的加工示意图

加工程序见表 2–1–3。

表 2–1–3　加工程序

程序	说明
O0005;	程序号
N10 G99 M03 S600 T0101;	以 600 r/min 的转速启动主轴正转，选择 1 号刀及 1 号刀补
N20 G00 X72.0 Z2.0;	快速移动到 G71 循环起刀点
N30 G71 U2.0 R1.0;	粗车背吃刀量为 2 mm，退刀量为 1 mm
N40 G71 P50 Q120 U1.0 W0.2 F0.2;	X 向精车余量 1 mm，Z 向精车余量 0.2 mm
N50 G00 X20.0 S900;	精车轮廓起点，转速为 900 r/min
N60 G01 Z–15.0 F0.1;	精车 ϕ20 mm 外圆
N70 X30.0;	精车端面
N80 Z–30.0;	精车 ϕ30 mm 外圆
N90 X40.0;	精车端面
N100 Z–45.0;	精车 ϕ40 mm 外圆
N110 X70.0;	精车端面
N120 X75.0;	退刀
N130 G70 P50 Q120;	精车指令

续表

程序	说明
N140 G00 X100.0 Z100.0;	返回换刀点
N150 M05;	主轴停转
N160 M30;	程序结束

任务实施

一、确定零件的加工工艺

零件加工工艺简卡见表 2–1–4。

表 2–1–4 零件加工工艺简卡

工序号	工序内容	工序简图	工步内容
1	右端加工	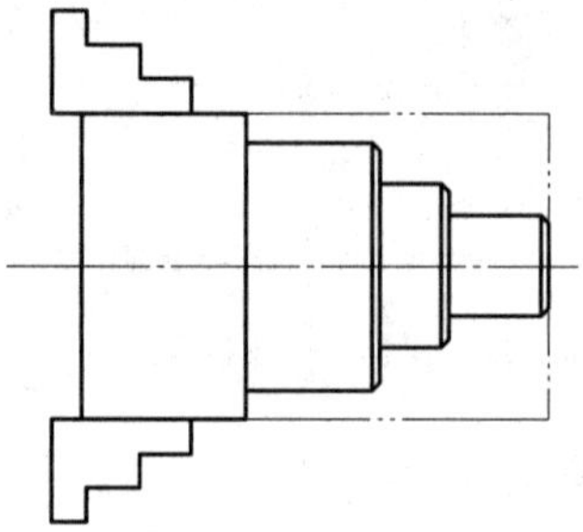	1. 三爪自定心卡盘夹持毛坯伸出约 50 mm，夹紧
			2. 车端面
			3. 粗车 $\phi15_{-0.025}^{0}$ mm × 15 mm、$\phi24_{-0.03}^{0}$ mm × 10 mm、$\phi36_{-0.025}^{0}$ mm 外圆，留余量 0.3 mm
			4. 精车 $\phi15_{-0.025}^{0}$ mm × 15 mm、$\phi24_{-0.03}^{0}$ mm × 10 mm、$\phi36_{-0.025}^{0}$ mm 外圆及倒角至尺寸要求
2	左端加工	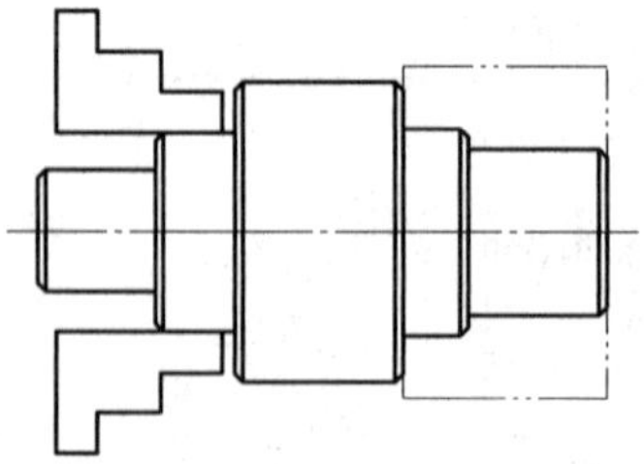	5. 掉头，垫铜皮夹持 $\phi24_{-0.03}^{0}$ mm × 10 mm 外圆
			6. 车端面保证总长 70 mm
			7. 粗车 $\phi20_{-0.025}^{0}$ mm × 17 mm、$\phi25$ mm 外圆，留余量 0.3 mm
			8. 精车 $\phi20_{-0.025}^{0}$ mm × 17 mm、$\phi25$ mm 外圆及倒角至尺寸要求

二、填写相关工艺卡片

数控加工刀具卡见表 2–1–5。

表 2–1–5 **数控加工刀具卡**

产品名称或代号		×××	零件名称	中间轴	零件图号	×××
序号	**刀具号**	**刀具名称**	**数量**	**加工内容**	**主要参数**	**备注**
1	T01	93° 外圆粗车刀	1	粗车外轮廓、端面	R0.8 mm	
2	T02	93° 外圆精车刀	1	精车外轮廓、端面	R0.4 mm	
编制 ×××		审核 ×××		批准 ×××	共 × 页	第 × 页

数控加工工艺卡见表 2–1–6。

表 2–1–6 **数控加工工艺卡**

单位名称	×××	产品名称		零件名称	零件图号		
		×××		中间轴	×××		
序号	**程序号**	**夹具名称**	**设备**	**数控系统**	**车间**		
1	O0008	三爪自定心卡盘	CK6150	FANUC	×××		
2	O0009						
工步	**工步内容**		**刀号**	**主轴转速 /（r/min）**	**进给量 /（mm/r）**	**背吃刀量 / mm**	**备注**
1	三爪自定心卡盘夹持毛坯伸出约 50 mm，找正并夹紧						手动
2	车端面		T01	700	0.1	1	手动
3	粗车三处倒角和右端 $\phi15_{-0.025}^{0}$ mm、$\phi24_{-0.03}^{0}$ mm、$\phi36_{-0.025}^{0}$ mm 外圆		T01	700	0.2	2	O0008
4	精车三处倒角和右端 $\phi15_{-0.025}^{0}$ mm、$\phi24_{-0.03}^{0}$ mm、$\phi36_{-0.025}^{0}$ mm 三处外圆至尺寸要求		T02	1 000	0.1	0.3	O0008
5	掉头，夹持 $\phi24_{-0.03}^{0}$ mm 外圆						手动
6	车端面取总长 70 mm 至尺寸要求		T01	700	0.1	1	手动
7	粗车 $\phi20_{-0.025}^{0}$ mm、$\phi25$ mm 两处外圆和三处倒角		T01	700	0.2	2	O0009
8	精车 $\phi20_{-0.025}^{0}$ mm、$\phi25$ mm 两处外圆和三处倒角至尺寸要求		T02	1 000	0.1	0.3	O0009
9	检查、去毛刺						手动
编制	×××		审核	×××	批准	×××	

三、编制加工程序

加工程序见表 2–1–7。

表 2–1–7 加工程序

程序	说明
O0008;	右端加工程序
N10 G99 M03 S700 T0101;	主轴正转，转速为 700 r/min，选择 1 号刀及 1 号刀补
N20 G00 X100.0 Z100.0;	刀具快速移动到起刀点
N30 X40.0 Z2.0;	移动到循环起点
N40 G71 U2.0 R0.5;	粗车背吃刀量 2 mm，退刀量 0.5 mm
N50 G71 P60 Q160 U0.3 W0.1 F0.2;	X 向精车余量 0.3 mm，Z 向精车余量 0.1 mm
N60 G00 X13.0;	移动至精加工路线起始点
N70 G01 Z0 F0.1;	倒角加工起始点
N80 X15.0 Z–1.0;	加工倒角
N90 Z–15.0;	加工 $\phi15_{-0.025}^{0}$ mm 外圆
N100 X22.0;	加工 $\phi24_{-0.03}^{0}$ mm 外圆的端面
N110 X24.0 Z–16.0;	加工倒角
N120 Z–25.0;	加工 $\phi24_{-0.03}^{0}$ mm 外圆
N130 X34.0;	加工 $\phi36_{-0.025}^{0}$ mm 外圆的右端面
N140 X36.0 Z–26.0;	加工倒角
N150 Z–46.0;	加工 $\phi36_{-0.025}^{0}$ mm 的外圆
N160 G00 X40.0;	退刀
N170 G00 X100.0 Z100.0;	刀具移动至换刀点
N180 T0202;	选择 2 号刀及 2 号刀补
N190 G00 X40.0 Z2.0 S1000;	移动至循环起点，主轴转速为 1 000 r/min
N200 G70 P60 Q160;	精加工循环
N210 G00 X100.0 Z100.0;	刀具回换刀点
N220 M05;	主轴停转
N230 M30;	程序结束
O0009;	左端加工程序
N10 G99 M03 S700 T0101;	主轴以 700 r/min 转速启动，换 1 号刀及 1 号刀补
N20 G00 X100.0 Z100.0;	快速移动至起刀点

续表

程序	说明
N30 X40.0 Z2.0;	快速移动到循环起点
N40 G71 U2.0 R0.5;	粗车背吃刀量 2 mm，退刀量 0.5 mm
N50 G71 P60 Q150 U0.3W0.1F0.3;	X 向精车余量 0.3 mm，Z 向精车余量 0.1 mm
N60 G00 X18.0; .	移动至精加工路线起始点
N70 G01 Z0 F0.1;	倒角加工起始点
N80 X20.0 Z-1.0;	加工倒角
N90 Z-17.0;	加工 $\phi20_{-0.025}^{0}$ mm 外圆
N100 X23.0;	加工 ϕ25 mm 外圆的端面
N110 X25.0 Z-18.0;	加工倒角
N120 Z-25.0;	加工 ϕ25 mm 外圆
N130 X34.0;	加工 $\phi36_{-0.025}^{0}$ mm 外圆的左端面
N140 X37.0 Z-26.5;	加工倒角
N150 X40.0;	退刀
N160 G00 X100.0 Z100.0;	回换刀点
N170 T0202;	换 2 号刀和 2 号刀补
N180 G00 X40.0 Z2.0 S1000;	移动至循环起点，主轴转速为 1 000 r/min
N190 G70 P60 Q150;	精加工循环
N200 G00 X100.0 Z200.0;	退刀
N210 M05;	主轴停转
N220 M30;	程序结束

四、外圆加工的质量分析

数控车床在外圆加工过程中会遇到各种各样的质量问题，外圆加工的质量分析见表 2–1–8。

表 2–1–8 外圆加工的质量分析

问题	产生原因	解决方法
工件外圆尺寸超差	1．刀具数据不准确 2．切削用量选择不当产生让刀 3．程序错误 4．工件尺寸计算错误	1．调整或重新设定刀具数据 2．合理选择切削用量 3．检查、修改加工程序 4．正确计算工件尺寸

续表

问题	产生原因	解决方法
外圆表面质量太差	1. 车刀角度选用不当，如选用过小的前角、后角和主偏角 2. 刀具中心过高 3. 切屑控制较差 4. 刀尖产生积屑瘤 5. 切削液选用不合理 6. 工件刚度不足	1. 选用合理的车刀角度 2. 调整刀具中心高度 3. 选择合理的进给方式及背吃刀量 4. 选择合适的切削速度 5. 选择合适的切削液并充分喷注 6. 增加工件的装夹刚度
加工过程中出现扎刀引起工件报废	1. 进给量过大 2. 切屑阻塞 3. 工件安装不合理 4. 刀具角度选择不合理	1. 减小进给量 2. 采用断屑、退屑方式切入 3. 检查工件安装情况，增加安装刚度 4. 正确选择刀具角度
台阶端面出现倾斜	1. 程序错误 2. 刀具安装不正确 3. 切削用量不当	1. 检查、修改加工程序 2. 正确安装刀具 3. 合理选择切削用量
工件圆度超差或产生锥度	1. 车床主轴间隙过大 2. 程序错误 3. 工件安装不合理	1. 调整车床主轴间隙 2. 检查、修改加工程序 3. 检查工件安装情况，增加安装刚度

任务 2　盘类零件加工

任务目标

◆ 掌握用 G94、G72 循环指令完成盘类零件加工的编程方法

任务引入

图 2-2-1 所示为盘类零件，其毛坯尺寸为 ϕ165 mm × 70 mm，材料为 45 钢。图中 ϕ30 mm 的孔已加工完成，要求编制零件外圆及端面的粗精加工程序，并完成该零件的加工。

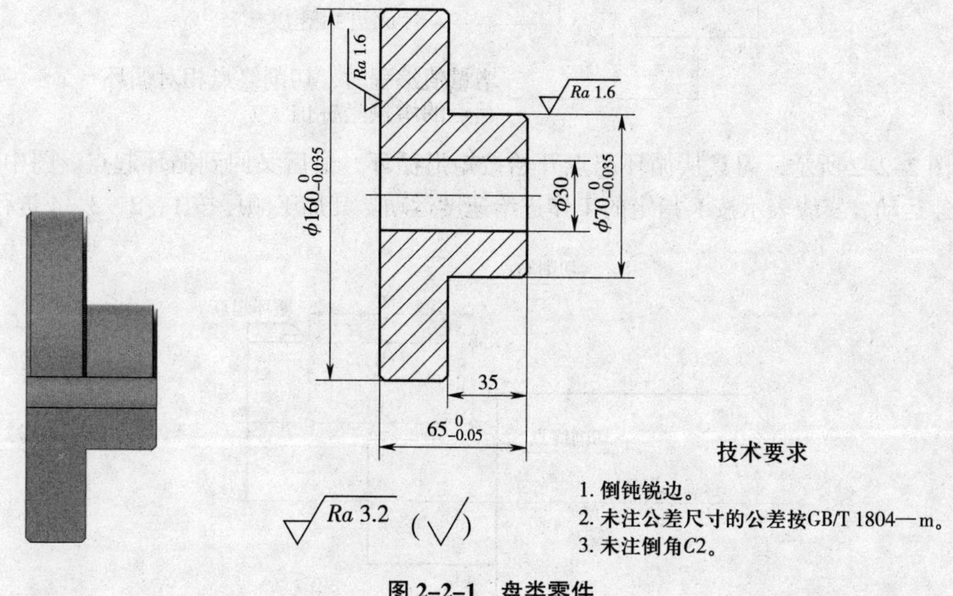

图 2-2-1　盘类零件

任务分析

盘类零件是一种常见的机械零件，在机械设备中主要起支承和连接作用。盘类零件直径通常大于其轴向尺寸，比如齿轮、法兰盘及轴承环等。

该零件的外形比较简单，主要由外圆、内孔和端面组成。外圆尺寸精度较高，毛坯余量不均匀且较大，因此加工时考虑分粗车、精车来完成。因工件直径较大，装夹时可采用反卡爪夹持毛坯表面。

相关知识

盘类零件的加工既可以纵向切削也可以横向切削，但要根据工件毛坯的形状、材料以及产品的精度要求等确定切削方式。盘类零件的特点是外径较大而长度较短，工件各部分直径差别较大。根据数控车床的加工特点，外形粗车大多采用径向加工，外形精车和内孔加工大多采用轴向加工。下面学习几个端面加工指令。

一、端面单一形状切削固定循环指令 G94

格式：

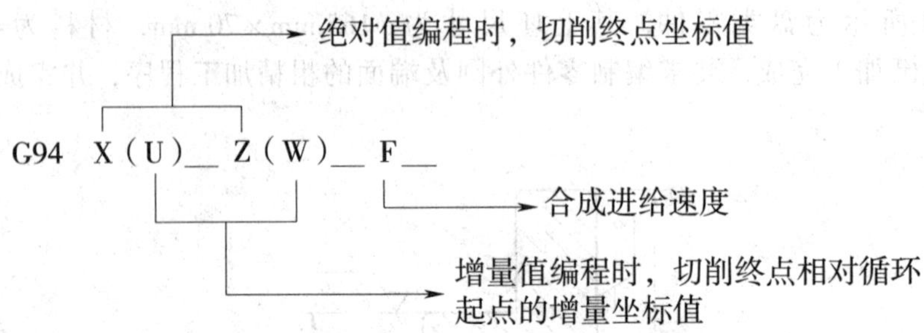

如图 2-2-2 所示，刀具从循环起点开始按矩形循环，最后又回到循环起点。图中虚线表示快速运动，实线表示按 F 指定的工作进给速度运动。其加工顺序按 1、2、3、4 进行。

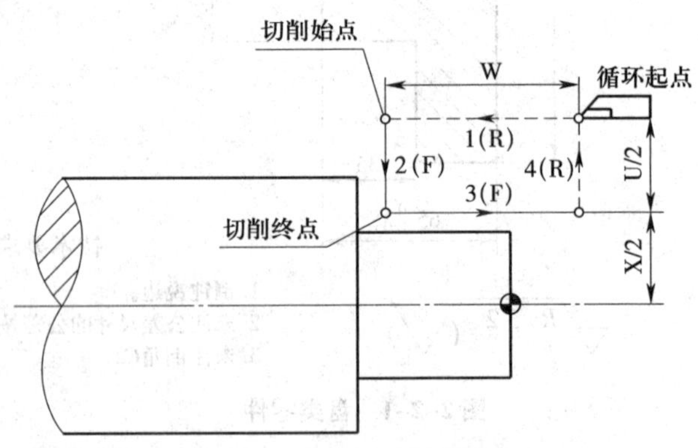

图 2-2-2 端面切削循环

注意：

（1）在固定循环切削过程中，M、S、T 等功能都不能改变。如需改变，必须在 G00 或 G01 的指令下变更，然后再指令固定循环。

（2）G94 指令每一步走刀加工结束后刀具均返回循环起点。

（3）G94 指令与 G90 指令的最大区别在于，G94 第一步先走 *Z* 轴，而 G90 第一步先走 *X* 轴。

【例 2-2-1】加工图 2-2-3 所示工件，编写加工程序。

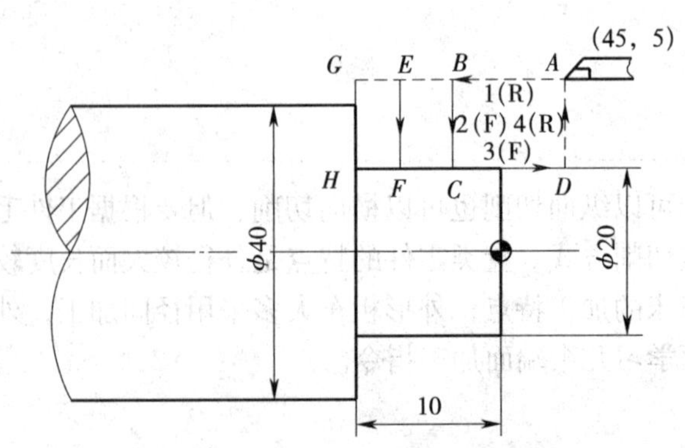

图 2-2-3 G94 切削循环编程

加工程序见表 2-2-1。

表 2-2-1 **加工程序**

程序	说明
O0004;	程序号
N10 M03 S500 T0101;	主轴正转，选择 1 号刀及 1 号刀补
N20 G00 X45.0 Z5.0;	快速移动到固定循环起始点
N30 G94 X20.0 Z-3.5 F0.3;	第一次循环加工，$A \to B \to C \to D \to A$
N40 Z-7.0;	第二次循环加工，$A \to E \to F \to D \to A$
N50 Z-10.0;	第三次循环加工，$A \to G \to H \to D \to A$
N60 G00 X100.0 Z100.0	退刀
N70 M05;	主轴停转
N80 M30;	程序结束

二、端面复合形状粗车固定循环指令 G72

G72 指令适用于圆柱棒料毛坯端面方向的粗车。格式：

G72 W$\underline{\Delta d}$ R$\underline{e}$

G72 P$\underline{ns}$ Q$\underline{nf}$ U$\underline{\Delta u}$ W$\underline{\Delta w}$ F$\underline{\ }$ S$\underline{\ }$ T$\underline{\ }$

说明：Δd——轴向背吃刀量（无符号）；

e——退刀量（无符号）；

ns——精加工循环中的第一个程序段顺序号；

nf——精加工循环中的最后一个程序段顺序号；

Δu——径向（X）的精车余量；

Δw——轴向（Z）的精车余量。

【例 2-2-2】如图 2-2-4 所示为棒料毛坯的加工示意图。粗加工轴向背吃刀量为 4 mm，进给量为 0.3 mm/r，主轴转速为 500 r/min；X 向精车余量为 1 mm（直径值），Z 向精车余量为 0.5 mm，进给量为 0.15 mm/r，主轴转速为 800 r/min。程序起点如图所示，用 G72 指令编写加工程序。

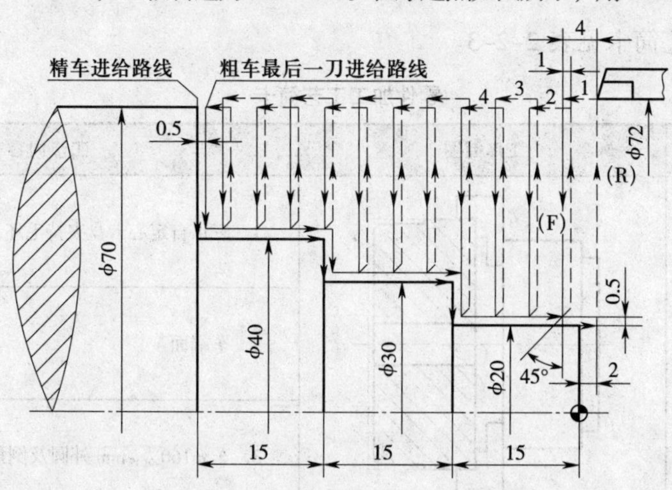

图 2-2-4 棒料毛坯的加工示意图

加工程序见表 2–2–2。

表 2–2–2　　加工程序

程序	说明
O0006;	程序号
N10 G99 M03 T0101 S500;	以 500 r/min 的转速启动主轴正转，选择 1 号刀及 1 号刀补
N20 G00 X72.0 Z0.5;	快速移动到固定循环起始点
N30 G72 W4.0 R1.0;	轴向背吃刀量为 4 mm，退刀量为 1 mm
N40 G72 P50 Q110 U1.0 W0.5 F0.3;	X 向精车余量 1 mm，Z 向精车余量 0.5 mm
N50 G00 Z–45.0;	精加工轮廓起点
N60 G01 X40.0 F0.15;	精加工 ϕ70 mm 端面
N70 Z–30.0;	精加工 ϕ40 mm 外圆
N80 X30.0;	精加工 ϕ40 mm 端面
N90 Z–15.0;	精加工 ϕ30 mm 外圆
N100 X20.0;	精加工 ϕ30 mm 端面
N110 Z0.5;	精加工 ϕ20 mm 外圆
N120 G70 P50 Q110 S800;	精加工指令，主轴转速 800 r/min
N130 G00 X100.0 Z100.0;	退刀
N140 M05;	主轴停转
N150 M30;	程序结束

任务实施

一、确定零件的加工工艺

零件加工工艺简卡见表 2–2–3。

表 2–2–3　　零件加工工艺简卡

工序号	工序内容	工序简图	工步内容
1	左端加工		1. 三爪自定心卡盘夹持毛坯，找正并夹紧
			2. 车端面
			3. 车 $\phi160_{-0.035}^{0}$ mm 外圆及倒角至尺寸要求

续表

工序号	工序内容	工序简图	工步内容
2	右端加工		4．掉头，夹持 $\phi160_{-0.035}^{0}$ mm 外圆
			5．车端面保证总长 $65_{-0.05}^{0}$ mm
			6．车 $\phi70_{-0.035}^{0}$ mm 外圆及倒角至尺寸要求

二、填写相关工艺卡片

数控加工刀具卡见表 2–2–4。

表 2–2–4　　数控加工刀具卡

产品名称或代号		×××	零件名称		盘类零件	零件图号	×××
序号	刀具号	刀具名称	数量	加工内容		主要参数	备注
1	T01	93° 外圆粗车刀	1	粗车外轮廓、端面		R0.8 mm	
2	T02	93° 外圆精车刀	1	精车外轮廓、端面		R0.4 mm	
编制	×××	审核	×××	批准	×××	共 × 页	第 × 页

数控加工工艺卡见表 2–2–5。

表 2–2–5　　数控加工工艺卡

单位名称	×××	产品名称		零件名称	零件图号		
		×××		盘类零件	×××		
序号	程序号	夹具名称	设备	数控系统	车间		
1	O0008	三爪自定心卡盘	CK6150	FANUC	×××		
2	O0009						
工步	工步内容		刀号	主轴转速 /（r/min）	进给量 /（mm/r）	背吃刀量 / mm	备注
1	三爪自定心卡盘夹持毛坯，找正并夹紧						手动
2	车端面		T01	500	0.2	1	O0008
3	粗车 $\phi160_{-0.035}^{0}$ mm 外圆		T01	500	0.2	2	O0008

续表

工步	工步内容	刀号	主轴转速 /（r/min）	进给量 /（mm/r）	背吃刀量 / mm	备注
4	精车 $\phi160_{-0.035}^{0}$ mm 外圆及倒角至尺寸要求	T02	700	0.1	0.5	O0008
5	掉头，夹持 $\phi160_{-0.035}^{0}$ mm 外圆					手动
6	车端面保证总长 $65_{-0.05}^{0}$ mm	T01	500	0.1	1	O0009
7	粗车 $\phi70_{-0.035}^{0}$ mm 外圆	T01	500	0.2	2	O0009
8	精车 $\phi70_{-0.035}^{0}$ mm 外圆及倒角至尺寸要求	T02	700	0.1	0.5	O0009
9	检查、去毛刺					手动
编制	×××	审核	×××	批准	×××	

三、编制加工程序

加工程序见表 2–2–6。

表 2–2–6 加工程序

程序	说明
O0008;	左端加工程序号
N10 M03 S500 T0101;	主轴正转，转速为 500 r/min，选择 1 号刀及 1 号刀补
N20 G00 X200.0 Z100.0;	刀具快速移动到换刀点
N30 X170.0 Z3.0;	移动至切入点
N40 G94 X28.0 Z0 F0.2;	端面切削循环加工端面
N50 G90 X160.5 Z–30;	外圆切削循环，粗加工外圆
N60 G00 X200.0 Z100.0;	刀具返回换刀点
N70 M03 S700 T0202;	换 2 号刀，转速增至 700 r/min
N80 G00 X156.0 Z2.0;	靠近工件
N90 G01 Z0 F0.1;	开始精加工
N100 X160.0 Z–2.0 F0.1;	加工 *C*2 mm 倒角
N110 Z–32.0;	加工 $\phi160_{-0.035}^{0}$ mm 外圆
N120 X166.0;	精加工结束，刀具离开工件
N130 G00 X200.0 Z100.0;	退刀至换刀点
N140 M05;	主轴停转
N150 M30;	程序结束

续表

程序	说明
O0009;	右端加工程序号
N10 T0101 M03 S500;	主轴正转，转速为 500 r/min，选择 1 号刀及 1 号刀补
N20 G00 X200.0 Z100.0;	刀具快速移动到换刀点
N30 X170.0 Z3.0;	移动至切入点
N40 G94 X28.0 Z0 F0.2;	加工端面
N50 G72 W2.0 R0.5 F0.2;	端面粗车循环，每次轴向背吃刀量为 2 mm，退刀 0.5 mm
N60 G72 P70 Q120 U0.5 W0.1;	粗车路线 N70 至 N120，X 向精车余量 0.5 mm，Z 向精车余量 0.1 mm
N70 G00 Z-37.0;	精加工路线起点，靠近零件
N80 G01 X160.0;	倒角起始点
N90 X156.0 Z-35.0;	加工倒角
N100 X70.0;	加工中间位置的端面
N110 Z-2.0;	加工 $\phi70_{-0.035}^{0}$ mm 外圆
N120 X66.0 Z0;	加工倒角
N130 G00 X200.0 Z100.0;	刀具返回换刀点
N140 M03 S700 T0202;	主轴正转，转速为 700 r/min，选择 2 号刀及 2 号刀补
N150 X170.0 Z2.0;	刀具移动到循环起点
N160 G70 P70 Q120 F0.1;	精加工循环
N170 G00 X200.0 Z100.0;	返回安全点
N180 M05;	主轴停转
N190 M30;	程序结束

四、端面加工的质量分析

端面加工是零件加工中必不可少的工序，直接或间接影响工件的整体尺寸精度。端面加工的质量分析见表 2-2-7。

表 2-2-7 端面加工的质量分析

问题	产生原因	解决方法
端面加工时长度尺寸超差	1. 刀具数据不准确 2. 尺寸计算错误 3. 程序错误	1. 调整或重新设定刀具数据 2. 正确进行尺寸计算 3. 检查、修改加工程序

续表

问题	产生原因	解决方法
端面表面质量太差	1. 主轴转速过低 2. 刀具中心过高 3. 切屑控制较差 4. 刀尖产生积屑瘤 5. 切削液选用不合理	1. 调高主轴转速 2. 调整刀具中心高度 3. 选择合理的进给方式及背吃刀量 4. 选择合适的切削速度 5. 选择合适的切削液并充分喷注
端面中心处有凸台或凹凸不平	1. 程序错误 2. 刀具中心过高 3. 刀具损坏 4. 车床主轴间隙过大 5. 切削用量选择不当	1. 检查、修改加工程序 2. 调整刀具中心高度 3. 更换刀具 4. 调整车床主轴间隙 5. 合理选择切削用量
台阶处不清根或呈圆角	1. 程序错误 2. 刀具选择错误 3. 刀具损坏	1. 检查、修改加工程序 2. 正确选择加工刀具 3. 更换刀具

思考与练习

1．简述刀具位置补偿的作用。

2．说明 G72 指令的格式。

3．简述 G71 指令的使用方法和优点。

4．用简图表示数控车床常用刀具的刀位点。

5．常见外圆加工缺陷有哪些？

6．常见端面加工缺陷有哪些？

7．简述工件外圆尺寸超差的原因及解决方法。

8．台阶销轴如习题图 2–1 所示，毛坯直径为 40 mm，分别使用 G90 指令和 G71 指令编写加工程序。

9．传动盘如习题图 2–2 所示，毛坯尺寸为 ϕ105 mm × 45 mm，分别使用 G94 指令和 G72 指令编写加工程序。

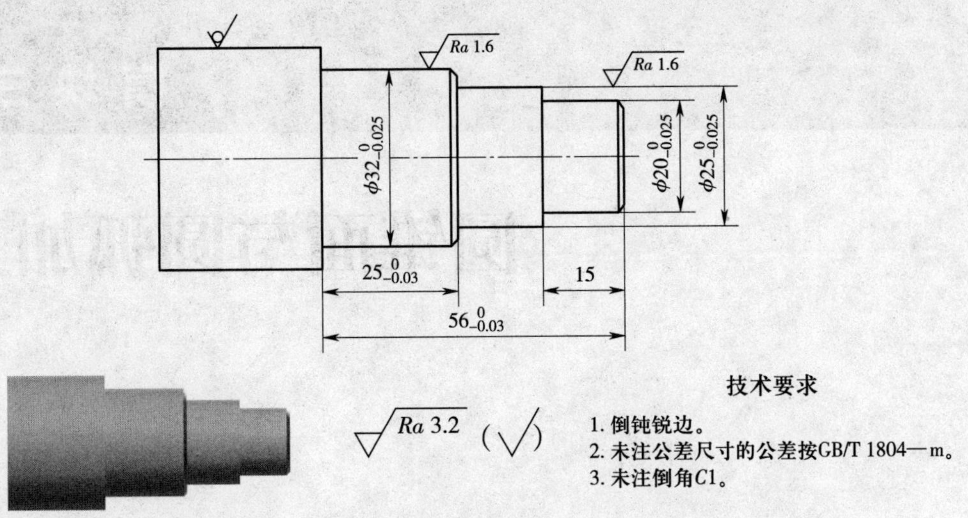

习题图 2-1 台阶销轴

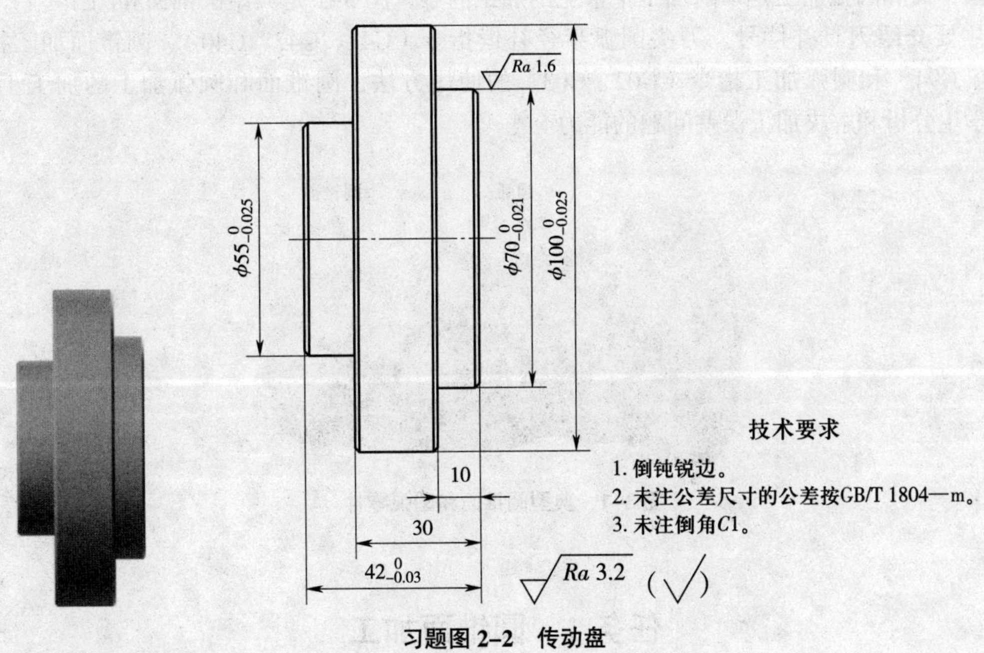

习题图 2-2 传动盘

模块三

圆锥面与圆弧加工

圆锥面和圆弧加工是车削加工中常见的加工内容，图 3–1 是典型圆锥面和圆弧零件。本模块主要介绍刀具补偿号、刀尖圆弧半径补偿指令（G41、G42、G40）、圆锥面加工指令（G90、G94）和圆弧加工指令（G02、G03）的使用方法，圆锥面和圆弧加工的加工工艺，培养学生分析和解决加工误差问题的能力。

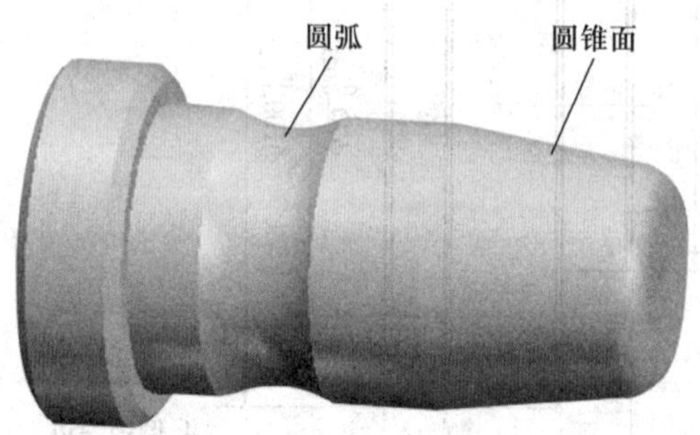

图 3–1 典型圆锥面和圆弧零件

任务 1 圆锥面加工

任务目标

- ◆ 掌握刀具补偿号和刀尖圆弧半径补偿指令的用法
- ◆ 巩固 G00、G01 指令完成圆锥面精加工的编程方法

任务引入

图 3–1–1 所示为圆锥零件，请编写该零件的精加工程序。其毛坯尺寸为 ϕ55 mm × 52 mm，材料为 45 钢。

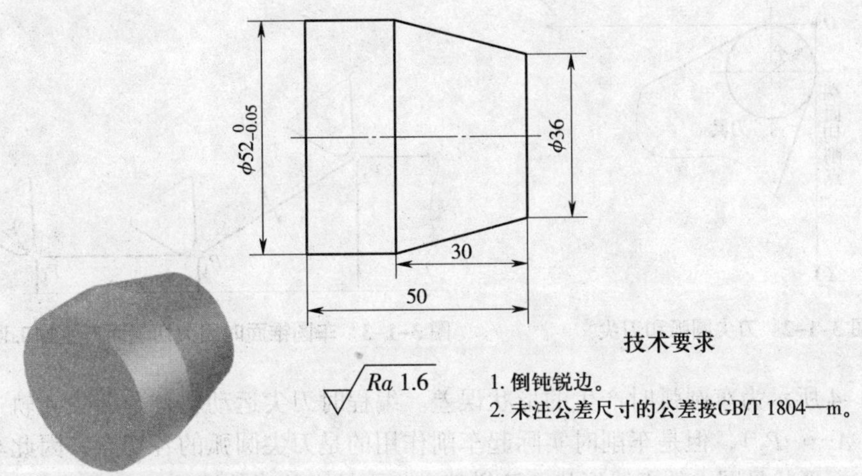

图 3–1–1 圆锥零件

任务分析

该零件的外形，不仅有外圆和端面，还包括一个圆锥面。圆锥面的加工可以采用快速点定位指令 G00 和直线插补指令 G01 来完成，但在编程和加工过程中，一定要考虑刀具的几何形状，注意刀尖圆弧半径对加工的影响，否则将会产生过切削或欠切削的现象，最后导致出现加工误差。

相关知识

刀具补偿是在加工中考虑刀具的位置和几何形状，从而使刀具的刀尖沿着编程中设定的加工轨迹运动。数控车床中的刀具补偿分为刀尖圆弧半径补偿和刀具位置补偿，在模块一中已经介绍了刀具位置补偿，在此，只介绍刀尖圆弧半径补偿的方法。

一、刀尖圆弧半径补偿的目的

理想状态下，尖形车刀的刀位点被假想成一点，该点即为假想刀尖（见图 3–1–2 中的 O 点），在对刀时也是以假想刀尖进行对刀。但实际加工中的车刀，由于工艺或其他要求，刀尖往往不是一假想点，而是一段圆弧，这样在加工圆锥面或圆弧面时刀具切削点在刀尖圆弧上会变动，从而产生过切削或欠切削的现象，导致出现加工表面的形状误差。

图 3–1–3 所示为车圆锥面时因欠切削而产生加工误差。从图中可以看出，编程时刀尖运动轨迹经过 P_0、P_1、P_2，但由于刀尖圆弧半径 R 的存在，实际车出的工件形状为图中虚线，这样就产生了圆锥表面误差 δ。因此，当车圆锥面时，必须在编程时加入刀尖圆弧半径补偿，使车削出来的工件能获得正确的加工精度。

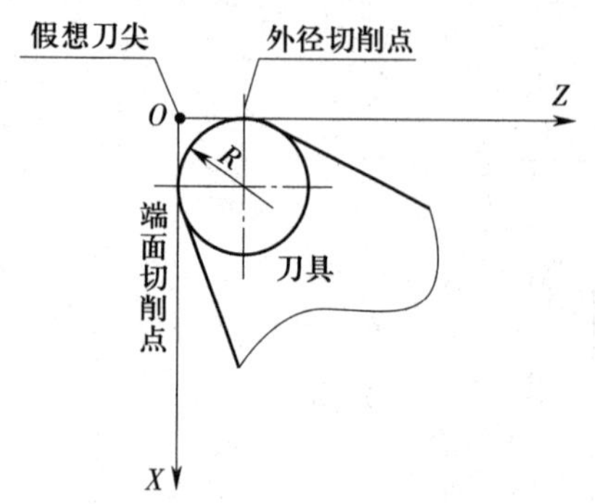

图 3–1–2 刀尖圆弧和刀尖

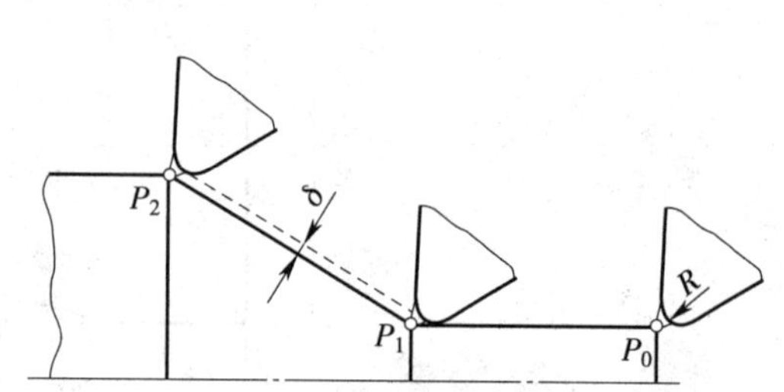

图 3–1–3 车圆锥面时因欠切削而产生加工误差

图 3–1–4 所示为车圆弧时产生的形状误差。编程时刀尖运动轨迹是刀尖 A 轨迹（图中 P_1、A、A、A……P_2），但是车削时实际起车削作用的是刀尖圆弧的各切点，因此车削出的工件实际表面形状是图中的虚线形状，这样就产生了较大的形状误差 $\delta_1 \sim \delta_2$。可见，在这种情况下就必须考虑刀尖圆弧半径对工件表面形状的影响。

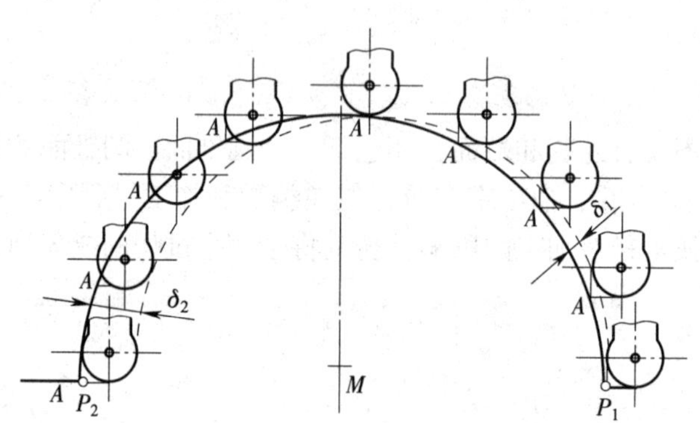

图 3–1–4 车圆弧时产生的形状误差

二、刀具补偿号

刀尖圆弧半径补偿可以通过调用刀具功能来实现，即在程序中用指定的 T 指令来实现。T 指令的形式为 T× × × ×，后面 4 位数字中，前两位为刀具号（如 01 表示用 1 号刀），后两位为刀具补偿号（如 02 表示调用 2 号寄存器中的刀具补偿值）。刀具补偿号实际上是刀具补偿寄存器的地址号，该寄存器中存放刀具的几何偏置量和磨损偏置量（X 轴偏置和 Z 轴偏置）。图 3–1–5 所示为刀具形状补偿参数界面，其中，R 为刀尖圆弧半径，T 为假想刀尖号位置。刀具补偿号可以是 00 ~ 32 中的任意一个数，刀具补偿号为 00 时，表示不进行刀具补偿或取消刀具补偿。

当刀具磨损或工件尺寸有误差时，在图 3–1–6 所示刀具磨损补偿参数界面中，只要修改每把刀具相应寄存器中的数值即可。例如：当某工件加工后外圆直径比图样要求尺寸大了 0.03 mm，则可以修改相应寄存器中的数值，减去 0.03 即可；当长度方向尺寸有误差时，修改方法相同。

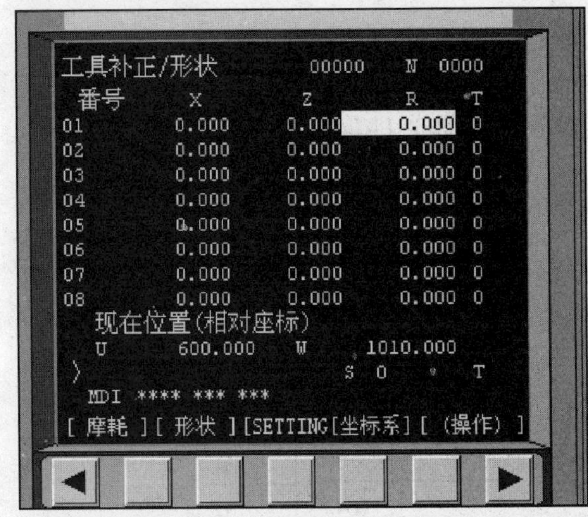

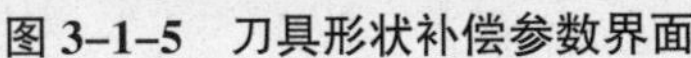
图 3–1–5 刀具形状补偿参数界面

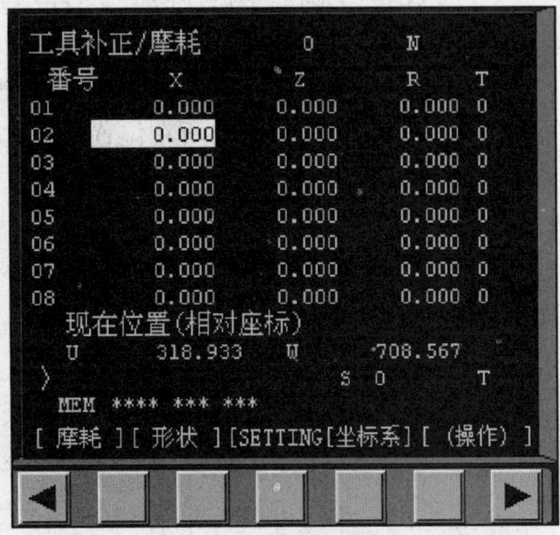

图 3–1–6 刀具磨损补偿参数界面

由此可见，对于刀具的偏移可以根据实际需要分别或同时对刀具轴向和径向的偏移量进行修正。修正的方法是在程序中事先给定各刀具及其刀具补偿号，每个刀具补偿号中的 X 向刀具补偿值和 Z 向刀具补偿值由操作者按实际需要输入数控装置。每当程序调用这一刀具补偿号时，该刀具补偿值就生效，使刀尖从偏离位置恢复到编程轨迹上，从而实现刀具偏移量的修正。

注意：

（1）刀具补偿程序段内有 G00 或 G01 指令才有效。偏移量补偿在一个程序的执行过程中完成，这个过程是不能省略的。例如，“G00 X20.0 Z10.0 T0202；”表示调用 2 号刀具，且有刀具补偿，补偿量在 02 号寄存器内。

（2）必须在取消刀具补偿状态下调用刀具。

三、刀尖圆弧半径补偿

1. 刀尖圆弧半径补偿指令

编程时若按刀尖圆弧半径中心编程，可避免过切削和欠切削现象，但计算刀位点比较麻烦，并且如果刀尖圆弧半径发生变化，还需改动程序。目前的数控车床都具备刀尖圆弧半径自动补偿功能，正是为解决这个问题所设定的。编程时，只需按工件的实际轮廓尺寸编程即可，不必考虑刀具的刀尖圆弧半径的大小。加工时由数控系统将刀尖圆弧半径加以补偿，由系统自动计算补偿值，产生刀具路径，完成对工件的合理加工。

根据不同的刀具运动路径，刀尖圆弧半径补偿的指令如下。

（1）刀尖圆弧半径左补偿指令 G41

沿不在切削平面 Y 轴的负方向并顺着刀具运动方向看，刀具在工件左侧，称为刀尖圆弧半径左补偿，用 G41 指令编程。

（2）刀尖圆弧半径右补偿指令 G42

沿不在切削平面 Y 轴的负方向并顺着刀具运动方向看，刀具在工件右侧，称为刀尖圆弧半径右补偿，用 G42 指令编程。

（3）取消刀尖圆弧半径补偿指令 G40

如需要取消刀尖圆弧半径补偿，可使用 G40 指令。

注意：编程时，刀尖圆弧半径补偿偏置方向的判别如图 3–1–7 所示。在判别时，一定要沿 Y 轴由正向负观察刀具所在位置，因此应特别注意图 3–1–7a 所示后置刀架和图 3–1–7b 所示前置刀架对刀尖圆弧半径补偿的区别。

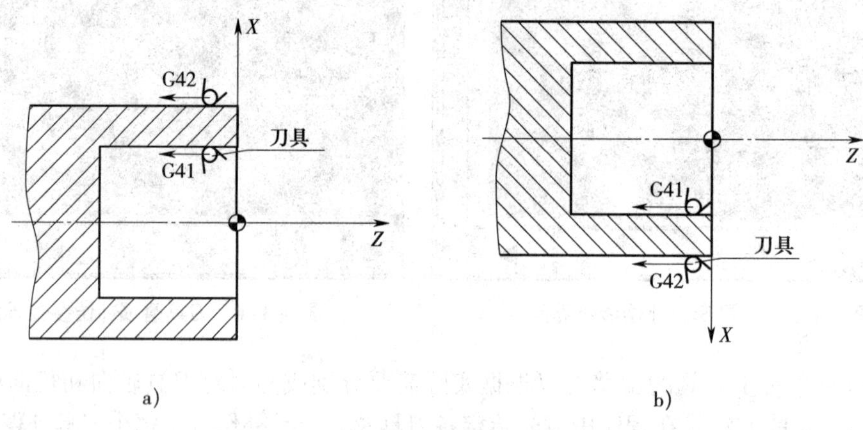

图 3–1–7　刀尖圆弧半径补偿偏置方向的判别

a）后置刀架，+Y 轴向外　b）前置刀架，+Y 轴向内

指令格式如下：

G41 G00/G01 X__ Z__ F__ ；（刀尖圆弧半径左补偿）

G42 G00/G01 X__ Z__ F__ ；（刀尖圆弧半径右补偿）

G40 G00/G01 X__ Z__ F__ ；（取消刀尖圆弧半径补偿）

2．刀尖号位置的确定

数控车床在采用刀尖圆弧半径补偿进行工件加工时，如果刀具的刀尖形状和切削时所处的位置不同，那么刀具的补偿量与补偿方向也不同。如图 3–1–5 所示，对应每个刀具补偿号，都有一组偏置量 X、Z，刀尖圆弧半径补偿量 R 和假想刀尖号位置 T。如果程序中输入指令“G42 G00 X60.0 Z3.0 T0101；”，则数控系统就会按照 01 号刀具补偿值自动修改刀具的安装误差，并根据刀尖圆弧半径补偿值，自动将刀尖移到正确的位置。根据刀尖及刀尖位置的不同，数控车床刀具的刀尖号位置共有 9 种，如图 3–1–8 所示。

3．刀尖圆弧半径补偿的编程实例

如果根据车床初始状态编程（即无刀尖圆弧半径补偿），车刀按理想刀尖轨迹运动，如图 3–1–9a 所示，这时会产生圆锥表面误差 δ。

如果在编程时编入 G42 指令，车刀将按刀尖圆弧中心轨迹运动，如图 3–1–9b 所示，就不会产生圆锥表面误差。从图 3–1–9a 和图 3–1–9b 中 A_1 点的比较中可以看出，当编入 G42 指令到达 A_1 点时，图 3–1–9b 中的车刀比图 3–1–9a 中的车刀多走了一个刀尖圆弧半径距离。

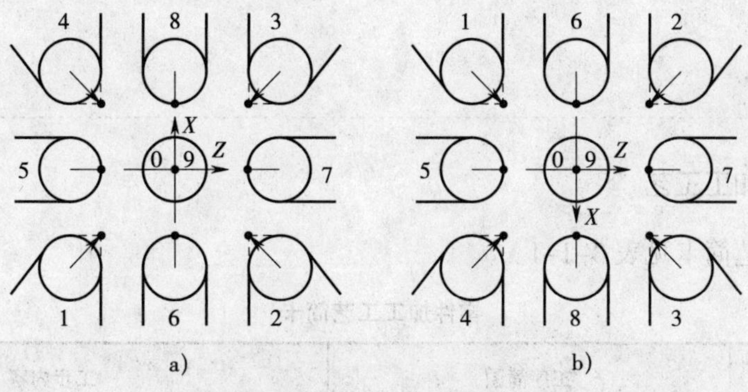

图 3–1–8　刀尖号位置

a）后置刀架　b）前置刀架

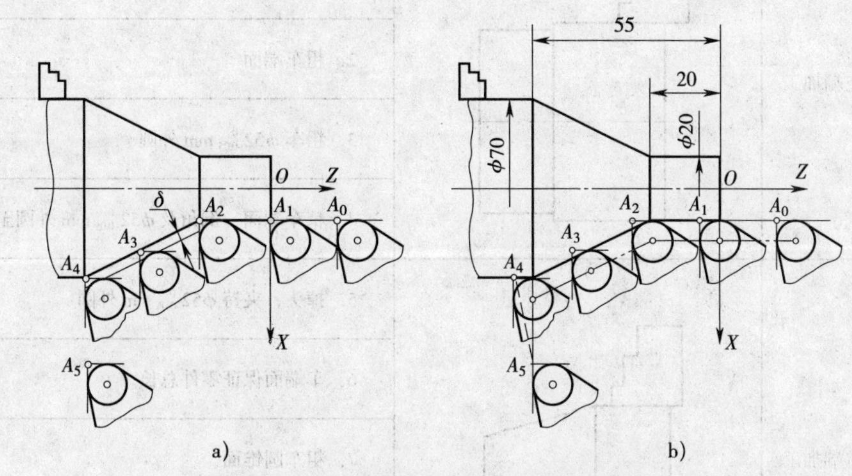

图 3–1–9　刀尖圆弧半径补偿的编程实例

a）无刀尖圆弧半径补偿　b）刀尖圆弧半径右补偿 G42

用刀尖圆弧半径补偿车削图 3–1–9b 所示工件，编程指令如下。

N30 G00 XA_0 ZA_0；

N40 G42 G01 XA_1 ZA_1 F0.3；　　刀补建立

N50　XA_2 ZA_2；　　刀补执行

N60　XA_4 ZA_4；

N70 G40 G00 XA_5 ZA_5；　　刀补取消

其中，$A_0 \sim A_5$ 是刀具在工件移动轨迹中的坐标值。

使用刀尖圆弧半径补偿时的注意事项：

（1）G41、G42、G40 指令只能用在 G00 或 G01 指令的程序段内，不允许与 G02 或 G03 指令用在同一程序段内，也就是说刀尖圆弧半径补偿只能在平面的直线运动中建立或取消。

（2）在调用新的刀具之前，必须取消前一个刀尖圆弧半径补偿，避免产生加工误差。

（3）刀尖圆弧半径补偿指令使用前，须通过数控系统的操作面板向系统寄存器输入刀尖圆弧半径补偿的相关参数刀尖圆弧半径 R 和刀尖号位置 T，作为刀尖圆弧半径补偿的依据。刀尖圆弧半径取值要以实际刀尖圆弧半径为准。

任务实施

一、确定零件的加工工艺

零件加工工艺简卡见表 3–1–1。

表 3–1–1　零件加工工艺简卡

工序号	工序内容	工序简图	工步内容
1	左端加工		1. 三爪自定心卡盘夹持毛坯，伸出约 25 mm，找正并夹紧
			2. 粗车端面
			3. 粗车 $\phi 52_{-0.05}^{0}$ mm 外圆
			4. 精车端面、倒角及 $\phi 52_{-0.05}^{0}$ mm 外圆至尺寸要求
2	右端加工		5. 掉头，夹持 $\phi 52_{-0.05}^{0}$ mm 外圆
			6. 车端面保证零件总长
			7. 粗车圆锥面
			8. 精车圆锥面
			9. 去毛刺、检验

二、填写相关工艺卡片

数控加工刀具卡见表 3–1–2。

表 3–1–2　数控加工刀具卡

产品名称或代号	×××		零件名称	圆锥零件	零件图号	×××
序号	刀具号	刀具名称	数量	加工内容	主要参数	备注
1	T01	93° 外圆车刀	1	粗车外轮廓、端面	R0.8 mm	
2	T02	95° 外圆车刀	1	精车外轮廓、端面	R0.4 mm	
编制 ×××	审核 ×××		批准 ×××		共 × 页	第 × 页

数控加工工艺卡见表 3–1–3。

表 3–1–3　　数控加工工艺卡

单位名称	×××	产品名称		零件名称	零件图号		
		×××		圆锥零件	×××		
序号	程序号	夹具名称	设备	数控系统	车间		
1	O0001	三爪自定心卡盘	CK6150	FANUC	×××		
2	O0002						
工步	工步内容		刀号	主轴转速 /（r/min）	进给量 /（mm/r）	背吃刀量 / mm	备注
1	三爪自定心卡盘夹持毛坯，伸出约 25 mm，找正并夹紧						手动
2	粗车端面		T01	800	0.2	2	手动
3	粗车 $\phi52_{-0.05}^{0}$ mm 外圆		T01	800	0.2	2	手动
4	精车端面、倒角、$\phi52_{-0.05}^{0}$ mm 外圆至尺寸要求		T02	1 200	0.05	0.2	O0001
5	掉头，夹持 $\phi52_{-0.05}^{0}$ mm 外圆						手动
6	车端面保证零件总长		T01	800	0.2	1	手动
7	粗车圆锥面		T01	1 000	0.2	1	手动
8	精车圆锥面		T02	1 200	0.05	0.2	O0002
9	去毛刺、检验						手动
编制	×××		审核	×××	批准	×××	

三、编制圆锥零件精加工程序

根据加工工艺，编制圆锥零件精加工程序。工件坐标系原点分别设置在零件左右两端面中心处，零件左端精加工程序见表 3–1–4，零件右端精加工程序见表 3–1–5。

表 3–1–4　　零件左端精加工程序

程序	说明
O0001;	程序号
G99;	指定为每转进给方式
T0202;	选择 2 号车刀及 2 号刀补
M03 S1200;	主轴正转，转速为 1 200 r/min
G00 X58.0 Z0 M08;	快速定位至加工起点，打开切削液
G01 X0 F0.05;	精车端面

续表

程序	说明
G00 X51.0 Z2.0;	快速退刀
G42 G01 Z0;	执行刀尖圆弧半径右补偿，走刀至 *C*0.5 mm 倒角起点
X52.0 Z–0.5;	车外倒角 *C*0.5 mm
Z–21.0;	车 $\phi52_{-0.05}^{0}$ mm 外圆
G40 X58.0;	退刀，取消刀尖圆弧半径补偿
G00 X100.0 Z100.0 M09;	快速返回换刀点，停切削液
M05;	主轴停转
M30;	程序结束

表 3–1–5　零件右端精加工程序

程序	说明
O0002;	程序号
G99;	指定为每转进给方式
T0202;	选择 2 号车刀及 2 号刀补
M03 S1200;	主轴正转，转速为 1 200 r/min
G00 X36.0 Z3.0 M08;	快速定位至加工起点，打开切削液
G42 G01 Z0 F0.05;	执行刀尖圆弧半径右补偿，走刀至车圆锥起点
X52 Z–30.0;	精车圆锥
G40 X58.0 M09;	退刀，取消刀尖圆弧半径补偿，停切削液
G00 X100.0 Z100.0;	快速返回换刀点
M05;	主轴停转
M30;	程序结束

任务 2　圆锥体零件加工

任务目标

- ◆ 能熟练制定圆锥体零件加工工艺
- ◆ 掌握 G90、G94 指令完成圆锥面加工的编程方法
- ◆ 能熟练分析和解决圆锥面加工质量问题

任务引入

图 3-2-1 所示为大余量圆锥体零件，为简化编程，选用循环指令编写圆锥体的加工程序。其毛坯尺寸为 $\phi52$ mm × 62 mm，材料为 45 钢。

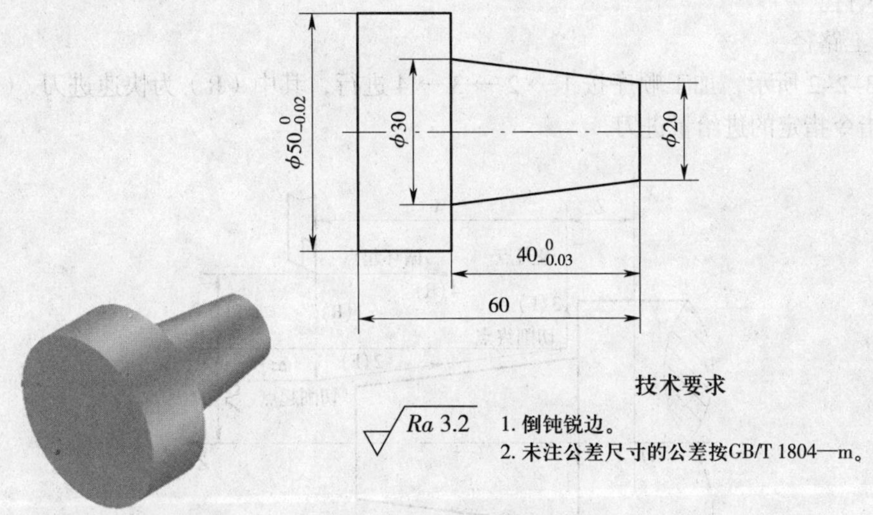

图 3-2-1 圆锥体零件

任务分析

该零件的圆锥体部分加工余量较大，需多次加工才能去除。如果使用前面讲过的 G01 指令来编程，就比较烦琐，程序出错率高。因此，为了简化编程，可采用圆锥面固定循环加工指令。

相关知识

一、圆锥面单一切削固定循环指令 G90

1. 指令格式

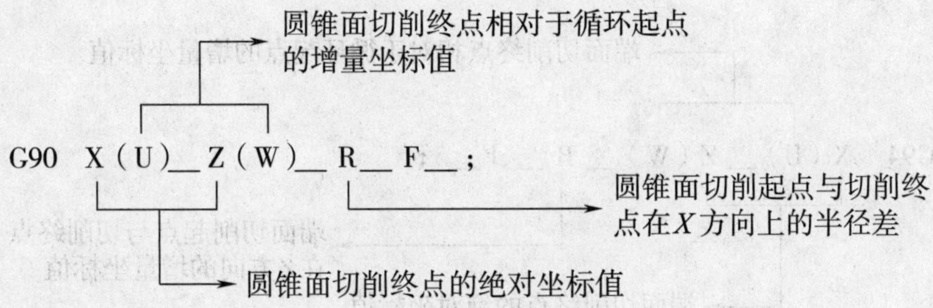

说明：（1）R 为圆锥面部分大端与小端的半径差，以增量值表示，其正负符号取决于加工圆锥面起始点位置，即切削起点坐标 X 值大于终点坐标 X 值时 R 为正，反之为负。

（2）G90 指令及指令中各参数均为模态值，每指定一次，车削循环一次，指令中的参数，包括坐标值，在指定另一个 G 指令（G04 指令除外）前保持不变。用 G90 指令进行粗车时，每次车削一层余量，再次循环时只需按车削深度依次改变 *X* 的坐标值，则循环过程依次重复执行。

2．加工路径

如图 3–2–2 所示，加工顺序按 1 → 2 → 3 → 4 进行，其中（R）为快速进刀，（F）为按程序中 F 指令指定的进给量进刀。

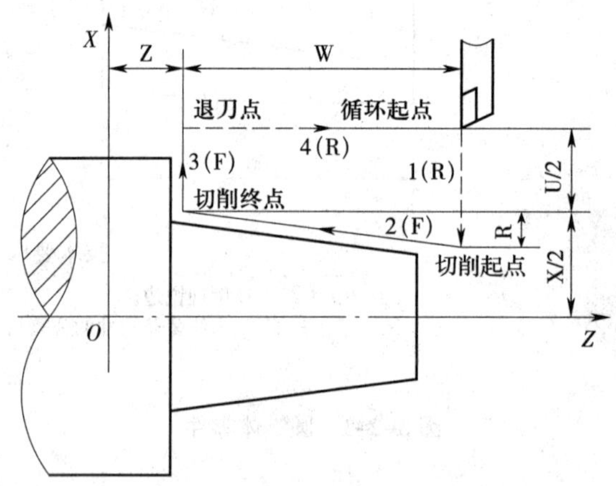

图 3–2–2　圆锥面切削循环

注意：锥面加工时，刀具先以 G00 快速方式定位，为了避免 G00 方式走刀时刀具与工件表面发生碰撞，通常将刀具偏离圆锥端面 2 ~ 3 mm，此时刀具起始位置的 *Z* 轴坐标取值与实际锥面的起点 *Z* 坐标不一致，应该算出锥面轮廓延长线上对应所取 *Z* 坐标处与圆锥面终点处的实际半径差。

本任务中，设定刀具循环起点坐标为（54，2），通过计算可知，R=–5.25；切削终点的 *X* 向加工量为 50 mm–30 mm=20 mm，分五次循环。第一次切削终点坐标为（45，–40）；第二次为（40，–40）；第三次为（35，–40）；第四次为（30.5，–40），留精车余量，双边 0.5 mm；第五次为（30，–40）。最后，刀具返回循环起点坐标（54，2）。

二、圆锥端面单一切削固定循环指令 G94

1．指令格式

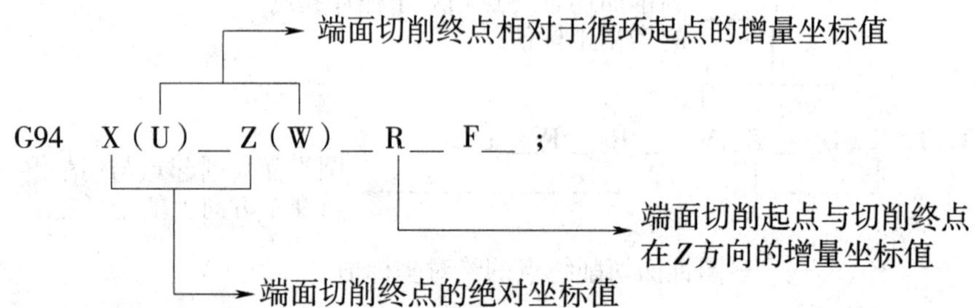

编辑时，应注意 R 的符号，确定的方法是：切削起点坐标 Z 值大于终点坐标 Z 值时为正，反之为负。

2．加工路径

圆锥端面切削循环如图 3–2–3 所示，加工顺序按 1 → 2 → 3 → 4 进行。

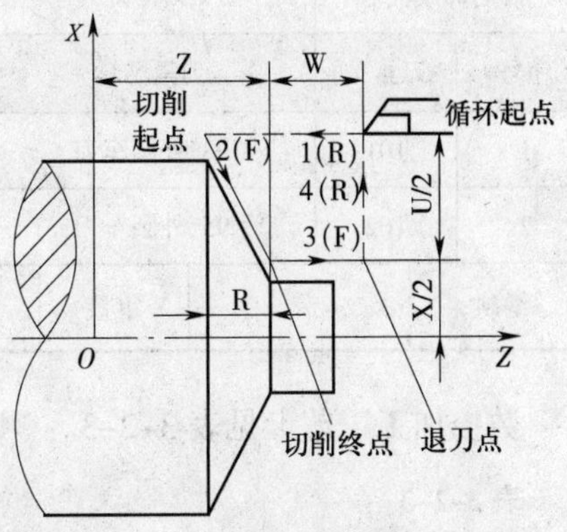

图 3–2–3　圆锥端面切削循环

注意：通过图 3–2–2 和图 3–2–3 可以看出 G94 指令与 G90 指令的区别是 G94 指令先沿 *Z* 向快速进刀，再车削工件圆锥端面，退刀光整外圆，刀具再快速返回循环起点，而 G90 指令是先 *X* 向快速进刀，再车削工件外圆锥面，然后退刀，最后刀具再快速返回循环起点。G94 指令是在工件的端面上加工出斜面，而 G90 指令是在工件的外圆上加工出锥度。

任务实施

一、确定零件的加工工艺

零件加工工艺简卡见表 3–2–1。

表 3–2–1　零件加工工艺简卡

工序号	工序内容	工序简图	工步内容
1	左端加工		1．三爪自定心卡盘夹持毛坯，伸出约 30 mm，找正并夹紧
			2．粗车端面
			3．粗车 $\phi 50_{-0.02}^{0}$ mm 外圆
			4．精车端面、倒角、$\phi 50_{-0.02}^{0}$ mm 外圆至尺寸要求
2	右端加工		5．掉头，夹持 $\phi 50_{-0.02}^{0}$ mm 外圆
			6．车端面保证零件总长
			7．粗车圆锥面
			8．精车圆锥面
			9．去毛刺、检验

二、填写相关工艺卡片

数控加工刀具卡见表 3–2–2。

表 3-2-2　　数控加工刀具卡

产品名称或代号		×××	零件名称	锥体零件	零件图号	×××
序号	刀具号	刀具名称	数量	加工内容	主要参数	备注
1	T01	93° 外圆车刀	1	粗车外轮廓、端面	R0.8 mm	
2	T02	95° 外圆车刀	1	精车外轮廓、端面	R0.4 mm	
编制	×××	审核	×××	批准	×××	共 × 页　第 × 页

数控加工工艺卡见表 3-2-3。

表 3-2-3　　数控加工工艺卡

单位名称	×××		产品名称	零件名称		零件图号	
			×××	锥体零件		×××	
序号	程序号		夹具名称	设备	数控系统	车间	
1	O0001		三爪自定心卡盘	CK6150	FANUC	×××	
2	O0002						
工步	工步内容	刀号	主轴转速 /（r/min）	进给量 /（mm/r）	背吃刀量 / mm	备注	
1	三爪自定心卡盘夹持毛坯，伸出约 30 mm，找正并夹紧					手动	
2	粗车端面	T01	800	0.2	2	手动	
3	粗车 $\phi50_{-0.02}^{0}$ mm 外圆	T01	800	0.2	2	O0001	
4	精车端面、倒角、$\phi50_{-0.02}^{0}$ mm 外圆至尺寸要求	T02	1 200	0.05	0.5	O0001	
5	掉头，夹持 $\phi50_{-0.02}^{0}$ mm 外圆					手动	
6	车端面保证零件总长	T01	800	0.2	1	手动	
7	粗车圆锥面	T01	1 000	0.2	2.5	O0002	
8	精车圆锥面	T02	1 200	0.05	0.5	O0002	
9	去毛刺、检验					手动	
编制	×××	审核	×××	批准	×××		

三、编写锥体零件加工程序

根据加工工艺，手工编制锥体零件的加工程序。工件坐标系原点分别设置在零件左右两端面中心处，零件左端加工程序见表 3-2-4，零件右端加工程序见表 3-2-5。

表 3-2-4　　零件左端加工程序

程序	说明
O0001;	程序号
G99;	指定为每转进给方式
T0101;	选择 1 号车刀及 1 号刀补
M03 S800;	主轴正转，转速为 800 r/min
G00 X55.0 Z3.0 M08;	快速定位至固定循环起点，打开切削液
G90 X50.5 Z-21.0 F0.2;	粗车 $\phi50_{-0.02}^{0}$ mm 外圆，进给量为 0.2 mm/r
G00 X100.0 Z100.0;	快速返回换刀点
M00;	程序暂停
T0202;	选择 2 号车刀及 2 号刀补
M03 S1200;	主轴正转，转速为 1 200 r/min
G00 X55.0 Z3.0 M08;	快速定位至固定循环起点，打开切削液
G94 X0 Z0 F0.05;	精车端面
G00 X49.0;	
G01 G42.0 Z0;	执行刀尖圆弧半径补偿
X50.0 Z-0.5;	倒钝锐边
Z-21.0;	精车 $\phi50_{-0.02}^{0}$ mm 外圆
G40 X55.0;	退刀，取消刀尖圆弧半径补偿
G00 X100.0 Z100.0 M09;	快速返回换刀点，停切削液
M05;	主轴停转
M30;	程序结束

表 3-2-5　　零件右端加工程序

程序	说明
O0002;	程序号
G99;	指定为每转进给方式
T0101;	选择 1 号车刀及 1 号刀补
M03 S1000;	主轴正转，转速为 1 000 r/min
G00 X54.0 Z2.0 M08;	快速定位至固定循环起点，打开切削液
G90 X45.0 Z-40.0 R-5.25 F0.2;	粗车循环第一刀，进给量为 0.2 mm/r
X40.0;	粗车循环第二刀

续表

程序	说明
X35.0;	粗车循环第三刀
X30.5;	粗车循环第四刀
G00 X100.0 Z100.0;	快速返回换刀点
M00;	程序暂停
T0202;	选择 2 号车刀及 2 号刀补
M03 S1200;	主轴正转，转速为 1 200 r/min
G00 X20.0 Z2.0 M08;	快速定位至加工起点，打开切削液
G01 G42 Z0 F0.05;	执行刀尖圆弧半径左补偿，走刀至锥度起点
X30.0 Z–40.0;	精车圆锥面
X51.0;	车端面
G00 G40 X100.0 Z100.0 M09;	快速返回换刀点，取消刀尖圆弧半径补偿，停切削液
M05;	主轴停转
M30;	程序结束

四、圆锥面加工的质量分析

圆锥面加工的质量分析见表 3–2–6。

表 3–2–6　　圆锥面加工的质量分析

问题	产生原因	解决方法
锥度（角度）不符合要求 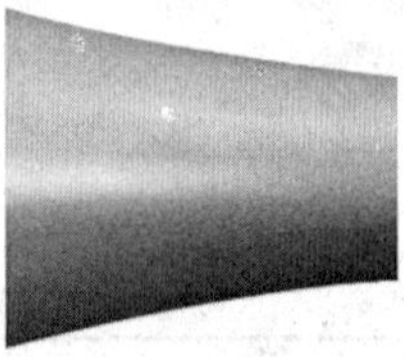	1. 程序错误 2. 刀具中心高不对 3. *X* 轴反向间隙补偿参数错误	1. 检查、修改加工程序 2. 检查车刀刀尖位置 3. 检查 *X* 轴反向间隙补偿参数
切削过程中出现干涉现象 	1. 工件斜度大于刀具副偏角 2. 程序错误	1. 选择正确的刀具 2. 检查循环指令起始点
表面粗糙度达不到要求 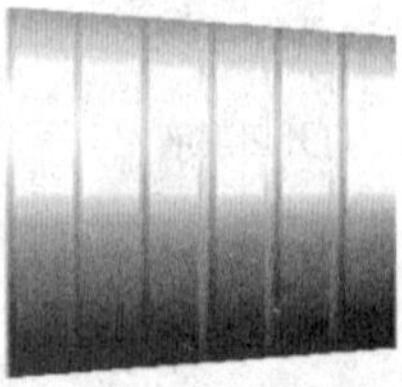	1. 车刀刚度不足或伸出太长而引起振动 2. 车刀几何参数不合理，如选用过小的前角和后角 3. 切削用量选用不合理	1. 提高车刀刚度，正确装夹车刀 2. 合理选择车刀角度 3. 进给量不宜太大，选择适当的精车余量和主轴转速

续表

问题	产生原因	解决方法
圆锥面径向尺寸不符合要求	1. 程序错误 2. 刀具磨损	1. 保证编程正确，并考虑刀具补偿 2. 及时更换磨损的刀具
切削过程中出现振动	1. 工件装夹不正确 2. 刀具安装不正确 3. 切削用量不正确	1. 正确安装工件 2. 正确安装刀具 3. 编程时合理选择切削用量

任务 3　球头零件加工

任务目标

- ◆ 能熟练制定圆弧加工工艺
- ◆ 掌握 G02、G03 指令完成圆弧加工的编程方法
- ◆ 能熟练分析和解决圆弧加工质量问题

任务引入

车削图 3–3–1 所示的球头手柄，编写该手柄的加工程序。其毛坯尺寸为 ϕ60 mm × 120 mm，材料为 45 钢。

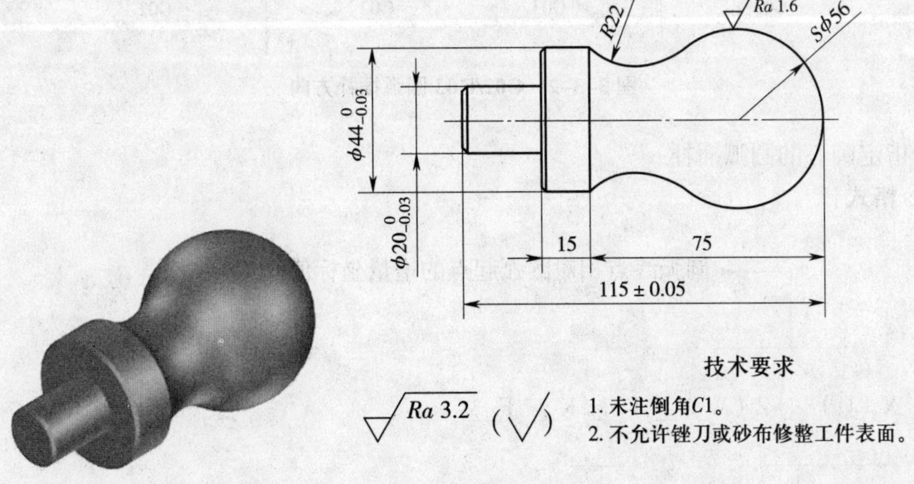

图 3–3–1　球头手柄

任务分析

该球头手柄外表为成形面，主要为圆弧面，还包括端面、台阶和倒角。在编程时，根据加工方向的不同，圆弧加工分为逆圆弧加工和顺圆弧加工。因此要掌握圆弧加工指令 G02、G03 的功能、格式及顺 / 逆圆弧的判断方法，掌握球头手柄的加工方法，提高分析圆弧加工质量的能力。

相关知识

一、圆弧插补指令 G02/G03

顺时针圆弧插补指令 G02、逆时针圆弧插补指令 G03 的格式为：

$$\left.\begin{matrix}G02\\G03\end{matrix}\right\} X(U)\_\ Z(W)\_ \left\{\begin{matrix}I\_\ K\_\\R\_\end{matrix}\right\} F\_\ ;$$

说明：指令使刀具沿顺时针 / 逆时针从圆弧起点移动到圆弧终点。圆弧顺逆方向的判断：从与圆弧所在平面（如 *XZ* 平面）垂直的另一根轴（*Y* 轴）的正方向看该圆弧，顺时针方向圆弧为 G02，逆时针方向圆弧为 G03，如图 3-3-2 所示。

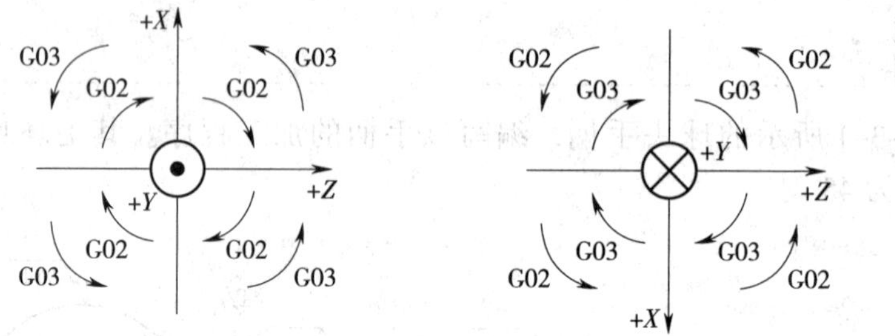

图 3-3-2 G02/G03 圆弧插补方向

1．指定圆心的圆弧插补

指令格式：

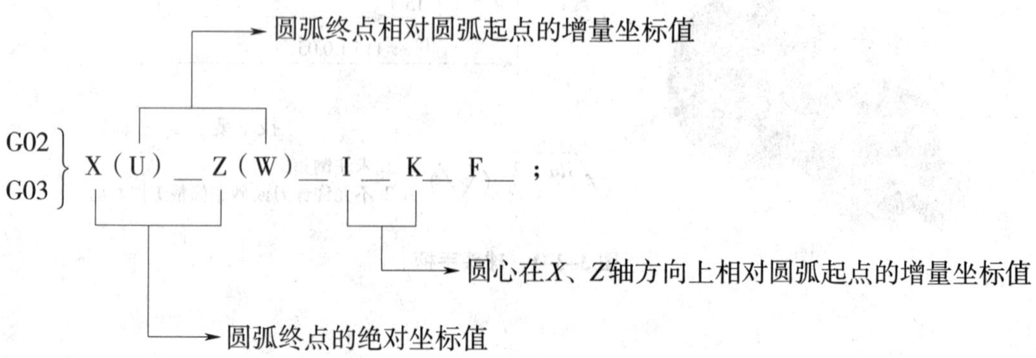

注意：I、K 是从圆弧起点指向圆弧中心的矢量（等于圆心坐标减去圆弧起点的坐标），其值用增量值指定。在直径、半径编程时，I 都是半径值。例如，图 3–3–3a 中的 I、K 均为正值；图 3–3–3b 中的 I、K 均为负值。

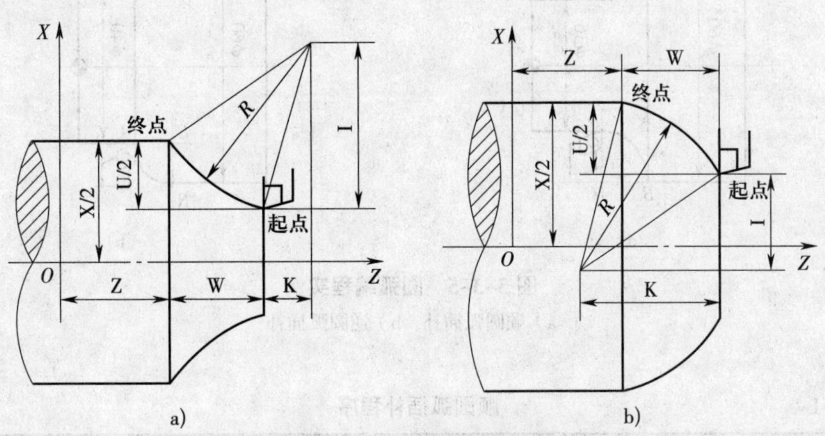

图 3–3–3 指定圆心的圆弧插补

a）I、K 均为正值 b）I、K 均为负值

2. 指定半径的圆弧插补

指令格式：

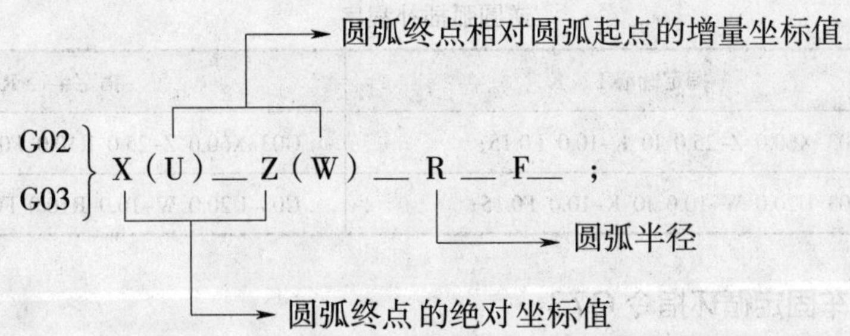

说明：当用半径 R 指定圆心位置时，在同一半径 R 的情况下，从圆弧的起点到终点有两个圆弧的可能性（见图 3–3–4）。为区别二者，规定：圆心角 $\alpha \leqslant 180^\circ$ 时，R 值为正，如图 3–3–4 中的圆弧 1；圆心角 $\alpha > 180^\circ$ 时，R 值为负，如图 3–3–4 中的圆弧 2。在数控车床上，一般不会加工圆心角大于 180° 的圆弧。

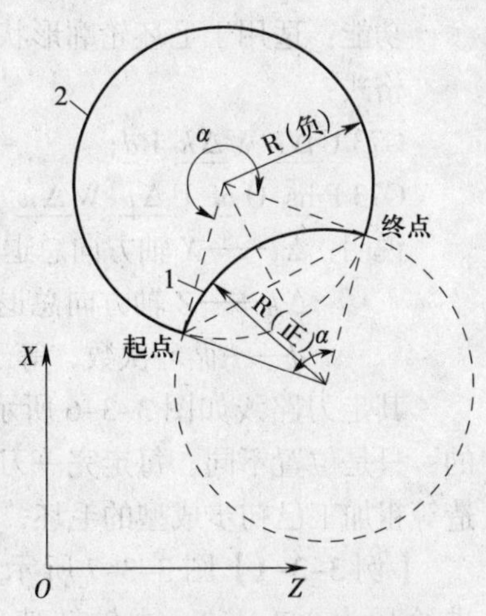

图 3–3–4 指定半径的圆弧插补

二、圆弧编程实例

圆弧编程实例如图 3–3–5 所示，加工路径为 $A \rightarrow B$，其顺圆弧插补程序见表 3–3–1，逆圆弧插补程序见表 3–3–2。

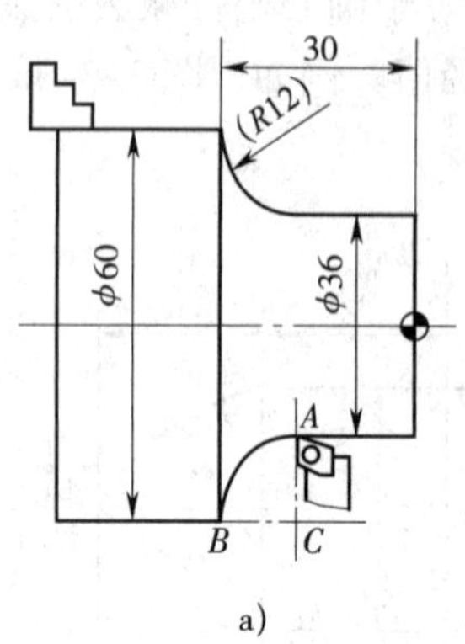

a）

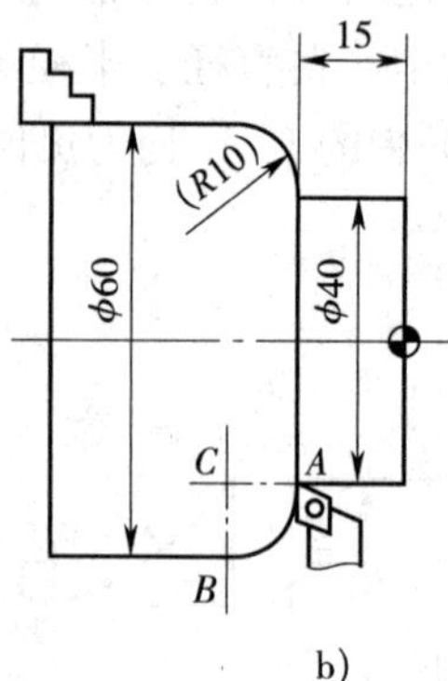

b）

图 3–3–5　圆弧编程实例

a）顺圆弧插补　b）逆圆弧插补

表 3–3–1　　顺圆弧插补程序

方式	指定圆心 I、K	指定半径 R
绝对方式	G02 X60.0 Z–30.0 I12.0 K0 F0.15;	G02 X60.0 Z–30.0 R12.0 F0.15;
增量方式	G02 U24.0 W–12.0 I12.0 K0 F0.15;	G02 U24.0 W–12.0 R12.0 F0.15;

表 3–3–2　　逆圆弧插补程序

方式	指定圆心 I、K	指定半径 R
绝对方式	G03 X60.0 Z–25.0 I0 K–10.0 F0.15;	G03 X60.0 Z–25.0 R10.0 F0.15;
增量方式	G03 U20.0 W–10.0 I0 K–10.0 F0.15;	G03 U20.0 W–10.0 R10.0 F0.15;

三、复合形状粗车固定循环指令 G73

功能：适用于毛坯轮廓形状与零件轮廓形状基本接近的铸锻毛坯件。

格式：

G73 U$\underline{\Delta i}$ W$\underline{\Delta k}$ R$\underline{d}$;

G73 P$\underline{ns}$ Q$\underline{nf}$ U$\underline{\Delta u}$ W$\underline{\Delta w}$ F__ S__ T__ ;

说明：Δi——X 轴方向总退刀量或粗车时径向切除的总量（半径值）；

Δk——Z 轴方向总退刀量或粗车时轴向切除的总量；

d——循环次数，等于粗车次数（总余量除以背吃刀量）。

其走刀路线如图 3–3–6 所示。执行 G73 指令时，每一刀的切削路线的轨迹形状是相同的，只是位置不同。每走完一刀，就把切削轨迹向工件移动一个位置，因此对于经锻造、铸造等粗加工已初步成型的毛坯，可高效加工。

【**例 3–3–1**】图 3–3–7 所示为棒料毛坯的加工示意图。径向粗车总量单边为 9 mm，进给量为 0.3 mm/r，主轴转速为 500 r/min；X 向精车余量为 1 mm（直径值），进给量为 0.15 mm/r，主轴转速为 800 r/min。程序起点如图，用 G73 指令编写加工程序。

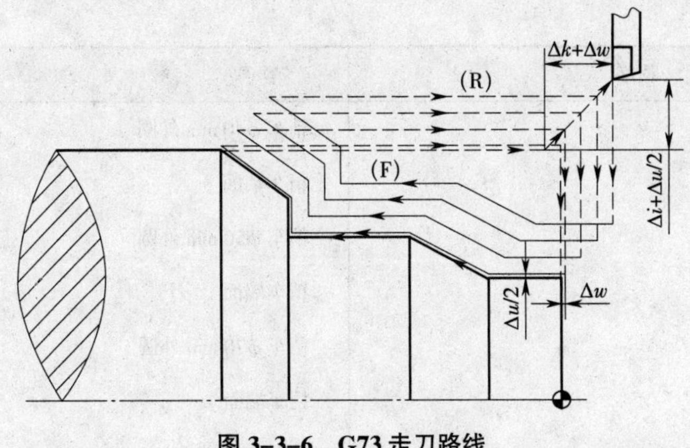

图 3-3-6 G73 走刀路线

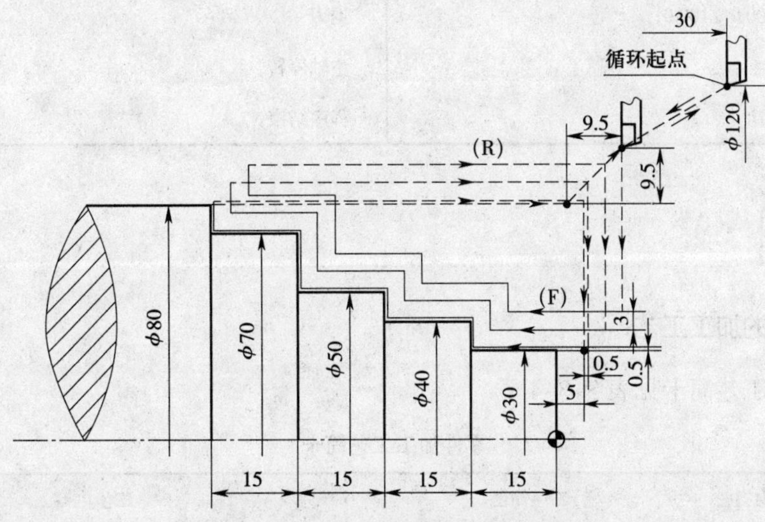

图 3-3-7 棒料毛坯的加工示意图

加工程序见表 3-3-3。

表 3-3-3　　加工程序

程序	说明
O0007;	
N10 G99 M03 S800 T0101;	以 800 r/min 的转速启动主轴正转，选择 1 号刀及 1 号刀补
N20 G00 X120.0 Z30.0;	快速移到循环起刀点
N30 G73 U9.0 W1.0 R3;	复合形状粗车固定循环
N40 G73 P50 Q130 U1.0 W0.5 F0.3 S500;	
N50 G00 X30.0 Z5.0;	精车轮廓起点
N60 G01 Z-15.0 F0.15;	精车 ϕ30 mm 外圆
N70 X40.0;	精车端面

续表

程序	说明
N80 Z-30.0;	精车 ϕ40 mm 外圆
N90 X50.0;	精车端面
N100 Z-45.0;	精车 ϕ50 mm 外圆
N110 X70.0;	精车端面
N120 Z-60.0;	精车 ϕ70 mm 外圆
N130 X85.0;	精车端面
N140 G70 P50 Q130;	精车指令
N150 G00 X100.0 Z100.0;	退刀
N160 M05;	主轴停转
N170 M30;	程序结束

任务实施

一、确定零件的加工工艺

零件加工工艺简卡见表 3–3–4。

表 3–3–4　　零件加工工艺简卡

工序号	工序内容	工序简图	工步内容
1	左端加工		1. 三爪自定心卡盘夹持毛坯，伸出约 50 mm，找正并夹紧
			2. 车端面
			3. 粗车 $\phi20_{-0.03}^{0}$ mm、$\phi44_{-0.03}^{0}$ mm 外圆
			4. 精车 $\phi20_{-0.03}^{0}$ mm、$\phi44_{-0.03}^{0}$ mm 外圆及倒角至尺寸要求
2	右端加工		5. 掉头，夹持 $\phi20_{-0.03}^{0}$ mm 外圆
			6. 车端面保证零件总长
			7. 粗车 $S\phi56$ mm 球面及 $R22$ mm 圆弧
			8. 精车 $S\phi56$ mm 球面、$R22$ mm 圆弧至尺寸要求
			9. 去毛刺、检验

二、填写相关工艺卡片

数控加工刀具卡见表 3–3–5。

表 3–3–5　　　　　　数控加工刀具卡

<table>
<tr><td colspan="3">产品名称或代号</td><td colspan="3">×××</td><td colspan="2">零件名称</td><td colspan="2">球头手柄</td><td>零件图号</td><td>×××</td></tr>
<tr><th>序号</th><th colspan="2">刀具号</th><th colspan="3">刀具名称</th><th>数量</th><th colspan="3">加工内容</th><th>主要参数</th><th>备注</th></tr>
<tr><td>1</td><td colspan="2">T01</td><td colspan="3">93° 外圆车刀</td><td>1</td><td colspan="3">粗车外轮廓、端面</td><td>$R0.8$ mm</td><td></td></tr>
<tr><td>2</td><td colspan="2">T02</td><td colspan="3">95° 外圆车刀</td><td>1</td><td colspan="3">精车外轮廓、端面</td><td>$R0.4$ mm</td><td></td></tr>
<tr><td colspan="2">编制</td><td colspan="2">×××</td><td>审核</td><td colspan="2">×××</td><td>批准</td><td colspan="2">×××</td><td>共 × 页</td><td>第 × 页</td></tr>
</table>

数控加工工艺卡见表 3–3–6。

表 3–3–6　　　　　　数控加工工艺卡

<table>
<tr><td rowspan="2">单位名称</td><td rowspan="2">×××</td><td colspan="2">产品名称</td><td>零件名称</td><td colspan="3">零件图号</td></tr>
<tr><td colspan="2">×××</td><td>球头手柄</td><td colspan="3">×××</td></tr>
<tr><th>序号</th><th>程序号</th><th>夹具名称</th><th>设备</th><th>数控系统</th><th colspan="3">车间</th></tr>
<tr><td>1</td><td>O0001</td><td rowspan="2">三爪自定心卡盘</td><td rowspan="2">CK6150</td><td rowspan="2">FANUC</td><td colspan="3" rowspan="2">×××</td></tr>
<tr><td>2</td><td>O0002</td></tr>
<tr><th>工步</th><th colspan="2">工步内容</th><th>刀号</th><th>主轴转速 /（r/min）</th><th>进给量 /（mm/r）</th><th>背吃刀量 / mm</th><th>备注</th></tr>
<tr><td>1</td><td colspan="2">三爪自定心卡盘夹持毛坯伸出约 50 mm，找正并夹紧</td><td></td><td></td><td></td><td></td><td>手动</td></tr>
<tr><td>2</td><td colspan="2">车端面</td><td>T01</td><td>800</td><td>0.2</td><td>2</td><td>手动</td></tr>
<tr><td>3</td><td colspan="2">粗车 $\phi20^{0}_{-0.03}$ mm、$\phi44^{0}_{-0.03}$ mm 外圆</td><td>T01</td><td>800</td><td>0.2</td><td>2</td><td>O0001</td></tr>
<tr><td>4</td><td colspan="2">精车 $\phi20^{0}_{-0.03}$ mm、$\phi44^{0}_{-0.03}$ mm 外圆及倒角至尺寸要求</td><td>T02</td><td>1 200</td><td>0.05</td><td>0.1</td><td>O0001</td></tr>
<tr><td>5</td><td colspan="2">掉头，夹持 $\phi20^{0}_{-0.03}$ mm 外圆</td><td></td><td></td><td></td><td></td><td>手动</td></tr>
<tr><td>6</td><td colspan="2">车端面保证零件总长</td><td>T01</td><td>800</td><td>0.2</td><td>1</td><td>手动</td></tr>
<tr><td>7</td><td colspan="2">粗车 $S\phi56$ mm 球面及 $R22$ mm 圆弧</td><td>T01</td><td>1 000</td><td>0.2</td><td>2</td><td>O0002</td></tr>
<tr><td>8</td><td colspan="2">精车 $S\phi56$ mm 球面、$R22$ mm 圆弧至尺寸要求</td><td>T02</td><td>1 200</td><td>0.05</td><td>0.1</td><td>O0002</td></tr>
<tr><td>9</td><td colspan="2">去毛刺、检验</td><td></td><td></td><td></td><td></td><td>手动</td></tr>
<tr><td>编制</td><td colspan="2">×××</td><td>审核</td><td>×××</td><td>批准</td><td colspan="2">×××</td></tr>
</table>

三、编写球头手柄零件加工程序

根据加工工艺，手工编制球头手柄零件的加工程序。工件坐标系原点分别设置在零件左右两端面中心处，零件左端加工程序见表 3–3–7，零件右端加工程序见表 3–3–8。

表 3–3–7 零件左端加工程序

程序	说明
O0001；	程序号
G99；	指定为每转进给方式
T0101；	选择 1 号车刀及 1 号刀补
M03 S800；	主轴正转，转速为 800 r/min
G00 X65.0 Z3.0 M08；	快速定位至固定循环起点，打开切削液
G71 U2.0 R1.0；	背吃刀量为 2 mm，退刀量为 1 mm
G71 P10 Q20 U0.2 W0 F0.2；	*X* 轴方向精加工余量为 0.2 mm，进给量为 0.2 mm/r
N10 G00 X18.0；	快速定位至 *C*1 mm 倒角 *X* 轴起点
G01 Z0 F0.05；	走刀至 *C*1 mm 倒角 *Z* 轴起点
X20.0 Z–1.0；	车倒角 *C*1 mm
Z–25.0；	车 $\phi 20_{-0.03}^{0}$ mm 外圆
X42.0；	退刀
X44.0 Z–26.0；	车倒角 *C*1 mm
Z–41.0；	车 $\phi 44_{-0.03}^{0}$ mm 外圆
N20 X65.0；	退刀
G00 X100.0 Z100.0 M09；	快速返回换刀点，停切削液
M00；	程序暂停
T0202；	选择 2 号车刀及 2 号刀补
M03 S1200；	主轴正转，转速为 1 200 r/min
G00 G42 X65.0 Z3.0 M08；	快速定位至固定循环起点，执行刀尖圆弧半径补偿，打开切削液
G70 P10 Q20；	精车固定循环
G00 G40 X100.0 Z100.0 M09；	快速返回换刀点，取消刀尖圆弧半径补偿，停切削液
M05；	主轴停转
M30；	程序结束

表 3-3-8　　零件右端加工程序

程序	说明
O0002;	程序号
G99;	指定为每转进给方式
T0101;	选择 1 号车刀及 1 号刀补
M03 S1000;	主轴正转，转速为 1 000 r/min
G00 X65.0 Z3.0 M08;	快速定位至固定循环起点，打开切削液
G73 U28 W1 R14;	复合形状粗车固定循环
G73 P10 Q20 U0.2 W0.01 F0.2;	
N10 G00 X0 Z1.0;	精车起点
G01 Z0 F0.05;	走刀至加工 $S\phi56$ mm 起点
G03 X42.856 Z–46.024 R28;	车 $S\phi56$ mm 球面
G02 X44.0 Z–75.0 R22;	车 $R22$ mm 圆弧
N20 G00 X65.0;	精车结束，退刀
G00 X100 Z100 M09;	快速返回换刀点，停切削液
M00;	程序暂停
T0202;	选择 2 号车刀及 2 号刀补
M03 S1200;	主轴正转，转速为 1 200 r/min
G00 G42 X65.0 Z3.0 M08;	快速定位至固定循环起点，执行刀尖圆弧半径补偿，打开切削液
G70 P10 Q20;	精车固定循环
G00 G40 X100.0 Z100.0 M09;	快速返回换刀点，取消刀尖圆弧半径补偿，停切削液
M05;	主轴停转
M30;	程序结束

四、圆弧加工质量分析

圆弧加工质量分析见表 3–3–9。

表 3-3-9　圆弧加工质量分析

问题	产生原因	解决方法
切削过程中出现干涉现象	1. 刀具几何参数不正确 2. 刀具安装不正确	1. 正确选择刀具几何参数 2. 正确安装刀具
圆弧顺逆方向判断不对 G02 G03	程序不正确	正确编制程序
圆弧尺寸不符合要求	1. 程序不正确 2. 刀具磨损 3. 刀尖圆弧半径没有补偿	1. 正确编制程序 2. 及时更换磨损的刀具 3. 增加刀尖圆弧半径补偿
表面粗糙度达不到要求	1. 车刀刚度不足或伸出太长而引起振动 2. 车刀几何参数不合理，如选用过小的前角和后角 3. 切削用量选用不合理	1. 提高车刀刚度，正确装夹车刀 2. 合理选择车刀角度 3. 进给量不宜太大，选择合适的精车余量和主轴转速

思考与练习

1. 为什么要使用刀尖圆弧半径补偿？刀尖圆弧半径补偿有哪几种？指令是什么？
2. G41、G42、G40 是否为模态指令？它们之间能否互相转化？
3. 如何判断圆弧的顺逆？
4. 圆锥切削循环指令 G90 和 G94 有哪些区别？
5. 常见圆锥与圆弧加工质量问题有哪些？

6．试应用刀尖圆弧半径补偿指令，编写习题图 3–1 所示圆锥零件的精加工程序。毛坯尺寸为 ϕ50 mm × 60 mm，材料为 45 钢。

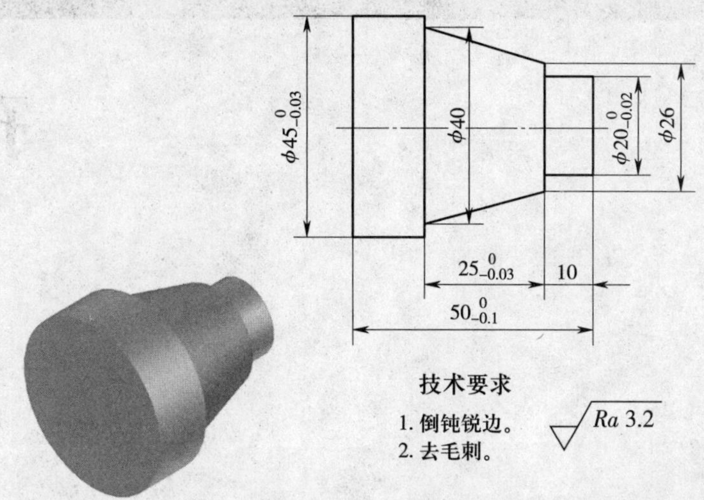

习题图 3–1　圆锥零件

7．编写习题图 3–2 所示轴类零件的加工程序，材料为 45 钢，毛坯为 ϕ60 mm × 175 mm 的棒料。

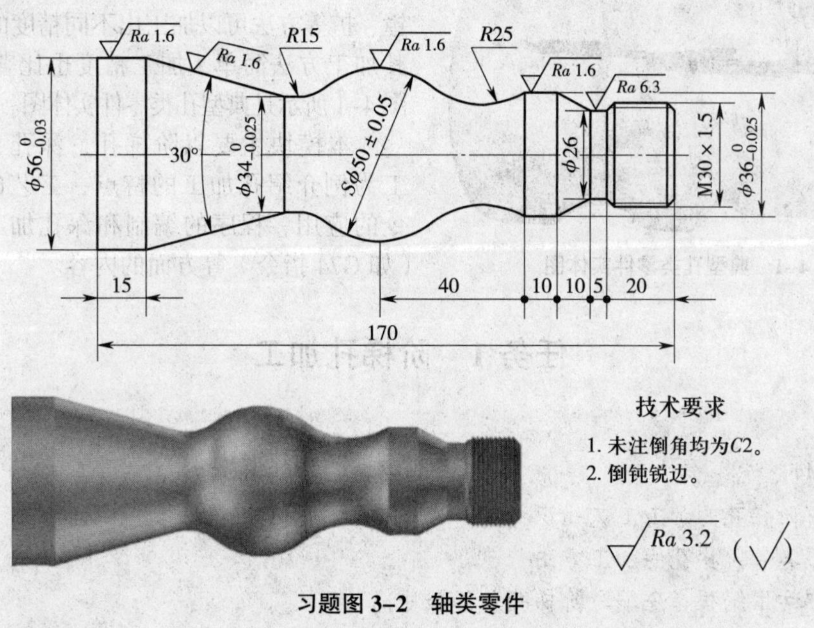

习题图 3–2　轴类零件

模块四

孔加工

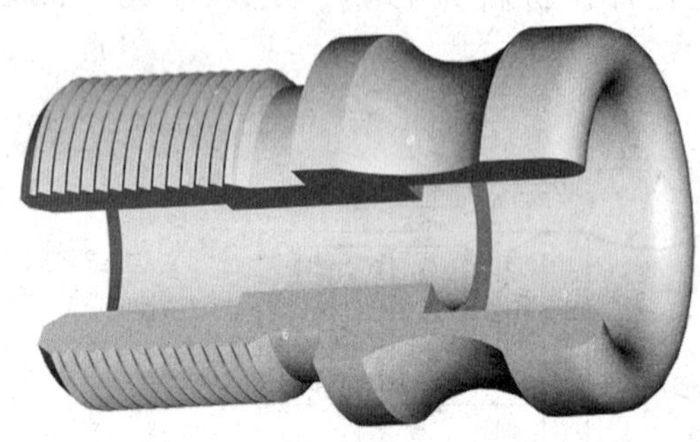

图 4–1　典型孔类零件实体图

很多机器零件，如齿轮、轴套、带轮等，不仅有外圆柱面，还有内孔面。与圆锥面和圆弧加工一样，孔加工也是车削加工中常见的加工类型之一。使用数控车床，通过车、钻、铰、镗、扩等方法可以加工出不同精度的孔类工件，其加工方法简单，加工精度也比普通车床高。图 4–1 所示是典型孔类零件实体图。

本模块主要以阶梯孔、深孔、薄壁孔加工为例介绍孔加工的特点、工艺的确定、指令的应用、程序的编制和深孔加工循环指令（如 G74 指令）等方面的内容。

任务 1　阶梯孔加工

任务目标

- 了解阶梯孔的加工工艺知识
- 掌握各种阶梯孔的加工方法
- 能够运用编程指令编写阶梯孔加工程序

任务引入

图 4–1–1 所示为典型阶梯孔零件，毛坯尺寸为 ϕ120 mm × ϕ68 mm × 70 mm，材料为 45 钢。请制定内轮廓的加工工艺，编制数控车加工程序。

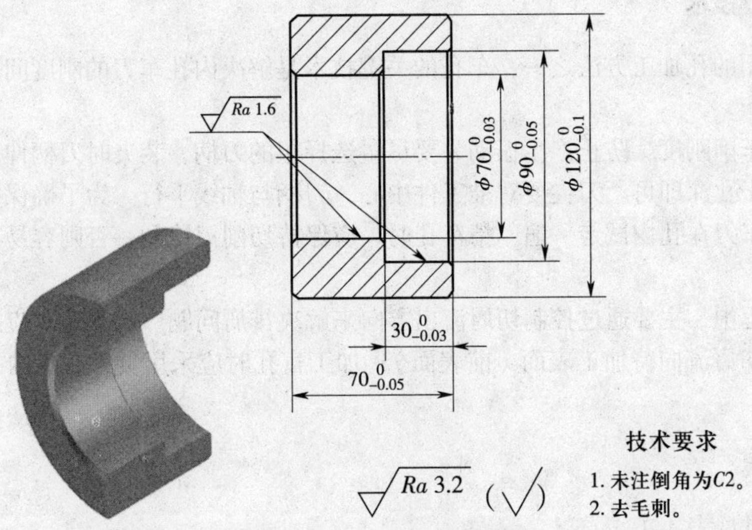

图 4-1-1 典型阶梯孔零件

任务分析

该零件是一个典型的阶梯孔零件，表面粗糙度 *Ra* 值为 1.6 μm，加工精度要求也较高，因此选择用数控车床进行加工。编程可选用前面所学的 G00、G01 指令或固定循环指令，但须考虑好进退刀的设置，防止刀柄与工件发生干涉。在加工过程中要根据孔的加工类型，合理选择车孔用刀具及进给路线，以解决车刀的刚度及排屑问题。

相关知识

一、常见孔的加工方法

1. 钻孔

对于精度要求不高的孔，可用麻花钻直接钻出；对于精度要求较高的孔，钻孔后还要再经过车削或扩孔、铰孔才能够完成。

2. 扩孔

用扩孔刀具扩大工件孔径的方法称为扩孔。精度要求一般的工件的扩孔可用麻花钻，精度要求高的孔的半精加工可用扩孔钻。

3. 铰孔

铰孔是指用铰刀对未淬硬孔进行精加工。铰刀是尺寸精确的多刃刀具，铰孔的质量好、效率高，操作简单，目前在批量生产中已得到广泛的应用。其加工精度可达 IT9 ~ IT7，表面粗糙度 *Ra* 值可达 0.4 μm。

4. 车孔

对于铸造孔、锻造孔或用钻头钻出的孔，为达到所要求的尺寸精度、位置精度和表面粗糙度，可采用车内孔的方法。其加工精度一般可达 IT8 ~ IT7，表面粗糙度 *Ra* 值可达 1.6 ~ 3.2 μm。

二、车孔的关键技术

车孔是常用的孔加工方法之一，车孔的关键技术是解决内孔车刀的刚度问题和内孔车削中的排屑问题。

为了增大车削刚度，防止产生振动，要尽量选择粗的刀柄，装夹时刀柄伸出长度应尽可能短，只要大于孔深即可。刀尖要对准工件中心，刀柄与轴线平行。为了确保安全，可在车孔前先用内孔车刀在孔内试走一遍。精车孔时，应保持切削刃锋利，否则容易产生让刀，把孔车成锥形。

孔加工过程中，主要通过控制切屑流出方向来解决排屑问题。精车孔时应采用正刃倾角内孔车刀，使切屑流向待加工表面（前表面）；加工盲孔时应采用负刃倾角内孔车刀，使切屑从孔口排出。

三、车孔用刀具

车孔用刀具见表 4–1–1。

表 4–1–1　　车孔用刀具

刀具名称	刀具示意图	说明
通孔车刀	κ_r　κ_r'	通孔车刀切削部分的几何形状基本上与外圆车刀相似，为了减小径向切削抗力，防止车孔时振动，主偏角 κ_r 应取得大一些，一般为 57° ~ 60°，副偏角 κ_r' 一般为 15° ~ 30°
盲孔车刀	κ_r　κ_r'	盲孔车刀用来车削盲孔或阶梯孔，切削部分的几何形状基本上与外圆车刀相似，它的主偏角 κ_r 大于 90°，一般为 92° ~ 95°，后角的要求和通孔车刀一样。不同之处是盲孔车刀夹在刀柄的最前端，刀尖到刀柄外端的距离小于孔半径 R，否则无法车平孔的底面

四、安装内孔车刀的注意事项

1. 刀尖应与工件中心等高。如果刀尖低于工件中心，由于切削抗力的作用，容易将刀柄压低而产生扎刀现象，并会造成孔径扩大。

2．刀柄伸出刀架不宜过长，一般比被加工孔长 5 ~ 6 mm 即可。

3．刀柄基本平行于工件轴线，否则在车削到一定深度时刀柄容易碰到工件孔口。

4．装夹盲孔车刀时，主切削刃应与孔底平面成 3° ~ 5° 的夹角，并且要求在车平面时横向有足够的退刀余地。

任务实施

一、确定零件的加工工艺

零件加工工艺简卡见表 4–1–2。

表 4–1–2　　零件加工工艺简卡

工序号	工序内容	工序简图	工步内容
1	内孔加工		1．三爪自定心卡盘夹持毛坯，伸出约 20 mm，找正并夹紧
			2．粗车 $\phi70_{-0.03}^{0}$ mm、$\phi90_{-0.05}^{0}$ mm 内孔、倒角
			3．精车 $\phi70_{-0.03}^{0}$ mm、$\phi90_{-0.05}^{0}$ mm 内孔、倒角
			4．去毛刺、检验

二、填写相关工艺卡片

数控加工刀具卡见表 4–1–3。

表 4–1–3　　数控加工刀具卡

产品名称或代号		×××	零件名称		阶梯孔零件	零件图号	×××
序号	刀具号	刀具名称	数量	加工内容		主要参数	备注
1	T01	93° 内孔车刀	1	粗车内轮廓、端面		R0.8 mm	
2	T02	95° 内孔车刀	1	精车内轮廓、端面		R0.4 mm	
编制	×××	审核	×××	批准	×××	共 × 页	第 × 页

数控加工工艺卡见表 4–1–4。

表 4–1–4　　数控加工工艺卡

单位名称	×××	产品名称		零件名称	零件图号
		×××		阶梯孔零件	×××
序号	程序号	夹具名称	设备	数控系统	车间
1	O0001	三爪自定心卡盘	CK6150	FANUC	×××

续表

工步	工步内容	刀号	主轴转速 /（r/min）	进给量 /（mm/r）	背吃刀量 / mm	备注
1	三爪自定心卡盘夹持毛坯，伸出约 20 mm，找正并夹紧					手动
2	粗车 $\phi70_{-0.03}^{0}$ mm、$\phi90_{-0.05}^{0}$ mm 内孔及倒角	T01	600	0.2	1.5	O0001
3	精车 $\phi70_{-0.03}^{0}$ mm、$\phi90_{-0.05}^{0}$ mm 内孔及倒角至尺寸要求	T02	1 200	0.05	0.1	O0001
4	去毛刺、检验					手动
编制	×××	审核	×××	批准	×××	

三、编写典型阶梯孔零件加工程序

根据加工工艺，手工编制典型阶梯孔零件的加工程序。工件坐标系原点设置在零件右端面中心处，其加工程序见表 4–1–5。

表 4–1–5　　加工程序

程序	说明
O0001;	程序号
G99;	指定为每转进给方式
T0101;	选择 1 号车刀及 1 号刀补
M03 S600;	主轴正转，转速为 600 r/min
G00 X65.0 Z3.0 M08;	快速定位至固定循环起点，打开切削液
G71 U1.5 R1;	每次背吃刀量为 1.5 mm，退刀量为 1 mm
G71 P10 Q20 U–0.2 W0 F0.2;	*X* 轴方向精车余量为 0.2 mm，进给量为 0.2 mm/r
N10 G00 X94.0;	精车起点
G01 Z0 F0.05;	走刀至端面
X90.0 Z–2.0;	车内倒角 *C*2 mm
Z–30.0;	车 $\phi90_{-0.05}^{0}$ mm 内孔
X74.0;	车端面
X70.0 Z–32.0;	车内倒角 *C*2 mm
Z–70.0;	车 $\phi70_{-0.03}^{0}$ mm 内孔
N20 X65.0;	退刀
G00 X100.0 Z100.0 M09;	快速返回换刀点，停切削液
M00;	程序暂停

续表

程序	说明
T0202;	选择 2 号车刀及 2 号刀补
M03 S1200;	主轴正转，转速为 1 200 r/min
G00 G41 X65.0 Z3.0 M08;	快速定位至固定循环起点，执行刀尖圆弧半径补偿，打开切削液
G70 P10 Q20;	精车固定循环
G00 G40 X100.0 Z100.0 M09;	快速返回换刀点，取消刀尖圆弧半径补偿，停切削液
M05;	主轴停转
M30;	程序结束

任务2 深孔加工

任务目标

- ◆ 了解深孔加工工艺特点
- ◆ 掌握深孔加工的编程方法
- ◆ 能够运用编程指令编写深孔加工程序

任务引入

图 4–2–1 所示为深孔零件，材料为 45 钢，外轮廓已加工完成。请根据深孔加工的特点，制定深孔的加工工艺并编写加工程序。

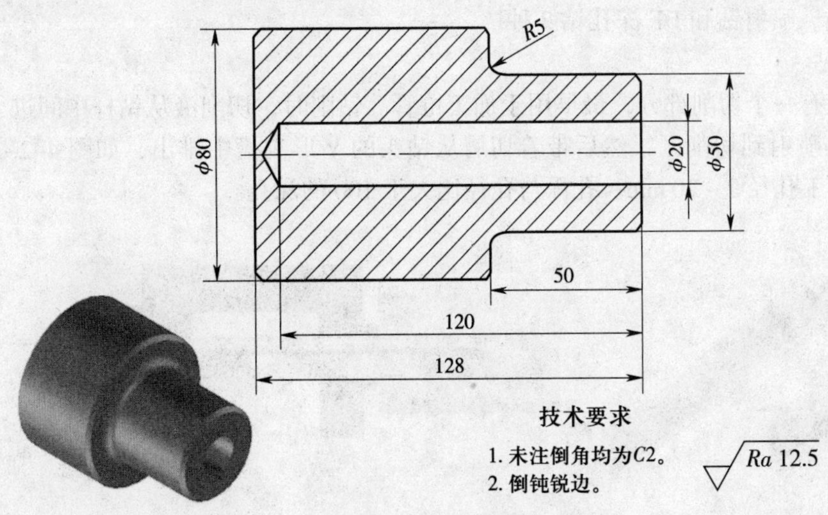

图 4–2–1 深孔零件

任务分析

本任务的孔为一个较深的孔，在加工过程中刀具散热条件差，排屑困难，刀具较细且长，如果采用一次钻削将会缩短刀具的使用寿命，降低工件的加工精度。因此在编程时应采用深孔钻削复合循环指令 G74 对工件进行断续加工。

相关知识

一、深孔加工的特点

在机械加工中通常把孔深与孔径之比大于等于 6 的孔称为深孔。深孔零件加工与一般零件加工相比，具有以下工艺特点。

1．深孔加工刀具较长且细，强度和刚度较差，加工中稳定性低，易产生振动及变形，孔的加工精度及表面粗糙度不易保证。

2．深孔零件内表面的加工是在半封闭状态下进行的，操作者不能直接观察刀具的切削情况，只能凭经验，通过听声音、看切屑、观察机床负荷及压力表等来判断切削过程是否正常。

3．切削液在没有采用特殊装置的情况下，难以进入切削区，刀具散热条件差，切削温度升高，缩短刀具的使用寿命。

4．排屑困难，必须采用可靠的手段进行断屑及控制切屑的长短与形状，以利于切屑顺利排出，防止切屑堵塞。

二、深孔钻简介

深孔钻是一款专门用于加工深孔的钻头，分为外排屑深孔钻和内排屑深孔钻两类。外排屑深孔钻有枪钻、深孔扁钻和深孔麻花钻等；内排屑深孔钻根据所用加工系统的不同，分为 BTA 深孔钻、喷射钻和 DF 深孔钻 3 种。

1．枪钻

枪钻只有一个切削部分，最早用于加工枪管。钻削时，切削液从钻杆中间进入，经枪钻头部的小孔喷射到切削区，然后带着切屑从钻头的 V 形沟槽中排出，如图 4–2–2 所示。枪钻适用于加工孔径 2 ~ 20 mm、孔深与孔径比大于 100 的深孔。

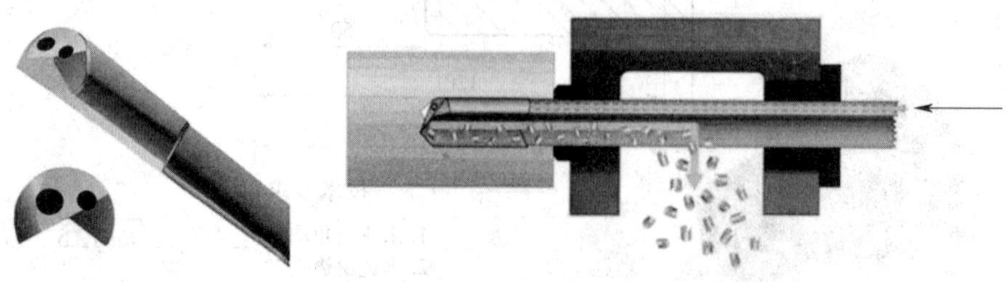

图 4–2–2　枪钻头部及工作原理示意图

2. BTA 深孔钻

用 BTA 深孔钻钻削时，切削液从钻杆与孔壁的间隙处送入，靠切削液的压力将切屑从钻杆的内孔中排出，如图 4–2–3 所示。BTA 深孔钻适用于钻削孔径 6 mm 以上、孔深与孔径比小于 100 的深孔，其生产率比枪钻高 3 倍以上。

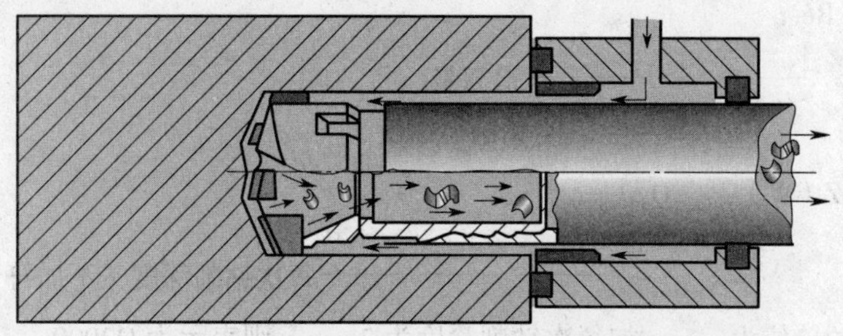

图 4–2–3 BTA 深孔钻工作原理示意图

3. 喷射钻

喷射钻是一种多刃内排屑深孔钻，有内外两层钻管。大部分切削液从内外钻管的间隙处进入切削区，然后连同切屑进入内钻管；小部分切削液则经由内钻管尾端的月牙形孔进入内钻管，产生喷射效应，形成低压区，帮助抽吸切屑，如图 4–2–4 所示。喷射钻不要求严格的切削液密封装置，适用于钻削孔径 18 mm 以上、孔深和孔径比小于 100 的深孔。

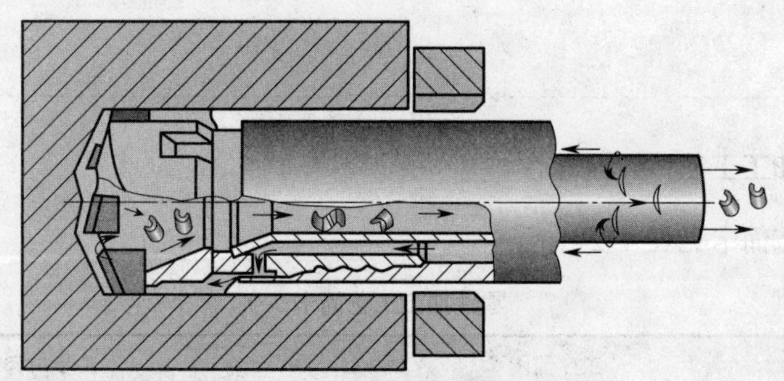

图 4–2–4 喷射钻工作原理示意图

4. DF 深孔钻

DF 深孔钻吸收了 BTA 深孔钻和喷射钻的优点，采用单管，排屑靠推压和抽吸双重作用，提高了排屑能力，可钻削孔径 8 mm 以上的深孔。

枪钻常用高速钢或硬质合金制造。各类内排屑深孔钻可根据尺寸大小，采用焊接或机械夹固式可转位硬质合金刀片的结构。深孔钻上的导向块起导向和定心作用，可以减小钻孔的偏斜和切削时的振动。深孔钻的刀齿和导向块的布置主要考虑分屑和切削时径向力的平衡。刀体与钻杆可用焊接或方牙螺纹连接。

三、深孔钻削的分级进给

用深孔钻钻削深孔时，刀具进给一段后快速退出，工件进行排屑，然后快速趋近加工部位，再继续进给，如此多次往复，直至加工出所要求的孔深，称为分级进给。

四、深孔钻削复合循环指令 G74

格式：

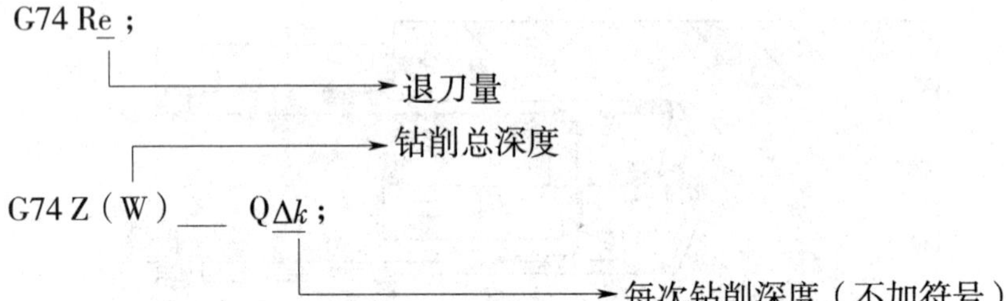

说明：Δk 的单位为 μm。如每次钻削深度为 2 mm，则表示为 Q2000。

注意：

（1）调用 G74 指令前应先指定主轴转速和旋转方向，钻孔时，只能使用 M03。

（2）执行 G74 指令时，应当指定适当的循环起点。

使用 G74 指令进行端面槽加工时的格式为：

G74 Re;

G74 X（U）__ Z（W）__ P$\underline{\Delta i}$ Q$\underline{\Delta k}$ R$\underline{\Delta d}$ F __ ;

其中，Δi 为 X 轴方向的移动量，Δd 为切削到槽底位置的退刀量。

任务实施

一、确定零件的加工工艺

零件加工工艺简卡见表 4–2–1。

表 4–2–1　零件加工工艺简卡

工序号	工序内容	工序简图	工步内容
1	内孔加工		1. 三爪自定心卡盘夹持工件，找正并夹紧
			2. 钻 A4 中心孔
			3. 钻 ϕ20 mm 孔
			4. 去毛刺、检验

二、填写相关工艺卡片

数控加工刀具卡见表 4–2–2。

表 4-2-2　　数控加工刀具卡

产品名称或代号		×××	零件名称	深孔零件	零件图号	×××
序号	刀具号	刀具名称	数量	加工内容	主要参数	备注
1	T01	中心钻	1	中心孔	A4	
2	T02	钻头	1	钻孔	ϕ20 mm	
编制 ×××		审核 ×××		批准 ×××	共 × 页	第 × 页

数控加工工艺卡见表 4-2-3。

表 4-2-3　　数控加工工艺卡

单位名称	×××	产品名称		零件名称	零件图号		
		×××		深孔零件	×××		
序号	程序号	夹具名称	设备	数控系统	车间		
1	O0001	三爪自定心卡盘	CK6150	FANUC	×××		
工步	工步内容		刀号	主轴转速 /（r/min）	进给量 /（mm/r）	背吃刀量 / mm	备注
1	三爪自定心卡盘夹持工件，找正并夹紧						手动
2	钻 A4 中心孔		T01	1 000	0.05		O0001
3	钻 ϕ20 mm 孔		T02	400	0.2		O0001
4	去毛刺、检验						手动
编制	×××		审核	×××	批准	×××	

三、编写深孔零件加工程序

根据加工工艺，手工编制深孔零件的加工程序。工件坐标系原点设置在零件右端面中心处，其加工程序见表 4-2-4。

表 4-2-4　　加工程序

程序	说明
O0001;	程序号
G99;	指定为每转进给方式
T0101;	选择 1 号刀具及 1 号刀补
M03 S1000;	主轴正转，转速为 1 000 r/min
G00 X0 Z3.0 M08;	快速定位至切入点，打开切削液
G01 Z-6.0 F0.05;	钻中心孔
G00 Z3.0;	快速退刀
X200.0 Z100.0;	快速返回换刀点

续表

程序	说明
T0202；	选择 2 号刀具及 2 号刀补
G00 X0 Z3.0 S400；	快速定位至固定循环起点，转速为 400 r/min
G74 R1；	退刀量为 1 mm
G74 Z–120.0 Q2000 F0.2；	钻 ϕ20 mm 内孔，进给量为 0.2 mm/r
G00 X200.0 Z100.0 M09；	快速返回换刀点，停切削液
M05；	主轴停转
M30；	程序结束

任务 3　薄壁套加工

任务目标

- 了解薄壁套零件的加工特点
- 掌握薄壁套零件加工中的工艺措施
- 能够运用编程指令编写薄壁套零件的加工程序

任务引入

图 4–3–1 所示为薄壁套零件，材料为 HT200，毛坯采用铸造的方法获得，单边预留加工量为 3 mm。试分析加工工艺并编制数控加工程序。

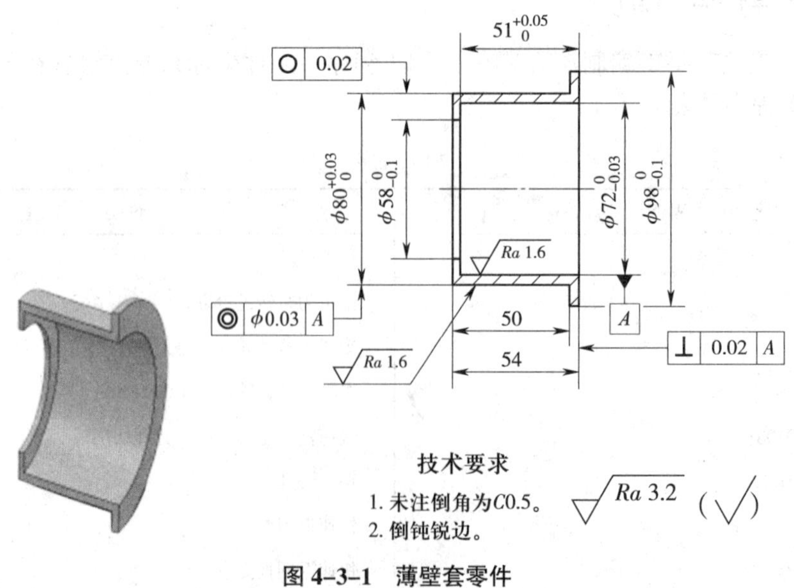

图 4–3–1　薄壁套零件

任务分析

该零件形状简单，但壁厚较小，刚度较低。如采用常规的切削加工方法，受轴向切削力和热变形的影响，工件会出现弯曲变形，很难达到技术要求，产品合格率极低。因此需要认真分析加工工艺，采取相应的工艺措施，才能更好地完成任务。

相关知识

一、套类工件的加工特点

套类工件主要由同轴度要求较高的内外回转表面以及端面、台阶、沟槽等部分组成。但车削套类工件的圆柱孔比车削外圆困难得多，原因如下。

1. 观察困难。孔加工是在工件内部进行的，不易观察切削情况，特别是小而深的孔，根本无法看清。

2. 刀柄刚度低。刀柄受孔径和孔深的限制，不能做得又粗又短，因此刀柄的刚度较低。

3. 排屑和冷却困难。因刀具和孔壁之间的间隙小，切削液难以进入，切屑难以排出。

4. 测量困难。因孔径小，量具进出及调整都很困难。

5. 装夹时容易产生变形，特别是薄壁套类工件，装夹车削更加困难。

二、保证套类工件几何精度的方法

车削套类工件时，为了保证工件的几何精度，应选择合理的装夹方式及正确的车削方法，下面介绍保证同轴度和垂直度的方法。

1. 在一次装夹中完成车削加工，可获得较高的几何精度，如图 4–3–2 所示。

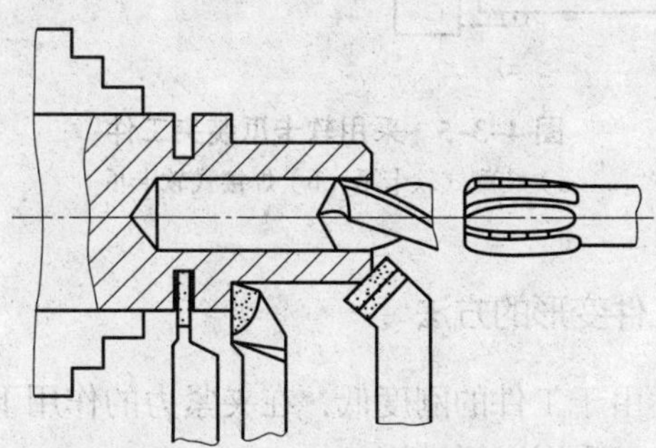

图 4–3–2　一次装夹完成车削加工

2. 以内孔为定位基准采用心轴。车削中小型套类工件时，一般以已加工好的内孔为定位基准，采用心轴定位的方法进行车削。常用的心轴有下列几种。

（1）实体心轴。实体心轴有小锥度心轴和圆柱心轴两种，如图 4–3–3 所示。

（2）胀力心轴。胀力心轴依靠材料弹性变形所产生的胀力来固定工件。图 4–3–4 所示为装夹在机床主轴锥孔中的胀力心轴。

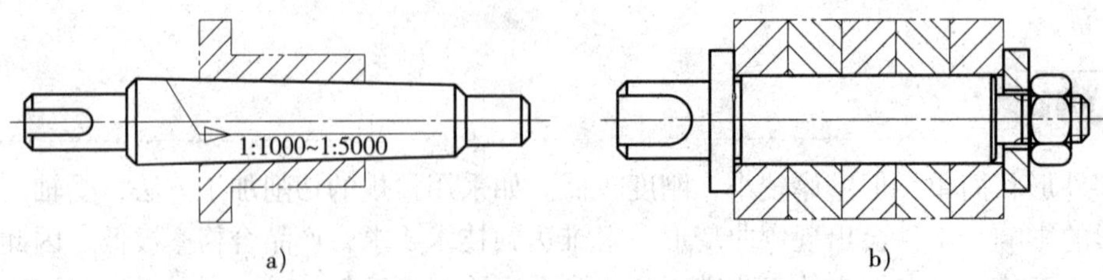

图 4-3-3 实体心轴

a）小锥度心轴 b）圆柱心轴

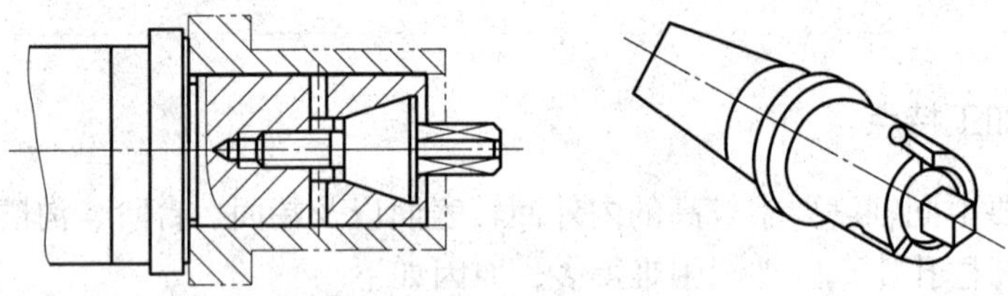

图 4-3-4 胀力心轴

3．以外圆为定位基准采用软卡爪。工件以外圆为定位基准保证位置精度时，车床上一般采用软卡爪装夹工件，如图 4-3-5 所示。

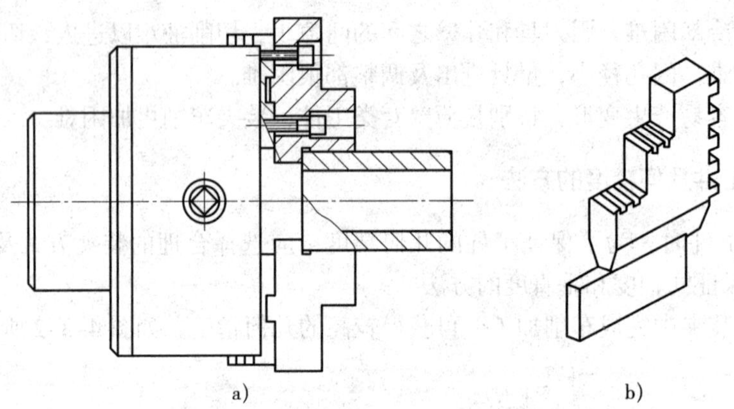

图 4-3-5 采用软卡爪装夹工件

a）装配式软卡爪 b）焊接式软卡爪

三、防止和减小薄壁套类工件变形的方法

车削薄壁套类工件时，由于工件的刚度低，在夹紧力的作用下容易产生变形，为防止或减小薄壁套类工件的变形，常采用以下措施。

1．工件分粗、精车进行加工。

2．合理选用刀具的几何参数。

3．增大装夹接触面积，使工件局部受力变成均匀受力，让夹紧力均布在工件上。常用开缝套筒、特制的软卡爪（如大面软卡爪、扇形软卡爪）、弹性胀力心轴等。

4．采用轴向夹紧夹具。车削薄壁套类工件时，由于工件轴向刚度高，不容易产生轴向变形，尽量不采用径向夹紧，而采用轴向夹紧，如图 4-3-6 所示。

5．增加工艺肋。有些薄壁套类工件，可在其装夹部位增加特制的工艺肋，以增强此处的刚度，使夹紧力作用在工艺肋上，以减小工件变形，加工完毕后再去掉工艺肋，如图 4–3–7 所示。

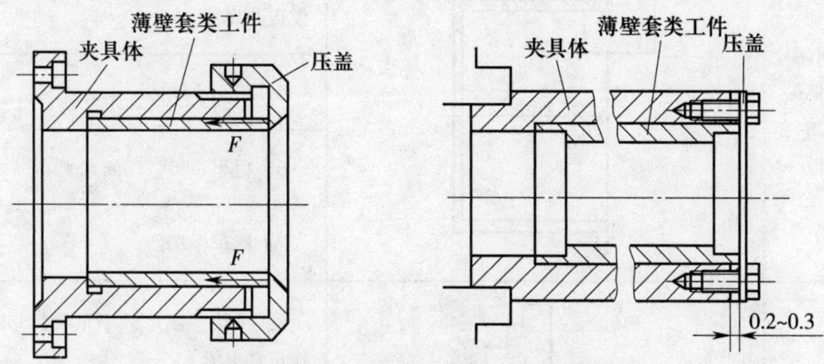

图 4–3–6 薄壁套类工件的轴向夹紧

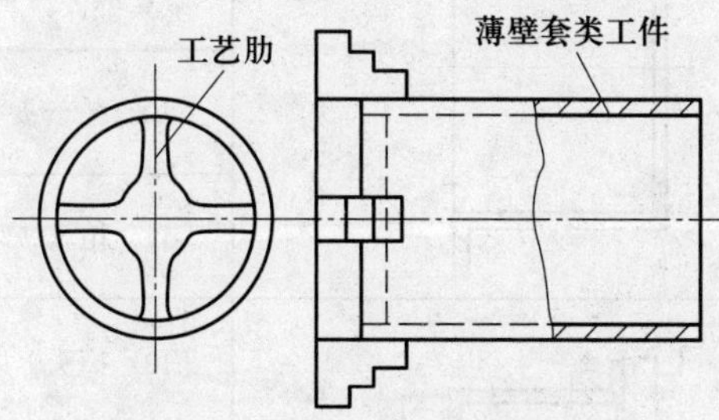

图 4–3–7 增加工艺肋减小变形

任务实施

一、确定零件的加工工艺

零件加工工艺简卡见表 4–3–1。

表 4–3–1 零件加工工艺简卡

工序号	工序内容	工序简图	工步内容
1	粗车大端面及内孔		1．三爪自定心卡盘夹持 $\phi80^{+0.03}_{0}$ mm 毛坯外圆，找正并夹紧
			2．粗车大端面、$\phi98^{0}_{-0.1}$ mm 外圆
			3．粗车 $\phi72^{0}_{-0.03}$ mm、$\phi58^{0}_{-0.1}$ mm 内孔

续表

工序号	工序内容	工序简图	工步内容
2	粗车小端面及外圆，精车小端面	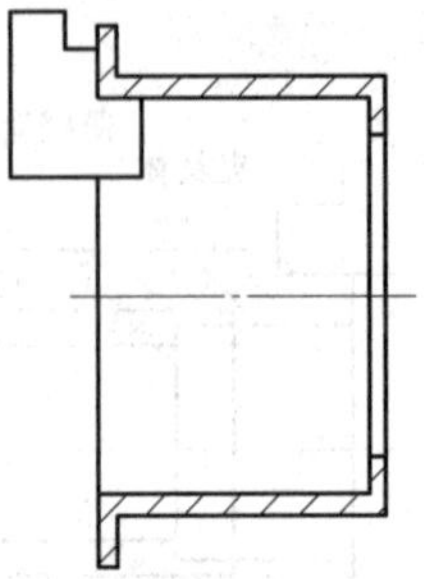	4. 掉头，扇形软卡爪反撑 $\phi72_{-0.03}^{\ 0}$ mm 内孔，找正并夹紧
			5. 粗车小端面
			6. 粗车 $\phi80_{\ 0}^{+0.03}$ mm 外圆
			7. 精车小端面
3	精车大端面及内孔	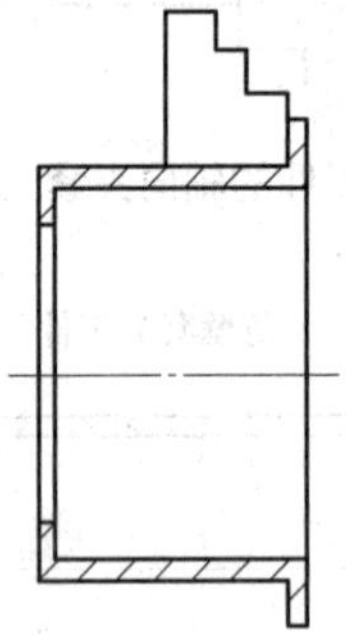	8. 掉头，扇形软卡爪夹持 $\phi80_{\ 0}^{+0.03}$ mm 外圆，找正并夹紧
			9. 精车大端面保证零件总长
			10. 精车 $\phi98_{-0.1}^{\ 0}$ mm 外圆
			11. 精车 $\phi72_{-0.03}^{\ 0}$ mm、$\phi58_{-0.1}^{\ 0}$ mm 内孔
4	精车外圆	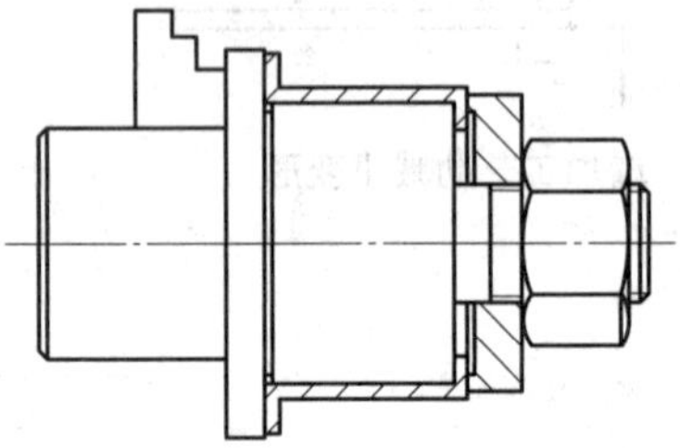	12. 掉头，以内孔和大端面定位，心轴装夹
			13. 精车 $\phi80_{\ 0}^{+0.03}$ mm 外圆
			14. 去毛刺、检验

二、填写相关工艺卡片

数控加工刀具卡见表 4–3–2。

表 4–3–2　　数控加工刀具卡

产品名称或代号		×××	零件名称		薄壁套零件	零件图号	×××
序号	刀具号	刀具名称	数量	加工内容		主要参数	备注
1	T01	93° 外圆车刀	1	粗车外轮廓、端面		R0.8 mm	
2	T02	95° 外圆车刀	1	精车外轮廓、端面		R0.4 mm	
3	T03	93° 内孔车刀	1	粗车内轮廓、端面		R0.8 mm	
4	T04	95° 内孔车刀	1	精车内轮廓、端面		R0.4 mm	
编制	×××	审核	×××	批准	×××	共 × 页	第 × 页

数控加工工艺卡见表 4–3–3。

表 4–3–3　　　　数控加工工艺卡

<table>
<tr><td rowspan="2">单位名称</td><td rowspan="2">×××</td><td colspan="2">产品名称</td><td>零件名称</td><td colspan="3">零件图号</td></tr>
<tr><td colspan="2">×××</td><td>薄壁套零件</td><td colspan="3">×××</td></tr>
<tr><td>序号</td><td>程序号</td><td>夹具名称</td><td>设备</td><td>数控系统</td><td colspan="3">车间</td></tr>
<tr><td>1</td><td>O0001</td><td>三爪自定心卡盘</td><td rowspan="4">CK6150</td><td rowspan="4">FANUC</td><td colspan="3" rowspan="4">×××</td></tr>
<tr><td>2</td><td>O0002</td><td>扇形软卡爪</td></tr>
<tr><td>3</td><td>O0003</td><td>扇形软卡爪</td></tr>
<tr><td>4</td><td>O0004</td><td>心轴</td></tr>
<tr><td>工步</td><td colspan="2">工步内容</td><td>刀号</td><td>主轴转速 /（r/min）</td><td>进给量 /（mm/r）</td><td>背吃刀量 / mm</td><td>备注</td></tr>
<tr><td>1</td><td colspan="2">三爪自定心卡盘夹持 $\phi80^{+0.03}_{0}$ mm 毛坯外圆，找正并夹紧</td><td></td><td></td><td></td><td></td><td>手动</td></tr>
<tr><td>2</td><td colspan="2">粗车大端面、$\phi98^{0}_{-0.1}$ mm 外圆</td><td>T01</td><td>600</td><td>0.2</td><td>1</td><td>O0001</td></tr>
<tr><td>3</td><td colspan="2">粗车 $\phi72^{0}_{-0.03}$ mm、$\phi58^{0}_{-0.1}$ mm 内孔</td><td>T03</td><td>800</td><td>0.2</td><td>1</td><td>O0001</td></tr>
<tr><td>4</td><td colspan="2">掉头，扇形软卡爪反撑 $\phi72^{0}_{-0.03}$ mm 内孔，找正并夹紧</td><td></td><td></td><td></td><td></td><td>手动</td></tr>
<tr><td>5</td><td colspan="2">粗车小端面</td><td>T01</td><td>800</td><td>0.2</td><td>1</td><td>O0002</td></tr>
<tr><td>6</td><td colspan="2">粗车 $\phi80^{+0.03}_{0}$ mm 外圆</td><td>T01</td><td>800</td><td>0.2</td><td>1</td><td>O0002</td></tr>
<tr><td>7</td><td colspan="2">精车小端面</td><td>T02</td><td>1 000</td><td>0.05</td><td>0.2</td><td>O0002</td></tr>
<tr><td>8</td><td colspan="2">掉头，扇形软卡爪夹持 $\phi80^{+0.03}_{0}$ mm 外圆，找正并夹紧</td><td></td><td></td><td></td><td></td><td>手动</td></tr>
<tr><td>9</td><td colspan="2">精车大端面保证零件总长</td><td>T02</td><td>1 000</td><td>0.05</td><td>0.2</td><td>O0003</td></tr>
<tr><td>10</td><td colspan="2">精车 $\phi98^{0}_{-0.1}$ mm 外圆</td><td>T02</td><td>1 000</td><td>0.05</td><td>0.2</td><td>O0003</td></tr>
<tr><td>11</td><td colspan="2">精车 $\phi72^{0}_{-0.03}$ mm、$\phi58^{0}_{-0.1}$ mm 内孔</td><td>T04</td><td>1 200</td><td>0.05</td><td>0.2</td><td>O0003</td></tr>
<tr><td>12</td><td colspan="2">掉头，以内孔和大端面定位，心轴装夹</td><td></td><td></td><td></td><td></td><td>手动</td></tr>
<tr><td>13</td><td colspan="2">精车 $\phi80^{+0.03}_{0}$ mm 外圆</td><td>T02</td><td>1 000</td><td>0.05</td><td>0.2</td><td>O0004</td></tr>
<tr><td>14</td><td colspan="2">去毛刺、检验</td><td></td><td></td><td></td><td></td><td>手动</td></tr>
<tr><td>编制</td><td colspan="2">×××</td><td>审核</td><td>×××</td><td>批准</td><td colspan="2">×××</td></tr>
</table>

三、编写薄壁套零件加工程序

根据加工工艺，手工编制薄壁套零件的加工程序。工件坐标系原点设置在零件的左右两端面与中心线的交点处，各工序加工程序见表 4–3–4 至表 4–3–7。

表 4–3–4　　工序 1 加工程序

程序	说明
O0001；	程序号
G99；	指定为每转进给方式
T0101；	选择 1 号车刀及 1 号刀补
M03 S600；	主轴正转，转速为 600 r/min
G00 X102.0 Z3.0；	快速定位至切入点
G94 X65.0 Z1.2 F0.2；	粗车大端面第一刀
Z0.2；	粗车大端面第二刀
G90 X99.2 Z–5；	粗车 $\phi98_{-0.1}^{0}$ mm 外圆第一刀
X98.2；	粗车 $\phi98_{-0.1}^{0}$ mm 外圆第二刀
G00 X150.0 Z100.0；	快速返回换刀点
T0303；	选择 3 号车刀及 3 号刀补
G00 X65.0 Z3.0 S800；	快速定位至固定循环起点，转速为 800 r/min
G73 U3.0 W3.0 R3；	复合形状粗车固定循环
G73 P10 Q20 U–0.2 W0.2 F0.2；	
N10 G00 X72.0 Z1.0；	循环起点
G01 Z–51.0；	车 $\phi72_{-0.03}^{0}$ mm 内孔
X58.0；	车内孔端面
Z–57.0；	车 $\phi58_{-0.1}^{0}$ mm 内孔
X56.0；	*X* 轴退刀
N20 G00 Z3.0；	*Z* 轴退刀
G00 X150.0 Z100.0；	快速返回换刀点
M05；	主轴停转
M30；	程序结束

表 4–3–5　　工序 2 加工程序

程序	说明
O0002；	程序号
G99；	指定为每转进给方式
T0101；	选择 1 号车刀及 1 号刀补
M03 S800；	主轴正转，转速为 800 r/min

续表

程序	说明
G00 X88.0 Z3.0；	快速定位至固定循环起点
G94 X52.0 Z1.2 F0.2；	粗车小端面第一刀
Z0.2；	粗车小端面第二刀（此时工件总长为 54.4 mm）
G73 U3.0 W3.0 R3；	复合形状粗车固定循环
G73 P10 Q20 U0.2 W0.2 F0.2；	
N10 G00 X80.0；	循环起点
G01 Z−50.0；	车 $\phi80^{+0.03}_{0}$ mm 外圆
N20 X99.0；	车端面
G00 X150.0 Z100.0；	快速返回换刀点
T0202；	选择 2 号车刀及 2 号刀补
G00 X82.0 Z3.0 S1000；	快速定位至固定循环起点
G94 X52.0 Z0 F0.05；	精车小端面（此时工件总长为 54.2 mm）
G00 X150.0 Z100.0；	快速返回换刀点
M05；	主轴停转
M30；	程序结束

表 4–3–6　　工序 3 加工程序

程序	说明
O0003；	程序号
G99；	指定为每转进给方式
T0202；	选择 2 号车刀及 2 号刀补
M03 S1000；	主轴正转，转速为 1 000 r/min
G00 X102.0 Z3.0；	快速定位至切入点
G94 X71.0 Z0 F0.05；	精车大端面（此时工件总长为 54.0 mm）
G90 X98.0 Z−4.2；	精车 $\phi98^{0}_{-0.1}$ mm 外圆
G00 X150.0 Z100.0；	快速返回换刀点
T0404；	选择 4 号车刀及 4 号刀补
G00 X73.0 Z3.0 S1200；	快速定位至切入点，转速为 1 200 r/min
G01 G41 Z0 F0.05；	走刀至端面，执行刀尖圆弧半径补偿
G01 X72.0 Z−0.5；	车 C0.5 mm 内孔倒角
Z−51.0；	车 $\phi72^{0}_{-0.03}$ mm 内孔
X59.0；	车内孔端面
X58.0 Z−51.5；	车 C0.5 mm 内孔倒角
Z−55.0；	车 $\phi58^{0}_{-0.03}$ mm 内孔

续表

程序	说明
G00 G40 X56.0;	X 轴退刀，取消刀尖圆弧半径补偿
Z3.0;	Z 轴退刀
G00 X150.0 Z100.0;	快速返回换刀点
M05;	主轴停转
M30;	程序结束

表 4–3–7　　工序 4 加工程序

程序	说明
O0004;	程序号
G99;	指定为每转进给方式
T0202;	选择 2 号车刀及 2 号刀补
M03 S1000;	主轴正转，转速为 1 000 r/min
G00 X79.0 Z3.0;	快速定位至切入点
G01 G42 Z0 F0.05;	走刀至端面，执行刀尖圆弧半径补偿
X80.0 Z–0.5;	车 $C0.5$ mm 倒角
Z–50.0;	车 $\phi80^{+0.03}_{0}$ mm 外圆
X97.0;	车端面
X98.0 Z–50.5;	车 $C0.5$ mm 倒角
G00 G40 X150.0 Z100.0;	快速返回换刀点，取消刀尖圆弧半径补偿
M05;	主轴停转
M30;	程序结束

四、孔加工质量分析

孔加工质量分析见表 4–3–8。

表 4–3–8　　孔加工质量分析

问题	产生原因	解决方法
尺寸达不到要求	1．测量不正确 2．程序不正确 3．车刀装夹不对，刀柄与孔壁相碰 4．产生积屑瘤，增加刀尖长度，将孔车大 5．工件热胀冷缩	1．仔细测量。用游标卡尺测量时，要调整好游标卡尺的松紧 2．正确编程 3．合理选择刀柄直径，最好在加工前先让车刀在孔内走一遍，检查是否会相碰 4．研磨前面，使用切削液，增大前角，选择合理的切削速度 5．最好等工件冷却后再精车，加切削液

续表

问题	产生原因	解决方法
内孔有锥度	1. 刀具磨损 2. 程序不正确 3. 刀柄刚度低，产生“让刀”现象 4. 主轴轴线歪斜 5. 床身导轨磨损。由于磨损不均匀，走刀轨迹与工件轴线不平行	1. 采用耐磨的硬质合金车刀 2. 正确编程，进行刀尖圆弧半径补偿 3. 尽量采用大尺寸的刀柄，减小切削用量 4. 检查车床精度，校正主轴轴线与床身导轨的平行度 5. 对车床进行维修
内孔圆柱度超差	1. 孔壁薄，装夹时产生变形 2. 轴承间隙太大，主轴颈呈椭圆形 3. 工件加工余量和材料组织不均匀	1. 选择合适的装夹方法 2. 大修车床，并检查主轴的圆柱度 3. 增加半精车，把不均匀的余量车去，使精车余量尽量小且均匀。对工件毛坯进行回火处理
内孔表面粗糙度达不到要求	1. 车刀磨损 2. 车刀刃磨不良 3. 车刀几何角度不合适，装刀位置低于中心 4. 切削用量选择不当 5. 刀柄细长，产生振动	1. 重新刃磨车刀 2. 保证切削刃锋利，研磨车刀前面 3. 合理选择刀具角度，精车装刀时位置可略高于工件中心 4. 适当降低切削速度，减小进给量 5. 加粗刀柄，降低切削速度

思考与练习

1．G74 指令中各参数的含义是什么？

2．内孔车刀和盲孔车刀各适用于哪些范围？

3．编写如习题图 4–1 所示零件的加工程序。

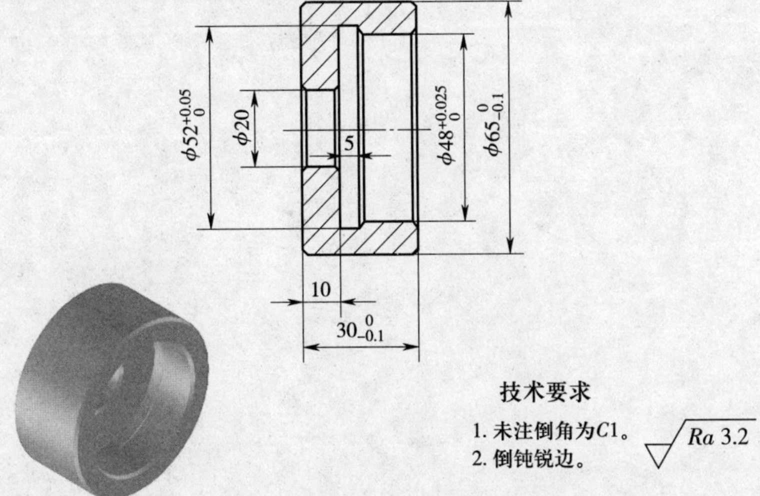

习题图 4–1 内孔零件

4．编写如习题图 4–2 所示零件的加工程序。

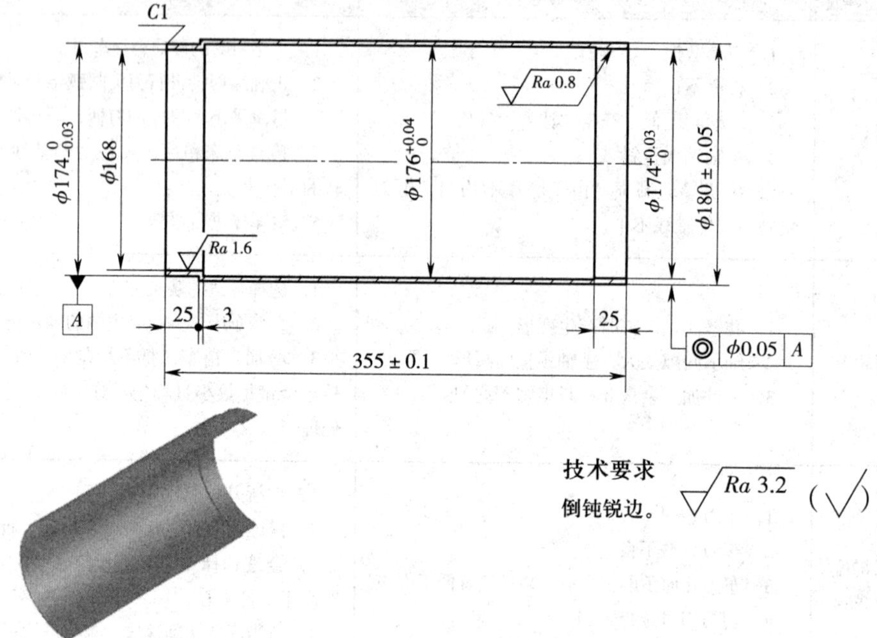

习题图 4–2　薄壁零件

模块五

槽与螺纹加工

数控车削加工中，经常会遇到各种带有槽和螺纹的零件，如图 5–1 所示。本模块将通过几个典型的槽和螺纹类零件加工任务，详细介绍槽和螺纹加工的特点、工艺的确定、指令的应用、程序的编制、加工质量的分析等内容。子程序指令及其应用和螺纹加工指令及其应用是本模块的重点。

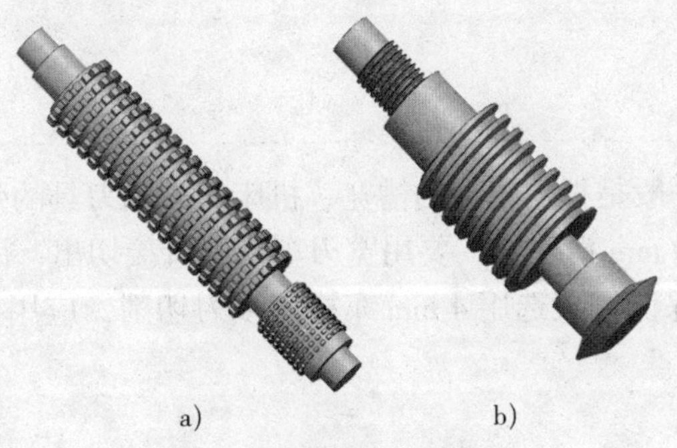

a)　　　　　　　　b)

图 5–1　槽和螺纹类零件

a）槽类零件　b）螺纹类零件

任务 1　单 槽 加 工

任务目标

- 掌握槽加工的工艺特点和相关知识
- 掌握槽加工的常用编程指令
- 能选择适当的指令编制槽加工程序

任务引入

图 5-1-1 所示为离合器工序图及成品三维模型，材料为 45 钢。现加工 ϕ（32±0.05）mm×20 mm 滑块槽，试分析滑块槽的加工工艺并编制加工程序。

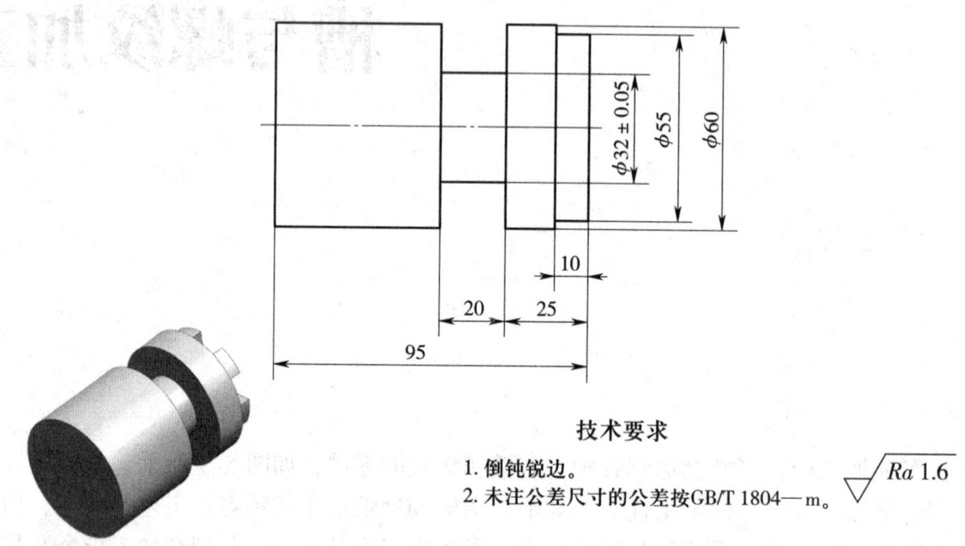

图 5-1-1 离合器

任务分析

车槽刀的刀头宽度一般是根据工件的槽宽、机床功率和刀具的强度综合考虑确定的。加工 ϕ（32±0.05）mm×20 mm 滑块槽，要用宽刃车槽刀直接切出，因横向切削力较大，会引起机床振动，精度较难保证。故选用 4 mm 车槽刀多刀切削，应用 FANUC 0i 数控系统中的 G75 指令进行加工。

相关知识

图 5-1-2 所示为活塞零件图，需加工其密封槽。密封槽一般要求有较高的表面质量，同时要求槽底有较高的尺寸精度和圆度。因此，选用与槽等宽的 4 mm 车槽刀，采取直接车入槽底后暂停修整槽底圆度，然后慢速退刀修整侧面的方式进行加工。一次装夹完成零件内孔和外圆的加工。

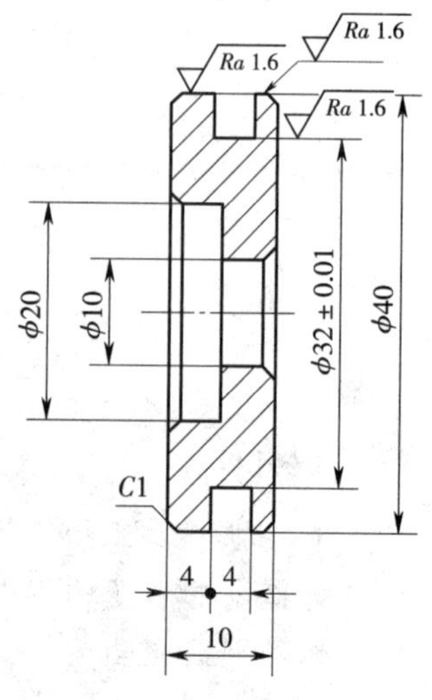

图 5-1-2 活塞零件图

工件坐标系原点设在工件右端面中心，选车槽刀右刀尖为刀位点对刀。编程如下。

…………

G00 X50.0 Z-2.0 T0101; （定位）

```
G01  X32.0  F0.1;          （车至槽底）
G04  X0.5;                 （延时修整槽底）
G01  X50.0  F0.1;          （退刀）
…………
```

零件上单槽的形式有很多，如图 5–1–3 所示，均可借鉴上述的加工方法进行编程。

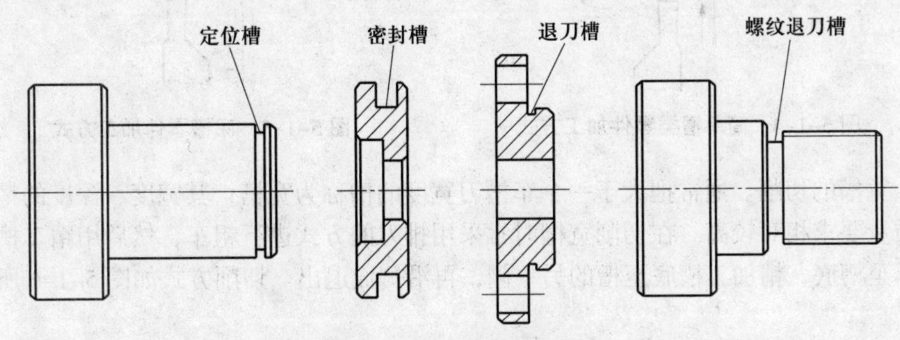

图 5–1–3　单槽零件示意图

由上面的程序可以看出，类似这样的单槽的加工和编程比较简单。下面着重探讨槽加工的工艺问题。

一、槽加工工艺分析

槽加工工艺的确定，要服从于整个零件加工的需要，同时还要考虑槽加工的特点。槽的种类很多，根据其加工特点，大体可以分为单槽、多槽、宽槽、深槽及异形槽几类。加工时可能会遇到几种形式的叠加，如单槽可能深槽，也可能是宽槽。下面分几个方面从共性和个性的角度分析槽加工工艺。

1．零件的装夹

根据槽的宽度等条件，车槽经常采用直接成形法，也就是说槽的宽度就是车槽刀切削刃的宽度，也就等于背吃刀量，采用这种方法切削时会产生较大的切削力。另外，大量的槽位于零件的外圆上，车槽时主切削力的方向与工件轴线垂直，必然会影响工件的稳定性。在数控车床上进行槽加工一般可采用下面两种装夹方式。

（1）利用软卡爪，并适当增加夹持面的长度，以保证定位准确，装夹稳固。

（2）利用尾座和顶尖作为辅助，采用一夹一顶方式装夹，最大限度地保证零件装夹稳定。

2．刀具选择与进刀方式

（1）对于宽度、深度不大，且精度要求不高的槽，可采用与槽等宽的刀具直接切入一次成形，如图 5–1–4 所示。刀具车入槽底后可利用延时指令进行短暂停留，以修整槽底圆度，退出时如有必要可采用工进速度。

（2）对于宽度不大，但深度较大的深槽零件，为了避免车槽过程中由于排屑不畅，刀具前面压力过大，出现扎刀和折断刀具的现象，应采用分次进刀的方式。刀具在切入工件一定深度后，停止进刀并回退一段距离，达到断屑和退屑的目的，如图 5–1–5 所示，同时注意尽量选择强度较高的刀具。

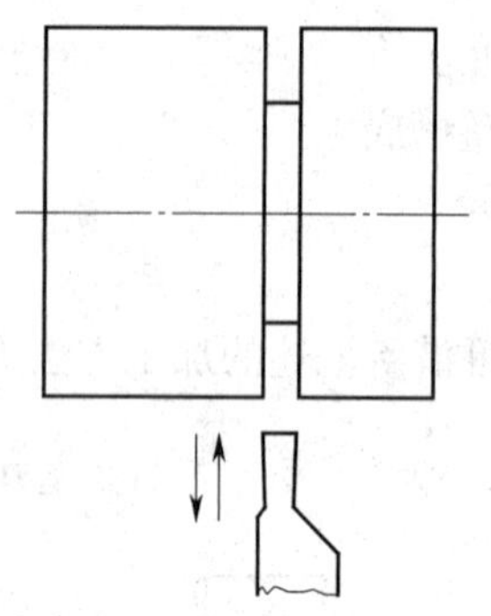
图 5-1-4　简单槽类零件加工方式

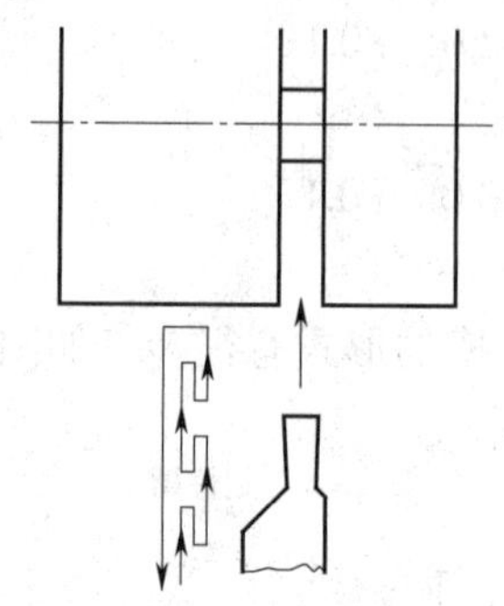
图 5-1-5　深槽零件加工方式

（3）宽槽的切削。通常把大于一个车槽刀宽度的槽称为宽槽，其宽度、深度的精度要求及表面质量要求相对较高。在切削宽槽时常采用排刀的方式进行粗车，然后用精车槽刀沿槽的一侧车至槽底，精加工槽底至槽的另一侧，再沿侧面退出。切削方式如图 5-1-6 所示。

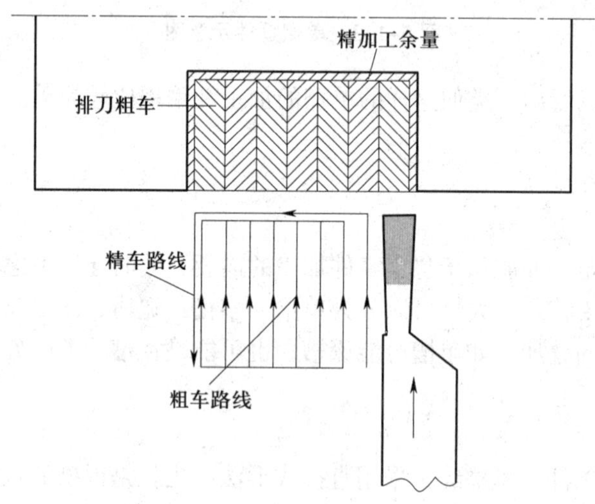

图 5-1-6　宽槽切削方式示意图

（4）异形槽的加工。对于异形槽，多采用先车直槽然后修整轮廓的加工方法。

3．切削用量与切削液的选择

切削速度、背吃刀量和进给量是切削用量三要素，受车槽过程中背吃刀量等于车槽刀宽度的制约，背吃刀量可以调节的范围较小。要增加切削稳定性，提高切削效率，就要选择合适的切削速度和进给量。在普通车床上进行车槽加工，切削速度和进给量相对外圆切削低，一般取外圆切削的 30% ~ 70%。数控车床的各项精度要远高于普通车床，在切削用量的选取上同样可以选择相对较高的切削速度和进给量。切削速度可以选择外圆切削速度的 60% ~ 80%，进给量选取 0.05 ~ 0.3 mm/r。

车槽时常出现振动现象，这往往是进给量过低，或者切削速度与进给量搭配不当造成的，须及时调整，以求搭配合理，保证切削稳定。

车槽过程中，为了解决车槽刀刀头面积小，散热条件差，易产生高温而降低切削性能的问题，可以选择冷却性能较好的乳化类切削液进行喷注，使刀具充分冷却。

二、槽加工质量分析

槽加工质量分析见表 5–1–1。

表 5–1–1 槽加工质量分析

问题	产生原因	解决方法
槽的一侧或两侧出现小台阶	1. 刀具数据不准确 2. 程序错误	1. 调整或重新设定刀具数据 2. 检查、修改加工程序
槽底出现倾斜	刀具安装不正确	正确安装刀具
槽的侧面呈现凹凸面	1. 刀具刃磨角度不对称 2. 刀具安装角度不对称 3. 刀具两刀尖磨损不对称	1. 更换刀具 2. 正确安装刀具 3. 重新刃磨刀具
槽的两个侧面倾斜	刀具磨损	重新刃磨刀具或更换刀具
槽底出现振动现象，留有振纹	1. 工件装夹不正确 2. 刀具安装不正确 3. 切削速度不正确 4. 程序延时时间太长	1. 检查工件安装情况，增加安装刚度 2. 调整刀具安装位置 3. 提高或降低切削速度 4. 缩短程序延时时间
车槽过程中出现扎刀现象，造成刀具断裂	1. 进给量过大 2. 切屑阻塞	1. 降低进给量 2. 采用断屑、退屑方式切入
车槽开始即出现较强的振动，表现为工件、刀具出现谐振现象，严重时车床也会一同产生谐振，切削不能继续	1. 工件装夹不正确 2. 刀具安装不正确 3. 进给量过低	1. 检查工件安装情况，增加安装刚度 2. 调整刀具安装位置 3. 提高进给量

三、内外径车槽复合循环指令 G75

图 5–1–7 所示为 G75 指令的切削轨迹图。

1. 指令格式

G75　R$\underline{e}$;

G75　X（U）__ Z（W）__ P$\underline{\Delta i}$ Q$\underline{\Delta k}$ R$\underline{\Delta d}$ F$\underline{f}$;

2. 参数说明

e：回退量。

X：最大切深点的 X 轴绝对坐标。

U：最大切深点的 X 轴增量坐标。

Z：最大切深点的 Z 轴绝对坐标。

W：最大切深点的 Z 轴增量坐标。

Δi：X 方向的进给量（不带符号，单位 μm，直径值）。

Δk：Z 方向的位移量（不带符号，单位 μm）。

Δd：刀具在切削底部的退刀量，Δd 的符号总是正的。

f：进给量。

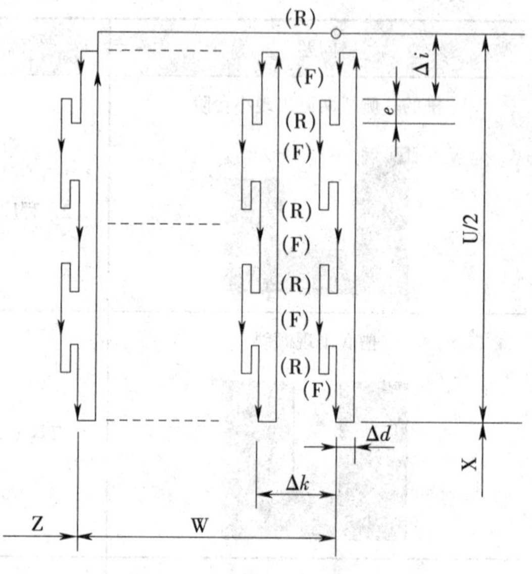

图 5–1–7　G75 指令切削轨迹图

任务实施

一、确定零件的加工工艺

零件加工工艺简卡见表 5–1–2。

表 5–1–2　零件加工工艺简卡

工序号	工序内容	工序简图	工步内容
1	车槽		1. 三爪自定心卡盘夹持 ϕ60 mm 外圆，伸出约 60 mm，找正并夹紧
			2. 排刀法粗加工 ϕ（32 ± 0.05）mm × 20 mm 槽，槽底及两侧留余量 0.2 mm
			3. 精加工 ϕ（32 ± 0.05）mm × 20 mm 槽至尺寸要求
			4. 去毛刺、检验

二、填写相关工艺卡片

数控加工刀具卡见表 5–1–3。

表 5–1–3　　数控加工刀具卡

产品名称或代号		×××	零件名称	离合器	零件图号	×××
序号	**刀具号**	**刀具名称**	**数量**	**加工内容**	**主要参数**	**备注**
1	T01	4 mm 车槽刀	1	粗车滑块槽	$R0.4$ mm	
2	T02	4 mm 车槽刀	1	精车滑块槽	$R0.2$ mm	
编制	×××	审核	×××	批准 ×××	共 × 页	第 × 页

数控加工工艺卡见表 5–1–4。

表 5–1–4　　数控加工工艺卡

单位名称	×××	产品名称		零件名称	零件图号		
		×××		离合器	×××		
序号	**程序号**	**夹具名称**	**设备**	**数控系统**	**车间**		
1	O0001	三爪自定心卡盘	CK6150	FANUC	×××		
工步	**工步内容**		**刀号**	**主轴转速 /（r/min）**	**进给量 /（mm/r）**	**背吃刀量 / mm**	**备注**
1	三爪自定心卡盘夹持 ϕ60 mm 外圆，伸出约 60 mm，找正并夹紧						手动
2	排刀法粗加工 ϕ（32 ± 0.05）mm × 20 mm 槽，槽底及两侧留余量 0.2 mm		T01	500	0.1	3.8	O0001
3	精加工 ϕ（32 ± 0.05）mm × 20 mm 槽至尺寸要求		T02	800	0.1	0.2	O0001
4	去毛刺、检验						手动
编制	×××		审核	×××	批准	×××	

三、编制离合器滑块槽加工程序

根据加工工艺，手工编制零件的加工程序。工件坐标系原点设置在零件的右端面中心处，加工程序见表 5–1–5。

表 5-1-5 加工程序

程序	说明
O0001;	程序号
N10 G99 T0101 S500 M03;	左刀尖为刀位点，选择 1 号车槽刀及 1 号刀具补偿，启动主轴
N20 G00 X70.0 Z-29.2 M08;	快速定位，槽右侧面留余量 0.2 mm，切削液开
N30 G75 R2.0;	车槽
N40 G75 X32.2 Z-44.8 P5000 Q3800 F0.1;	
N50 G00 X100.0 Z100.0;	快速返回换刀点
N60 T0202;	换刀
N70 G00 X70.0 Z-29.0 S800 ;	快速定位至切入点，主轴转速为 800 r/min
N80 G01 X32.0 F0.1;	右侧面精加工
N90 Z-45;	槽底精加工
N100 X70.0;	左侧面精加工
N110 G00 X100.0 Z100.0 M09;	快速返回换刀点，切削液关
N120 M05;	主轴停转
N130 M30;	程序结束

注意事项

1. 零件加工中，槽的定位是非常重要的，编程时要引起重视。
2. 车槽刀通常有三个刀位点，编程时可根据基准标注情况进行选择。
3. 车宽槽时应注意计算刀宽与槽宽的关系。

任务 2 多 槽 加 工

任务目标

- ◆ 多槽加工的工艺特点与相关知识
- ◆ 子程序的编写及其在多槽加工中的应用
- ◆ 选择适当的指令编制多槽加工的程序

任务引入

图 5-2-1 所示为切纸辊，试分析 18 × 4 mm 槽的加工工艺并编制加工程序。

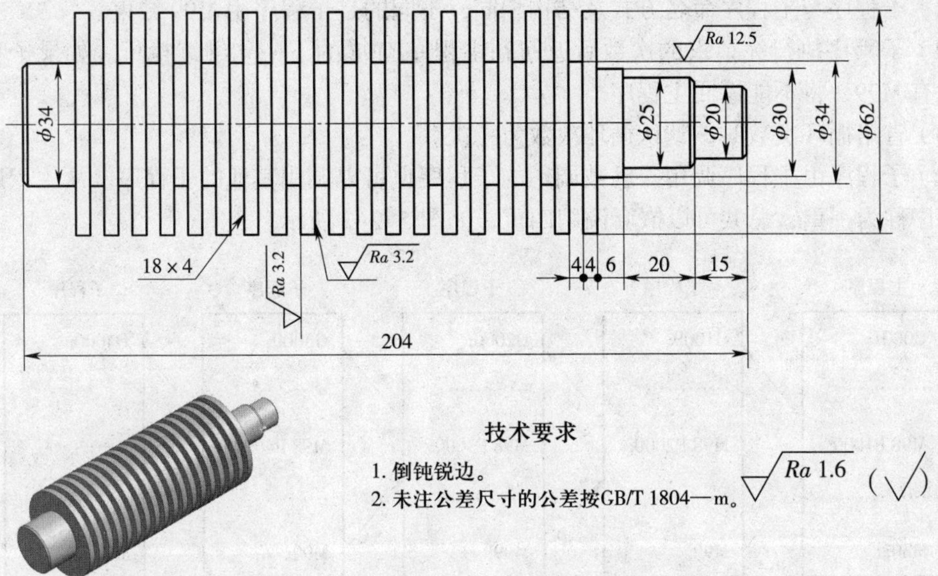

图 5-2-1 切纸辊

任务分析

在加工带轮、轧辊等零件时经常会遇到与图 5-2-1 相似的多槽轮廓外形。这种零件槽多且相同，如按本模块任务 1 的方式编写程序，则其加工程序中会出现大量相同的程序段，增加了编程的工作量。这种情况下可采用子程序调用指令，来编制此类零件的加工程序，减少编程工作量，节省数控系统的内存空间。

相关知识

数控车床的加工程序可以分为主程序和子程序两种。主程序是一个完整的零件加工程序，或是零件加工的主体部分。它与被加工零件或加工要求一一对应，不同的零件或不同的加工要求，有唯一的主程序与之对应。

在编制加工程序中，有时会遇到一组程序段在一个程序中多次出现，或者在几个程序中都要使用到。这个典型的加工程序可以做成固定程序，并单独加以命名，这组程序段就称为子程序。

子程序一般不可以作为独立的加工程序使用，它只能通过主程序进行调用，实现加工中的局部动作，子程序执行结束后，能自动返回调用它的主程序中。应用子程序命令进行程序编制可以大大减少程序段的数量，提高编程工作的效率，非常适合于手工编程。下面简要介绍子程序调用指令 M98。

1. 格式

M98 P×××× ××××；或 P×××× L××××；

循环次数 子程序号 子程序号 循环次数

2. 说明

（1）子程序与主程序命名方式及结构相同，不同的是子程序用 M99 结束。

（2）子程序执行完请求的次数后返回到主程序 M98 的下一句继续执行。如果子程序结束后没有 M99，将不能返回主程序。

（3）省略循环次数时，默认循环次数为一次。

（4）子程序由主程序调用，已被调用的子程序也可以调用其他的子程序。从主程序调用的子程序称为一重，总共可以嵌套调用四重，如图 5–2–2 所示。

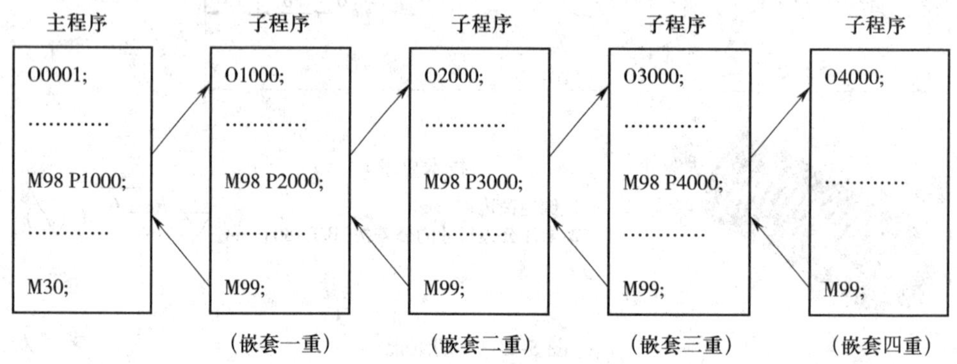

图 5–2–2 子程序调用的嵌套

任务实施

一、确定零件的加工工艺

零件加工工艺简卡，见表 5–2–1。

表 5–2–1 零件加工工艺简卡

工序号	工序内容	工序简图	工步内容
1	18 × 4 mm 槽加工		1. 三爪自定心卡盘夹持 ϕ25 mm 外圆，采用一夹一顶装夹方式
			2. 车槽 18 × 4 mm 至尺寸要求
			3. 去毛刺、检验

二、填写相关工艺卡片

数控加工刀具卡见表 5–2–2。

表 5–2–2　　数控加工刀具卡

<table>
<tr><td colspan="2">产品名称或代号</td><td>×××</td><td colspan="2">零件名称</td><td>切纸辊</td><td>零件图号</td><td colspan="2">×××</td></tr>
<tr><td>序号</td><td>刀具号</td><td>刀具名称</td><td colspan="2">数量</td><td>加工内容</td><td>主要参数</td><td colspan="2">备注</td></tr>
<tr><td>1</td><td>T01</td><td>4 mm 车槽刀</td><td colspan="2">1</td><td>车槽</td><td>R0.2 mm</td><td colspan="2"></td></tr>
<tr><td>编制</td><td>×××</td><td>审核</td><td>×××</td><td>批准</td><td>×××</td><td>共 × 页</td><td colspan="2">第 × 页</td></tr>
</table>

数控加工工艺卡见表 5–2–3。

表 5–2–3　　数控加工工艺卡

<table>
<tr><td rowspan="2">单位名称</td><td rowspan="2">×××</td><td colspan="2">产品名称</td><td>零件名称</td><td colspan="3">零件图号</td></tr>
<tr><td colspan="2">×××</td><td>切纸辊</td><td colspan="3">×××</td></tr>
<tr><td>序号</td><td>程序号</td><td>夹具名称</td><td>设备</td><td>数控系统</td><td colspan="3">车间</td></tr>
<tr><td>1</td><td>O0002</td><td>三爪自定心卡盘</td><td>CK6150</td><td>FANUC</td><td colspan="3">×××</td></tr>
<tr><td>工步</td><td colspan="2">工步内容</td><td>刀号</td><td>主轴转速 /（r/min）</td><td>进给量 /（mm/r）</td><td>背吃刀量 / mm</td><td>备注</td></tr>
<tr><td>1</td><td colspan="2">三爪自定心卡盘夹持 ϕ25 mm 外圆，采用一夹一顶装夹方式</td><td></td><td></td><td></td><td></td><td>手动</td></tr>
<tr><td>2</td><td colspan="2">车槽 18 × 4 mm 至尺寸要求</td><td>T01</td><td>500</td><td>0.1</td><td>4</td><td>O0002</td></tr>
<tr><td>3</td><td colspan="2">去毛刺、检验</td><td></td><td></td><td></td><td></td><td>手动</td></tr>
<tr><td>编制</td><td colspan="2">×××</td><td>审核</td><td>×××</td><td>批准</td><td colspan="2">×××</td></tr>
</table>

三、编制切纸辊槽的加工程序

根据加工工艺，编制切纸辊槽的加工程序。工件坐标系原点设置在零件右端面中心处，车槽刀的左刀尖为刀位点。为简化编程，缩短程序长度，零件加工过程中的刀具定位与切入、回退等均应用子程序编制。加工程序见表 5–2–4。

表 5–2–4　　加工程序

程序	说明
O0002;	程序号
N10 G99 T0101 S500 M03;	选择 1 号车槽刀及 1 号刀具补偿，启动主轴
N20 G00 X65.0 Z–41.0 M08;	定位至子程序加工起点，切削液开
N30 M98 P181000;	调用车槽子程序（O1000）18 次

续表

程序	说明
N40 G00 X150.0 Z0 M09；	快速返回换刀点，切削液关
N50 M05；	主轴停转
N60 M30；	程序结束
O1000；	子程序号
N10 G00 W-8.0；	增量编程，定位至车槽位置
N20 M98 P42000；	一重嵌套调用子程序（O2000）4 次
N30 G01 X65.0 F0.1；	车至槽底后退刀
N40 M99；	子程序结束
O2000；	子程序号
N10 G01 U-10.0 F0.1；	车槽深 10 mm
N20 U3.0 F0.3；	车入时回退断屑
N30 M99；	子程序结束

注意事项

1．子程序只能单独输入寄存器中用自动运行方式执行。

2．若子程序结束指令用 M99 P__ 格式，表示执行完子程序后，返回到主程序中由 P__ 指定的程序段。例如：M99 P120；表示返回到 N120 的程序段。

3．若在主程序中插入 M99 程序段，则执行完该指令后返回到主程序的起点。

4．子程序多采用增量方式编制，应注意程序是否闭合、积累误差对零件加工精度的影响。

5．主程序中模态 G 指令可被子程序中同一组的其他 G 指令所更改，所以从子程序返回时主程序一定要注意更改。

任务 3 普通螺纹加工

任务目标

- ◆ 掌握螺纹加工的工艺特点与相关知识
- ◆ 掌握普通螺纹加工常用编程指令
- ◆ 能选择适当的指令编制普通螺纹的加工程序

任务引入

图 5–3–1 所示为定位螺栓，试编制 M30 × 2 螺纹的加工程序。

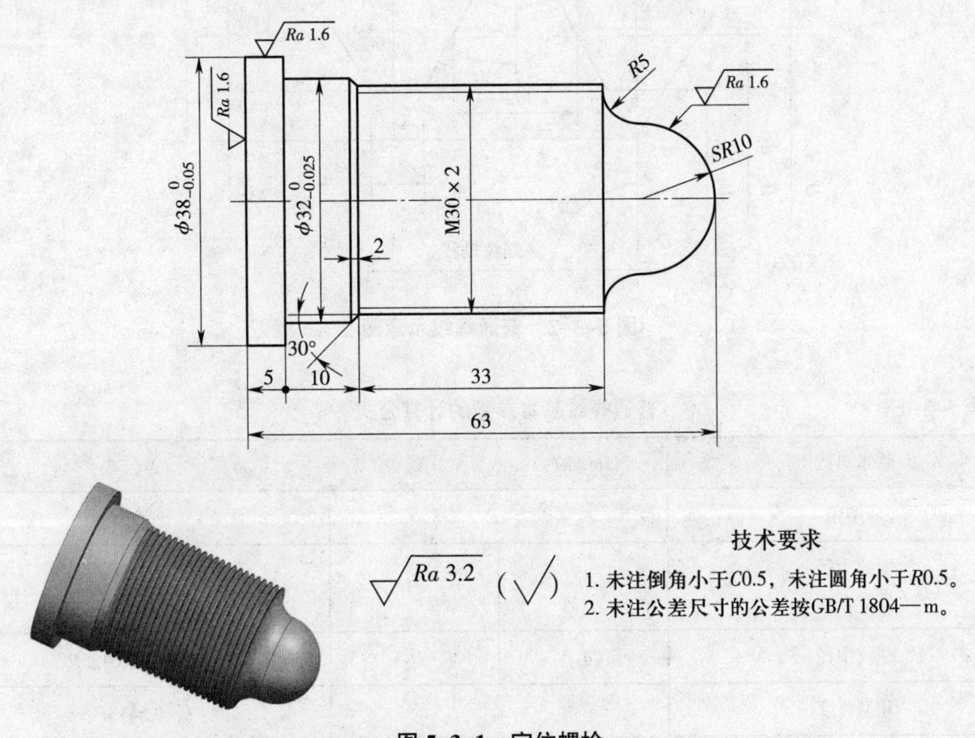

图 5–3–1　定位螺栓

任务分析

螺纹的加工是靠刀具的移动与主轴回转同步运动来实现的，装在数控车床主轴上的位置编码器实时读取主轴转速，并转换为刀具的进给速度。通常，螺纹的切削是沿着同样的刀具轨迹从粗切到精切重复进行，因为螺纹切削是在主轴上的位置编码器输出一转信号时开始的，所以螺纹切削是从固定点开始且刀具在工件上的切削轨迹不变。

相关知识

一、螺纹加工基础知识

1．普通螺纹参数及尺寸计算

普通螺纹如图 5–3–2 所示，其基本参数的计算公式见表 5–3–1。

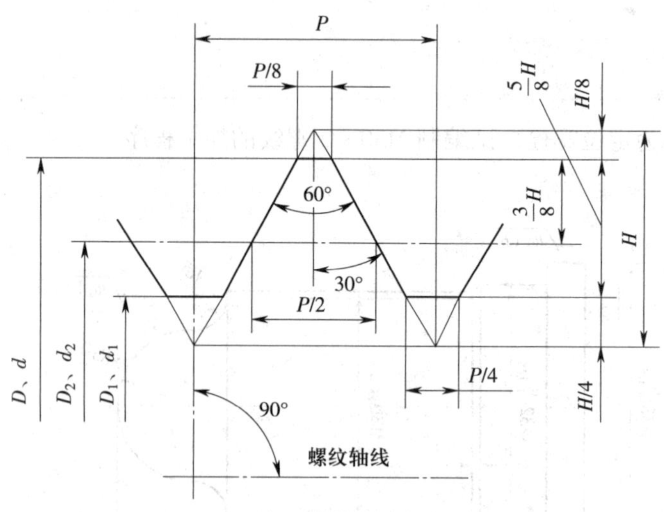

图 5–3–2　普通螺纹示意图

表 5–3–1　　普通螺纹基本参数的计算公式

基本参数	外螺纹	内螺纹	计算公式
牙型角	α		α=60°
螺纹大径（公称直径）	d	D	$d=D$
螺纹中径	d_2	D_2	$d_2=D_2=d-0.6495P$
牙型高度	h_1		$h_1=0.5413P$
螺纹小径	d_1	D_1	$d_1=D_1=d-1.0825P$

2．螺纹车刀与进刀方式

（1）螺纹车刀

通常螺纹车刀切削部分的材料分为硬质合金和高速钢两类。螺纹车刀分整体式、焊接式和机械夹固式三种类型，如图 5–3–3 所示。数控车床上车普通螺纹一般选用精密级机夹可转位不重磨螺纹车刀，使用这种螺纹车刀要根据螺纹的螺距选择刀片的型号，每种规格的刀片只能加工一个固定的螺距。

a)　b)　c)

图 5–3–3　螺纹车刀

a）整体式　b）焊接式　c）机械夹固式

（2）进刀方式

螺纹加工的进刀方式主要有直进、斜进和左右切削三种，如图 5–3–4 所示。选择进刀方式的主要依据是：在切削过程中避免在螺纹切削深度比较大的情况下多个切削刃同时参与切削而出现扎刀现象。直进使刀具双侧刃切削，切削力较大，一般用于导程小于 3 mm 的螺纹的加工。斜进使刀具单侧刃切削，切削力较小，是螺纹加工的首选方法，不带退刀槽的螺纹加工优先选用。左右切削适用于导程大于 5 mm 的螺纹的加工。

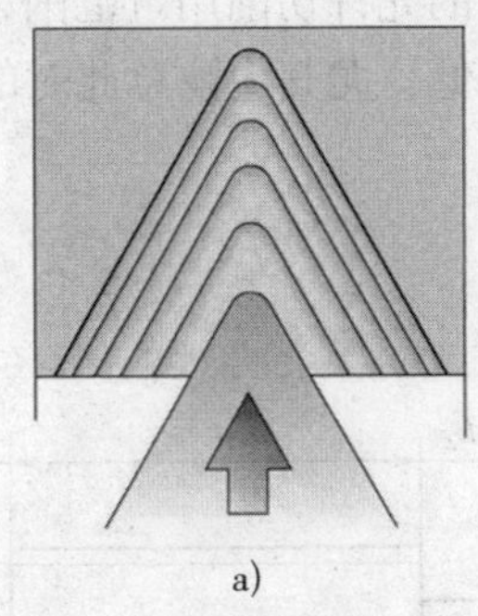
a)

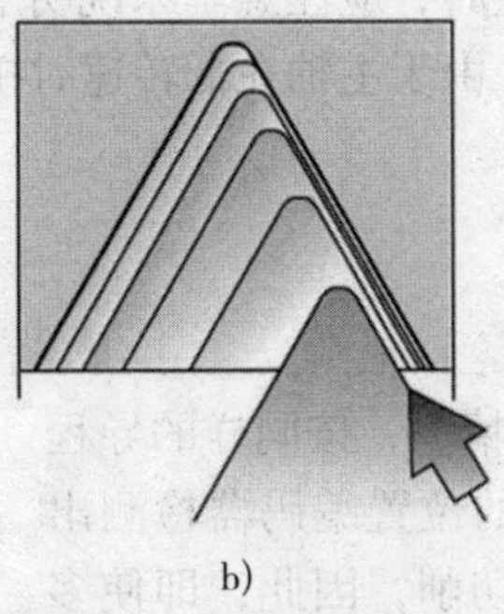
b)

c)

图 5–3–4　进刀方式

a）直进　b）斜进　c）左右切削

3. 切削用量

（1）背吃刀量

在螺纹加工中，螺纹车削每次背吃刀量的确定要根据工件材料及刚度、刀具材料和强度等诸多因素综合考虑。每次背吃刀量过小会增加进给次数，影响切削效率，同时加剧刀具磨损；过大又容易出现扎刀、崩尖及螺纹掉牙现象。为避免上述现象发生，螺纹加工的每次背吃刀量一般都选择递减型的。表 5–3–2 列出了常用米制螺纹切削的进给次数和背吃刀量参考值。

表 5–3–2　　常用米制螺纹切削的进给次数和背吃刀量　　mm

螺距	牙深（半径值）	背吃刀量（直径值）								
		1 次	2 次	3 次	4 次	5 次	6 次	7 次	8 次	9 次
1.0	0.649	0.7	0.4	0.2						
1.5	0.974	0.8	0.6	0.4	0.16					
2.0	1.299	0.9	0.6	0.6	0.4	0.1				
2.5	1.624	1.0	0.7	0.6	0.4	0.4	0.15			
3.0	1.949	1.2	0.7	0.6	0.4	0.4	0.4	0.2		
3.5	2.273	1.5	0.7	0.6	0.6	0.4	0.4	0.2	0.15	
4.0	2.598	1.5	0.8	0.6	0.6	0.4	0.4	0.4	0.3	0.2

（2）主轴转速

在车螺纹时，车床的主轴转速受到螺纹的螺距（或导程）、驱动电动机的升降频特性，以及螺纹插补运算速度等多种因素影响，故对于不同的数控系统，推荐不同的主轴转速选择范围。大多数经济型数控车床推荐车螺纹时的主轴转速 n（r/min）为：

$$n \leqslant 1200/P-k$$

式中 P—被加工螺纹螺距，mm；

k—保险系数，一般取 80。

此外，在安排粗精车切削用量时，应注意车床说明书给定的允许切削用量范围，对于主轴采用交流变频调速的数控车床，由于主轴在低转速时扭矩降低，尤其应注意此时的切削用量选择。

注意事项

1）一般车螺纹时，从粗车到精车，按同样的导程进行多次车削。当安装在主轴上的位置编码器检测出旋转基准信号后，开始进行螺纹切削，因此，即使多次切削，工件圆周上的切削始点保持不变。但是从粗车到精车，主轴的转速必须是一定的。当主轴转速变化时，螺纹会出现乱牙现象。

2）一般由于伺服系统的滞后，在螺纹切削的开始及结束部分，螺纹导程会出现不规则现象。为了保证这部分螺纹的精度，在数控车床上车螺纹必须设置升速进刀段和降速退刀段，如图 5-3-5 所示。加工螺纹过程中，进给速度倍率无效，固定在 100%。

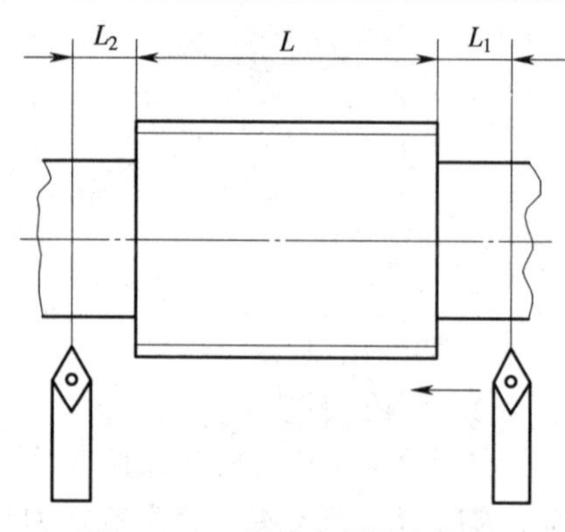

图 5-3-5 螺纹车削升降速段

L_1—升速进刀段长度 L_2—降速退刀段长度

二、普通螺纹切削指令

1. 等螺距螺纹切削指令 G32

（1）格式

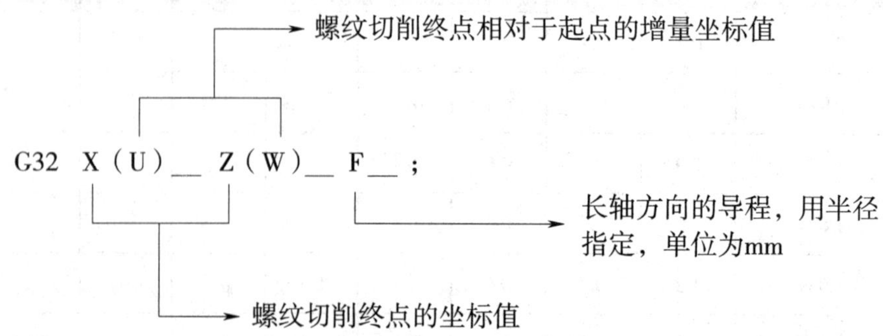

X（U）省略时为圆柱螺纹切削，Z（W）省略时为端面螺纹切削。

（2）应用范围

G32 是模态指令，可以切削等导程的圆柱螺纹、圆锥螺纹和端面螺纹（例如涡形螺纹），如图 5–3–6 所示。

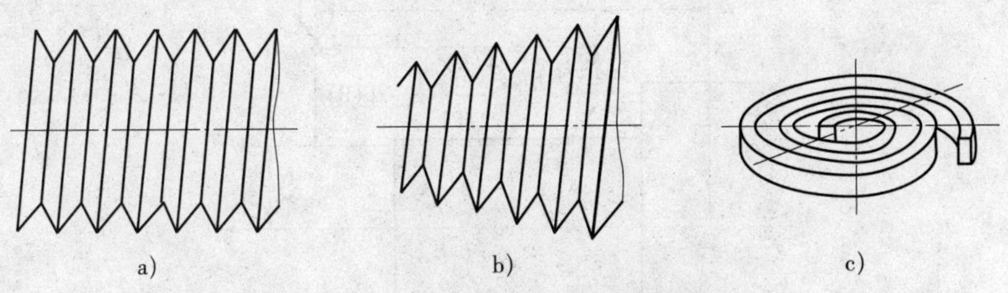

图 5–3–6　G32 螺纹加工指令的适用范围

a）圆柱螺纹　b）圆锥螺纹　c）端面螺纹

（3）G32 切削圆柱螺纹的编程轨迹

G32 切削圆柱螺纹和普通外圆的加工原理一样，也分为四步，即 *X* 轴 G00 进刀→ *Z* 轴 G32 车螺纹→ *X* 轴 G00 退刀→ *Z* 轴 G00 返回，如图 5–3–7 所示。

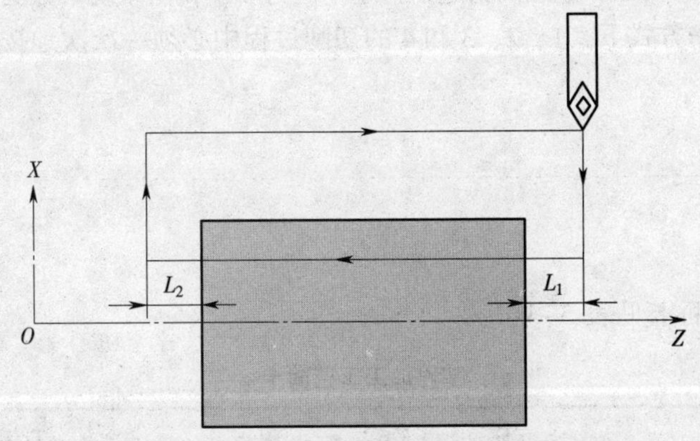

图 5–3–7　G32 切削圆柱螺纹的编程轨迹

2．螺纹切削固定循环指令 G92

为了简化编程，普通螺纹加工也可以用螺纹切削固定循环指令 G92 编程。

（1）格式

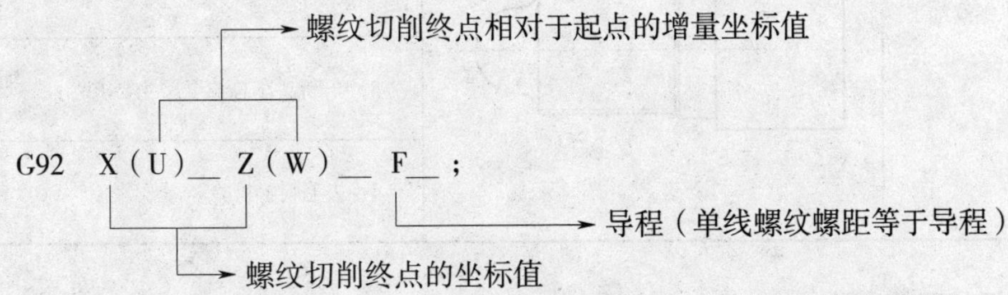

（2）应用范围

螺纹切削固定循环指令 G92 用于对圆锥螺纹或圆柱螺纹的切削循环。

（3）圆柱螺纹切削

G92 切削圆柱螺纹编程示意图如图 5-3-8 所示。

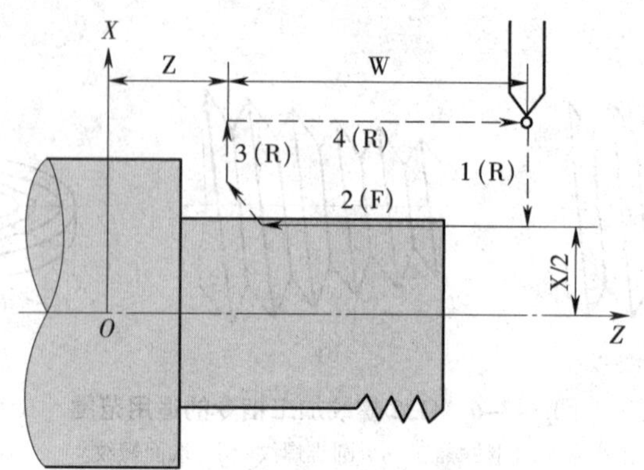

图 5-3-8　G92 切削圆柱螺纹编程示意图

在增量编程中，U 和 W 地址后的数值的符号取决于轨迹 1 和 2 的方向。加工螺纹范围、主轴转速限制等，都与 G32（螺纹切削）相同。由于伺服系统的延迟，螺纹收尾的角度小于 45°，斜线切出距离在 0.1*P* 至 12.7*P* 范围内指定，指定单位为 0.1*P*，由系统参数决定，*P* 是螺距。

在单程序段工作方式下，1、2、3 和 4 的切削过程中必须一次次地按下循环启动按钮。

任务实施

一、确定加工工艺

零件加工工艺简卡见表 5-3-3。

表 5-3-3　　零件加工工艺简卡

工序号	工序内容	工序简图	工步内容
1	螺纹加工		1．三爪自定心卡盘夹持 ϕ40 mm 毛坯外圆，伸出约 70 mm，完成外轮廓的粗精加工
			2．车螺纹 M30 × 2 至尺寸要求
			3．车断、车总长至尺寸要求
			4．去毛刺、检验

二、填写相关工艺卡片

数控加工刀具卡见表 5-3-4。

表 5-3-4 数控加工刀具卡

产品名称或代号		×××		零件名称	×××	零件图号	×××
序号	刀具号	刀具名称		数量	加工内容	主要参数	备注
1	T01	60° 螺纹车刀		1	车 M30×2 螺纹	60°	
编制	×××	审核	×××	批准	×××	共 × 页	第 × 页

数控加工工艺卡见表 5-3-5。

表 5-3-5 数控加工工艺卡

单位名称	×××	产品名称		零件名称		零件图号	
		×××		×××		×××	
序号	程序号	夹具名称	设备	数控系统		车间	
1	O0003	三爪自定心卡盘	CK6150	FANUC		×××	
工步	工步内容		刀号	主轴转速 /（r/min）	进给量 /（mm/r）	背吃刀量 / mm	备注
1	三爪自定心卡盘夹持 ϕ40 mm 毛坯外圆，伸出约 70 mm，完成外轮廓的粗精加工						自动
2	车螺纹 M30×2 至尺寸要求		T01	520	2	0.9～0.1	O0003
3	车断、车总长至尺寸要求						自动
4	去毛刺、检验						手动
编制	×××		审核	×××	批准	×××	

三、编制加工程序

1. 应用 G92 指令

应用 G92 指令编写图 5-3-1 所示螺纹的加工程序，见表 5-3-6。

表 5-3-6 应用 G92 指令编制螺纹加工程序

程序	说明
O0003;	程序号
N10 G99 T0101 S520 M03;	选择 1 号 60° 螺纹车刀及 1 号刀具补偿，启动主轴
N20 G00 X40.0 Z5.0;	快速接近工件
N30 G92 X29.1 Z–47.0 F2.0;	第一次切入 0.9 mm
N40 X28.5;	第二次切入 0.6 mm
N50 X27.9;	第三次切入 0.6 mm
N60 X27.5;	第四次切入 0.4 mm

续表

程序	说明
N70 X27.4；	第五次切入 0.1 mm
N80 G00 X100.0 Z100.0；	快速返回换刀点
N90 M05；	主轴停转
N100 M30；	程序结束

2．应用 G32 指令

应用 G32 指令编写图 5–3–1 所示螺纹的加工程序，见表 5–3–7。

表 5–3–7　　应用 G32 指令编制螺纹加工程序

程序	说明
O0003；	程序号
N10 G99 T0101 S520 M03；	选择 1 号 60° 螺纹车刀及 1 号刀具补偿，启动主轴
N20 G00 X40.0 Z5.0；	快速接近工件
N30 X29.1；	第一次切入 0.9 mm
N40 G32 Z–47.0 F2.0；	螺纹车削
N50 G00 X40.0；	*X* 向快速退刀
N60 Z5.0；	快速返回 *Z* 向起点
N70 X28.5；	第二次切入 0.6 mm
N80 G32 Z–47.0 F2.0；	螺纹车削
N90 G00 X40.0；	*X* 向快速退刀
N100 Z5.0；	快速返回 *Z* 向起点
N110 X27.9；	第三次切入 0.6 mm
N120 G32 Z–47.0 F2.0；	螺纹车削
N130 G00 X40.0；	*X* 向快速退刀
N140 Z5.0；	快速返回 *Z* 向起点
N150 X27.5；	第四次切入 0.4 mm
N160 G32 Z–47.0 F2.0；	螺纹车削
N170 G00 X40.0；	*X* 向快速退刀
N180 Z5.0；	快速返回 *Z* 向起点
N190 X27.4；	第五次切入 0.1 mm
N200 G32 Z–47.0 F2.0；	螺纹车削
N210 G00 X40.0；	*X* 向快速退刀
N220 G00 X100.0 Z100.0 ；	快速返回换刀点
N230 M05；	主轴停转
N240 M30；	程序结束

四、螺纹加工质量分析

螺纹加工质量分析见表 5–3–8。

表 5–3–8　　螺纹加工质量分析

问题	产生原因	解决方法
切削过程中出现振动	1. 工件装夹不正确 2. 刀具安装不正确 3. 切削速度不正确	1. 检查工件安装，增加安装刚度 2. 调整刀具安装位置 3. 提高或降低切削速度
螺纹牙顶呈刀口状 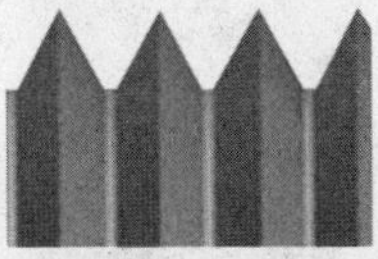	1. 刀具角度选择错误 2. 螺纹大径过大 3. 背吃刀量过大	1. 选择正确的刀具 2. 检查并选择合适的螺纹大径 3. 减小背吃刀量
螺纹牙型过平 	1. 刀具中心错误 2. 背吃刀量不够 3. 刀具牙型角度过小 4. 螺纹大径过小	1. 选择合适的刀具并调整刀具中心的高度 2. 计算并增加背吃刀量 3. 更换合适的刀具 4. 检查并选择合适的螺纹大径
螺纹牙型底部圆弧过大 	1. 刀具选择错误 2. 刀具磨损严重	1. 选择正确的刀具 2. 重新刃磨或更换刀片
螺纹牙型底部过宽 	1. 刀具选择错误 2. 刀具磨损严重 3. 螺纹有乱牙现象	1. 选择正确的刀具 2. 重新刃磨或更换刀片 3. 检查加工程序中有无导致乱牙的原因
螺纹牙型半角不正确 	刀具安装角度不正确	调整刀具安装角度

续表

问题	产生原因	解决方法
螺纹表面质量差	1. 切削速度过低 2. 刀具中心过高 3. 切削控制较差 4. 刀尖产生积屑瘤 5. 切削液选用不合理	1. 调高主轴转速 2. 调整刀具中心高度 3. 选择合理的进给方式及背吃刀量 4. 调整切削用量，使用切削液 5. 选择合适的切削液并充分喷注
螺距误差	1. 伺服系统滞后效应 2. 加工程序不正确	1. 增加螺纹切削升降速段的长度 2. 检查、修改加工程序

任务 4　圆锥螺纹加工

任务目标

- ◆ 掌握普通圆锥螺纹加工常用编程指令
- ◆ 能选择适当指令编制圆锥螺纹的加工程序

任务引入

图 5-4-1 所示为快换接头，材料为 45 钢，试编制零件圆锥螺纹的加工程序。

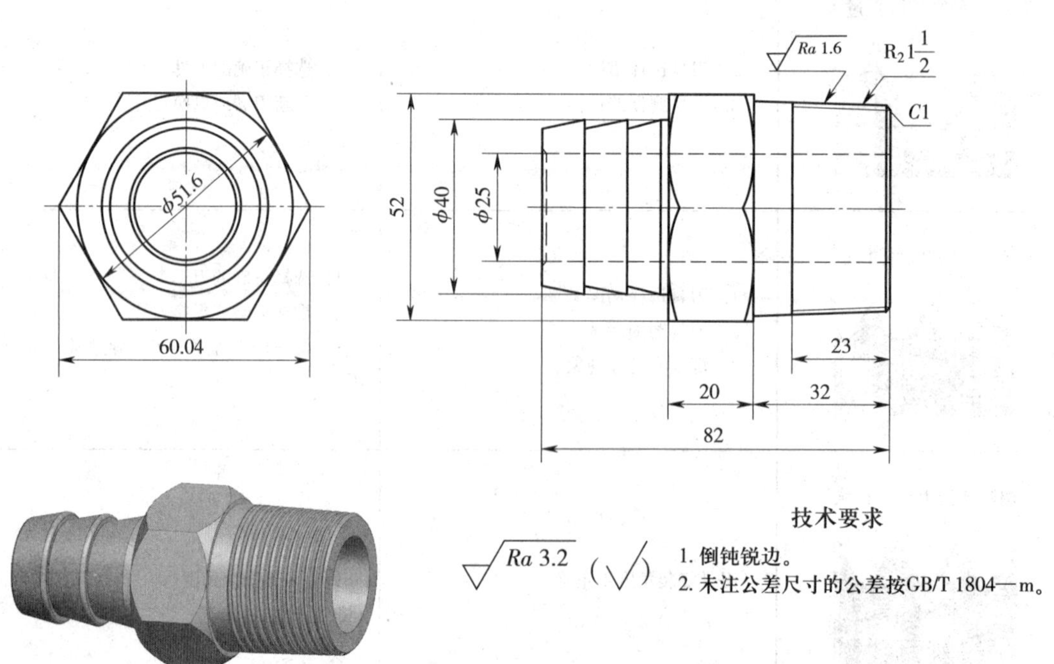

图 5-4-1　快换接头

任务分析

圆锥管螺纹是主要用于密封的螺纹连接，其特点是接合紧密、不漏水、不漏气、不漏油。在其加工过程中，影响圆锥管螺纹密封的主要因素有牙型、锥度、螺距和切削用量，其中最关键的是锥度。在普通车床上加工圆锥管螺纹，加工质量稳定性低，锥度不能保证，同一批零件尺寸的一致性差、合格率较低。如果采用数控车床加工圆锥管螺纹，就可以解决上述问题。但在数控车床上加工圆锥管螺纹，编程计算较复杂，需计算锥度与编程所需的数据之间的关系。在加工程序编制过程中，不少编程人员仍用三角函数来计算参数，然而锥度与角度等参数的转换既烦琐，又不可靠。其实只要将圆锥管螺纹基面的尺寸作为标准，计算出各编程基点的坐标，就可以解决问题。

相关知识

一、管螺纹的分类

管螺纹的分类见表 5–4–1。

表 5–4–1 管螺纹的分类

类别		标准代号	特征代号	示例
米制密封圆锥管螺纹		GB/T 1415—2008	Mc	Mc12 × 1
60° 密封圆锥管螺纹		GB/T 12716—2011	NPT	NPT3/8–LH
55° 非密封管螺纹		GB/T 7307—2001	G	G1/2–LH
55° 密封管螺纹	圆锥外螺纹	GB/T 7306.1—2000、GB/T 7306.2—2000	R_1、R_2	$R_1$1/2
	圆锥内螺纹		R_c	R_c3/8
	圆柱内螺纹		R_p	R_p3/4

二、55° 密封圆锥管螺纹参数及尺寸计算

1．基面尺寸计算

圆锥管螺纹参数及尺寸计算如图 5–4–2 所示。$R_2 1\frac{1}{2}$圆锥外螺纹的基面的基准距离为 12.7 mm，基面上的螺纹大径为 47.803 mm，螺纹中径为 46.324 mm，螺纹小径为 44.845 mm。锥度 C=1：16，每 25.4 mm 内的牙数 n=11，螺距 P=2.309 mm，牙型高度 h=1.479 mm。

2．各基点的坐标计算

各基点坐标图如图 5–4–3 所示。

C 点离基面距离为 16 mm，Xc=47.803 mm–16 mm/16=46.803 mm。C 点坐标为（46.803，3.3）。

A 点离基面距离为 23 mm–12.7 mm=10.3 mm，Xa=47.803 mm+10.3 mm/16 ≈ 48.447 mm。A 点坐标为（48.447，–23）。

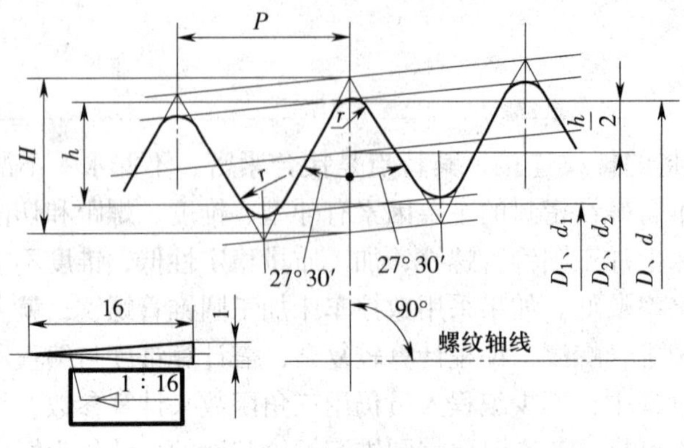

$P=25.4/n$

$H=0.960237P$

$h=0.640327P$

$r=0.137278P$

$D_2=d_2=d-0.640327P$

$D_1=d_1=d-1.280654P$

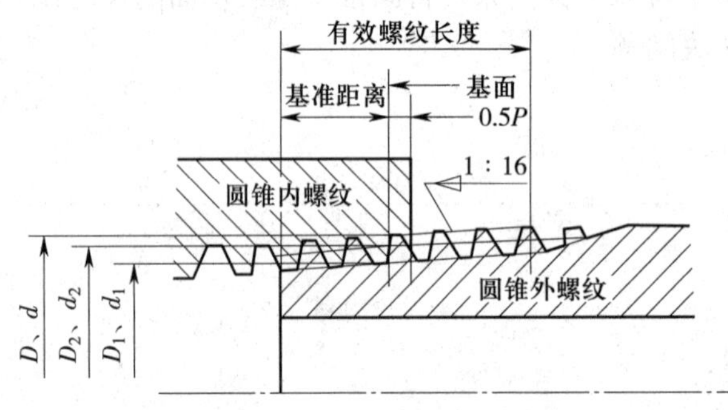

图 5–4–2　圆锥管螺纹参数及尺寸计算

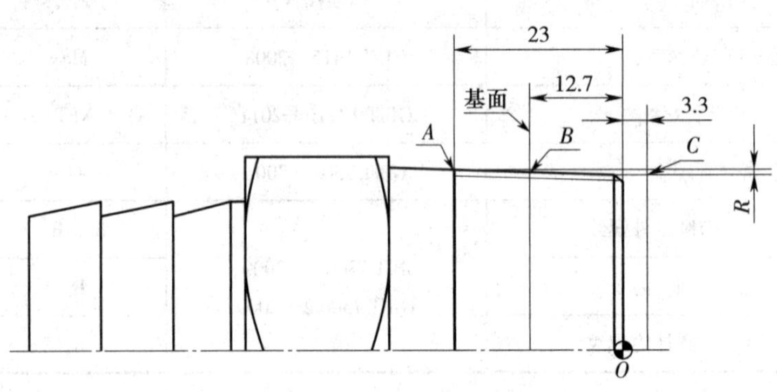

图 5–4–3　各基点坐标图

$R=-$（48.447 mm−46.803 mm）÷ 2=−0.822 mm

三、圆锥螺纹加工常用编程指令

1．G32 指令

G32 指令加工圆锥螺纹编程轨迹如图 5–4–4 所示。

2．G92 指令

格式：G92 X（U）__ Z（W）__ R__ F__ ；

螺纹切削固定循环指令还常用于圆锥螺纹的切削，其应用如图 5–4–5 所示。其中 R 为圆锥螺纹起点与终点的半径差，加工圆柱螺纹时为零，可省略。其余各项与圆柱螺纹切削指令相同。

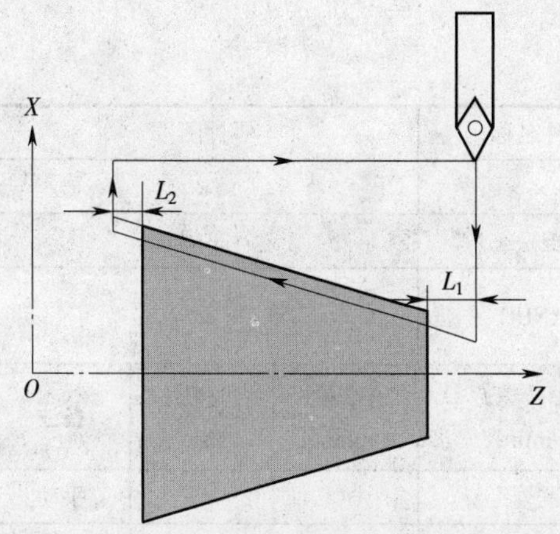

图 5-4-4 G32 指令加工圆锥螺纹编程轨迹

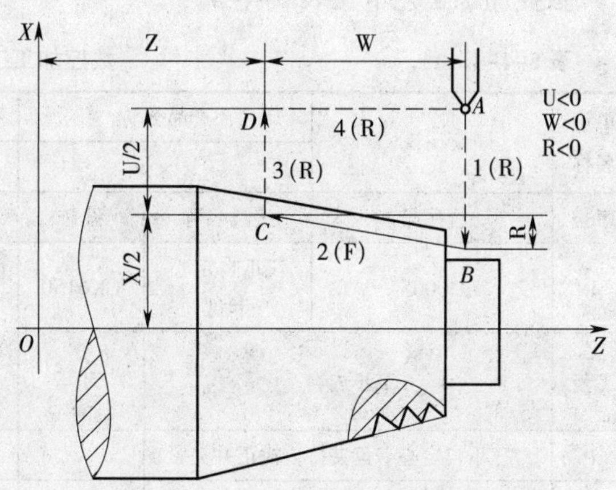

图 5-4-5 G92 指令加工圆锥螺纹

任务实施

一、确定加工工艺

零件加工工艺简卡见表 5-4-2。

表 5-4-2　　零件加工工艺简卡

工序号	工序内容	工序简图	工步内容
1	圆锥管螺纹加工		1. 三爪自定心卡盘夹持，找正并夹紧
			2. 车圆锥管螺纹至尺寸要求
			3. 去毛刺、检验

二、填写相关工艺卡片

数控加工刀具卡见表 5-4-3。

表 5-4-3　　数控加工刀具卡

<table>
<tr><td colspan="2">产品名称或代号</td><td>× × ×</td><td colspan="2">零件名称</td><td>× × ×</td><td>零件图号</td><td>× × ×</td></tr>
<tr><td>序号</td><td>刀具号</td><td>刀具名称</td><td>数量</td><td colspan="2">加工内容</td><td>主要参数</td><td>备注</td></tr>
<tr><td>1</td><td>T01</td><td>55° 螺纹车刀</td><td>1</td><td colspan="2">车圆锥管螺纹</td><td>55°</td><td></td></tr>
<tr><td>编制</td><td>× × ×</td><td>审核</td><td>× × ×</td><td>批准</td><td>× × ×</td><td>共 × 页</td><td>第 × 页</td></tr>
</table>

数控加工工艺卡见表 5–4–4。

表 5–4–4　　数控加工工艺卡

<table>
<tr><td rowspan="2">单位名称</td><td rowspan="2">×××</td><td colspan="2">产品名称</td><td>零件名称</td><td colspan="3">零件图号</td></tr>
<tr><td colspan="2">×××</td><td>×××</td><td colspan="3">×××</td></tr>
<tr><td>序号</td><td>程序号</td><td>夹具名称</td><td>设备</td><td>数控系统</td><td colspan="3">车间</td></tr>
<tr><td>1</td><td>O0005</td><td>三爪自定心卡盘</td><td>CK6150</td><td>FANUC</td><td colspan="3">×××</td></tr>
<tr><td>工步</td><td colspan="2">工步内容</td><td>刀号</td><td>主轴转速 /（r/min）</td><td>进给量 /（mm/r）</td><td>背吃刀量 / mm</td><td>备注</td></tr>
<tr><td>1</td><td colspan="2">三爪自定心卡盘夹持，找正并夹紧</td><td></td><td></td><td></td><td></td><td>手动</td></tr>
<tr><td>2</td><td colspan="2">车圆锥管螺纹至尺寸要求</td><td>T01</td><td>600</td><td>2.309</td><td>0.3 ~ 1</td><td>O0005</td></tr>
<tr><td>3</td><td colspan="2">去毛刺、检验</td><td></td><td></td><td></td><td></td><td>手动</td></tr>
<tr><td>编制</td><td colspan="2">×××</td><td>审核</td><td>×××</td><td>批准</td><td colspan="2">×××</td></tr>
</table>

三、编制加工程序

加工程序见表 5–4–5。

表 5–4–5　　加工程序

程序	说明
O0005；	程序号
N10　G99 T0101 S600 M03；	选择 1 号 55° 螺纹车刀及 1 号刀具补偿，启动主轴
N20　G00 X60.0 Z3.3；	快速接近工件
N30　G92 X47.4 Z–23.0 R–0.822 F2.309；	螺纹车削第一刀
N40　X46.8；	第二刀
N50　X46.3；	第三刀
N60　X45.9；	第四刀
N70　X45.6；	第五刀
N80　X45.489；	第六刀
N80　G00 X100.0 Z100.0；	快速返回换刀点
N90　M05；	主轴停转
N100　M30；	程序结束

注意事项

1. 圆锥螺纹多数没有退刀槽，在编制螺纹的车削程序时，降速退刀段 L_2 应考虑选取较大的数值。

2. R 数值的计算应当注意包括 L_1、L_2，且计算准确。

3. G92 外螺纹车削起始点的坐标值，必须大于螺纹退刀点的坐标值。

例：G00　X40.0　Z5.0；（起始点）

　　G92　X30.0　Z–30.0（退刀点）R–5.0　F2.0；

任务 5　多线螺纹加工

任务目标

- ◆ 掌握多线螺纹加工的分线方法
- ◆ 掌握多线螺纹加工的常用编程指令
- ◆ 能选择合适的指令编制多线螺纹的加工程序

任务引入

图 5–5–1 所示为快换接头套，材料为 45 钢，试编制该零件左端多线螺纹的精加工程序。

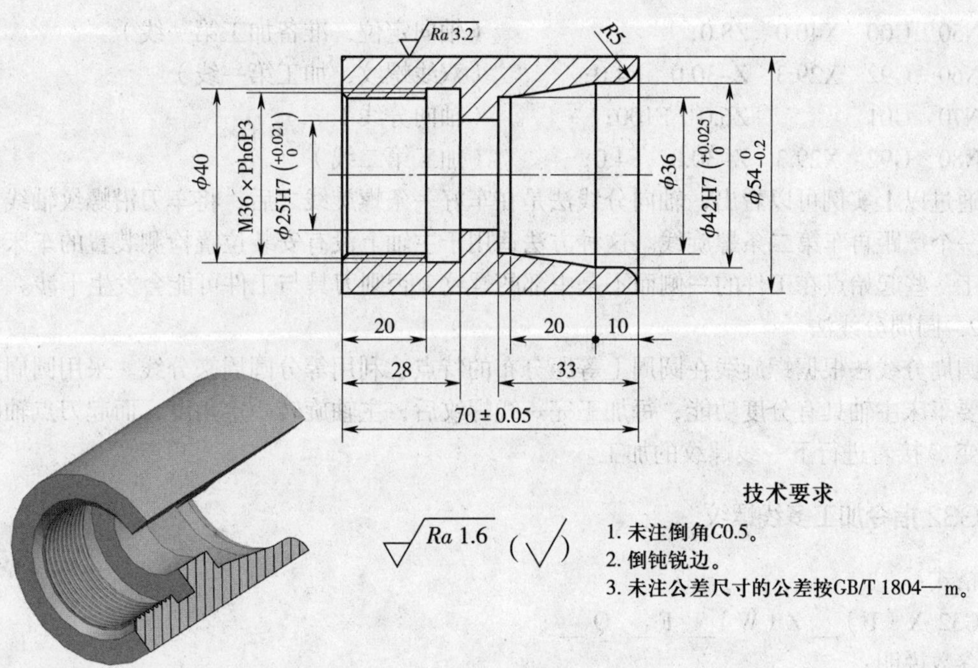

图 5–5–1　快换接头套

任务分析

该零件左端为 M36 双线内螺纹，螺纹导程为 6 mm，螺距为 3 mm，螺纹孔径为 ϕ32.7 mm。在加工多线螺纹前，首先要了解多线螺纹的技术要求，即多线螺纹的螺距必须相等，多线螺纹每条螺纹的小径、牙型角也要相等。车多线螺纹时应考虑螺纹分线方法和车削步骤，若螺纹分线出现误差，车削的多线螺纹的螺距可能不相等，直接影响内外螺纹的配合性能，增加不必要的磨损，降低使用寿命。根据多线螺纹在轴向和圆周上等距分布的特点，分线方法可分为轴向分线法和圆周分线法两种。

相关知识

在各类机械零件中，为方便拆卸或改变传动比，常采用多线螺纹进行连接或传动，如图 5–5–2 所示。

图 5–5–2 多线螺纹

一、分线方法

1．轴向分线法

G92 螺纹切削固定循环指令，是实际生产加工中应用非常普遍的指令之一，除应用于普通圆柱螺纹、圆锥螺纹的加工之外，采用轴向分线的方式，还可用于多线螺纹的加工。

应用实例如下：

```
…………
N50  G00  X40.0  Z8.0;                （轴向定位，准备加工第一线）
N60  G92  X29.3  Z–30.0  F4.0;        （双线螺纹，加工第一线）
N70  G01         Z6.0   F100;         （轴向分线）
N80  G92  X29.3  Z–30.0  F4.0;        （加工第二线）
```

通过以上实例可以看出，轴向分线法是在车好一条螺旋线之后，将车刀沿螺纹轴线方向移动一个螺距再车第二条螺旋线。这种方法适用于主轴上没有安装位置检测装置的车床，适合加工一些起始点在工件的一侧而不是中部的螺纹，否则刀具与工件可能会发生干涉。

2．圆周分线法

圆周分线法根据螺旋线在圆周上等距分布的特点，利用等分圆周来分线。采用圆周分线法需要车床主轴具有分度功能，每加工完一线螺纹后，主轴旋转一定角度，而起刀点轴向位置不变，接着进行下一线螺纹的加工。

二、G32 指令加工多线螺纹

格式：

G32 X（U）__ Z（W）__ F __ Q __ ；

参数说明：

X、Z——绝对尺寸编程时螺纹的终点坐标；

U、W——增量尺寸编程时螺纹的终点坐标；

F——螺纹导程（若为单线螺纹，则为螺纹的螺距）；

Q——螺纹起始角，该值为不带小数点的非模态值，即增量为 0.001°；如起始角为 180°，则表示为 Q180000（单线螺纹可以不用指定，此时该值为零）；起始角 Q 的范围为 0 ~ 360 000，如果指定了大于 360 000 的值，则按 360 000（360°）计算。

任务实施

一、确定加工工艺

零件加工工艺简卡见表 5–5–1。

表 5–5–1　　零件加工工艺简卡

工序号	工序内容	工序简图	工步内容
1	双线内螺纹加工		1. 三爪自定心卡盘夹持 $\phi54_{-0.2}^{0}$ mm 外圆，找正并夹紧
			2. 车 M36 × Ph6P3 内螺纹至尺寸要求
			3. 去毛刺、检验

二、填写相关工艺卡片

数控加工刀具卡见表 5–5–2。

表 5–5–2　　数控加工刀具卡

产品名称或代号		×××	零件名称	×××	零件图号	×××
序号	刀具号	刀具名称	数量	加工内容	主要参数	备注
1	T01	60° 内螺纹车刀	1	车内螺纹	60°	
编制	×××	审核 ×××	批准	×××	共 × 页	第 × 页

数控车床加工工艺卡见表 5–5–3。

表 5–5–3　　数控车床加工工艺卡

单位名称	×××	产品名称		零件名称		零件图号
		×××		×××		×××
序号	程序号	夹具名称	设备	数控系统		车间
1	O0006	三爪自定心卡盘	CK6150	FANUC		×××
工步	工步内容	刀号	主轴转速 /（r/min）	进给量 /（mm/r）	背吃刀量 / mm	备注
1	三爪自定心卡盘夹持 $\phi54_{-0.2}^{0}$ mm 外圆，找正并夹紧					手动
2	车 M36 × Ph6P3 内螺纹至尺寸要求	T01	120	6	0.2	O0006
3	去毛刺、检验					手动
编制	×××	审核	×××	批准	×××	

三、编制加工程序

图 5–5–1 所示零件的双线内螺纹精加工程序，见表 5–5–4。

表 5–5–4 双线内螺纹精加工程序

程序	说明
O0006；	程序号
N10 G99 T0101 S120 M03；	选择 1 号 60° 内螺纹车刀及 1 号刀具补偿，启动主轴
N20 G00 X28.0 Z8.0；	快速接近工件
N30 G00 X35.9；	
N40 G32 Z–26.0 F6.0 Q0；	螺纹车削，第一线，第一刀
N50 G00 X28.0；	
N60 Z8.0；	
N70 X35.9；	
N80 G32 Z–26.0 F6.0 Q180000；	第二线，第一刀
N90 G00 X28.0；	
N100 Z8.0；	
N110 X36.1；	
N120 G32 Z–26.0 F6.0 Q0；	第一线，第二刀
N130 G00 X28.0；	
N140 Z8.0；	
N150 X36.1；	
N160 G32 Z–26.0 F6.0 Q180000；	第二线，第二刀
N170 G00 X28.0；	
N180 Z8.0；	
N190 X100.0 Z100.0；	快速返回换刀点
N200 M05；	主轴停转
N210 M30；	程序结束

注意事项

1．多线螺纹的导程一般较大，为避免伺服系统的滞后效应对螺距精度的影响，螺纹的升降速段应取较大的值。

2．选取较低的主轴转速，防止主轴编码器出现过冲现象。

3．注意选择适合螺纹螺旋升角的刀具，避免刀具后角与工件发生干涉。

任务 6 梯形螺纹加工

任务目标

- ◆ 掌握梯形螺纹加工的相关工艺知识
- ◆ 掌握梯形螺纹加工常用的编程指令
- ◆ 能选择适当的指令编制梯形螺纹的加工程序

任务引入

图 5-6-1 所示为梯形螺纹零件，材料为 45 钢，试编制梯形螺纹加工程序。

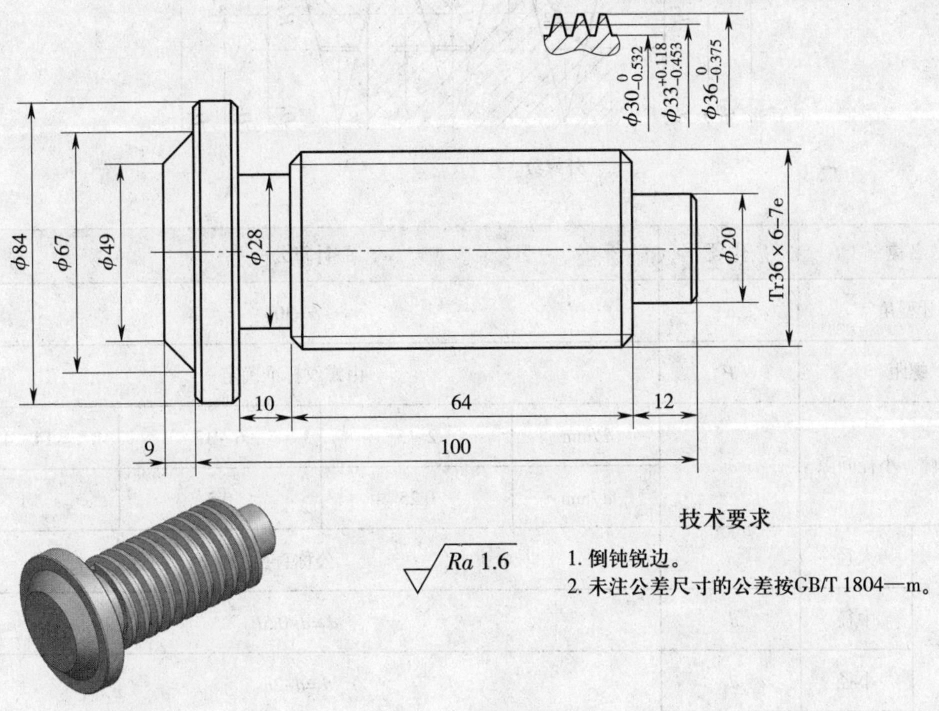

图 5-6-1 梯形螺纹零件

任务分析

该零件材料为 45 钢，作为传动零件其梯形螺纹对螺距、表面质量及螺纹中径精度要求较高。因梯形螺纹的截面尺寸较大，采用直进法切削很容易出现扎刀，所以在螺纹加工时选用斜进法和分层切削法进刀，是避免扎刀的有效手段。

相关知识

一、梯形螺纹的尺寸计算

梯形螺纹的代号为字母“Tr”，其标记为“Tr 公称直径 × 螺距”，左旋螺纹需要在标记最后加注“LH”，右旋不标注。

梯形螺纹各部分尺寸的计算，见表 5-6-1。

表 5-6-1　梯形螺纹各部分尺寸的计算　单位：mm

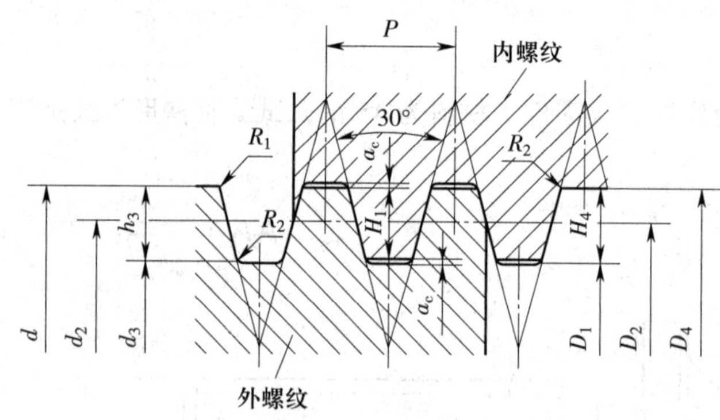

<table>
<tr><th colspan="2">名称</th><th>代号</th><th colspan="4">计算公式</th></tr>
<tr><td colspan="2">牙型角</td><td>α</td><td colspan="4">α=30°</td></tr>
<tr><td colspan="2">螺距</td><td>P</td><td colspan="4">由螺纹标准确定</td></tr>
<tr><td colspan="2" rowspan="2">大径间隙、小径间隙</td><td rowspan="2">a_c</td><td>P/mm</td><td>2 ~ 5</td><td>6 ~ 12</td><td>14 ~ 44</td></tr>
<tr><td>a_c/mm</td><td>0.25</td><td>0.5</td><td>1</td></tr>
<tr><td rowspan="4">外螺纹</td><td>大径</td><td>d</td><td colspan="4">公称直径</td></tr>
<tr><td>中径</td><td>d_2</td><td colspan="4">$d_2=d-0.5P$</td></tr>
<tr><td>小径</td><td>d_3</td><td colspan="4">$d_3=d-2h_3$</td></tr>
<tr><td>牙型高度</td><td>h_3</td><td colspan="4">$h_3=0.5P+a_c$</td></tr>
<tr><td rowspan="4">内螺纹</td><td>大径</td><td>D_4</td><td colspan="4">$D_4=d+2a_c$</td></tr>
<tr><td>中径</td><td>D_2</td><td colspan="4">$D_2=d_2$</td></tr>
<tr><td>小径</td><td>D_1</td><td colspan="4">$D_1=d-P$</td></tr>
<tr><td>牙型高度</td><td>H_4</td><td colspan="4">$H_4=h_3$</td></tr>
</table>

二、多重复合螺纹切削指令 G76

多重复合螺纹切削指令 G76 能够实现斜进法和分层切削法进刀，可以很好地避免螺纹车削中的扎刀现象。图 5–6–2 所示为该指令的循环路线和进刀方式示意图。

1．指令格式

G76　P$\underline{mr\alpha}$　Q$\underline{\Delta d_{min}}$　R$\underline{d}$；

G76　X（U）__ Z（W）__ R$\underline{i}$　P$\underline{k}$　Q$\underline{\Delta d}$　F$\underline{l}$；

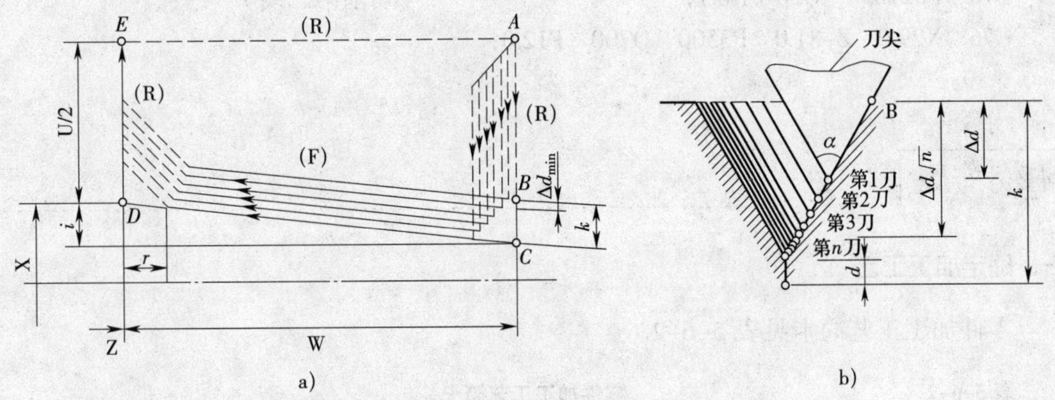

图 5–6–2　G76 指令的循环路线和进刀方式示意图

a）循环路线　b）进刀方式

2．参数说明

m：精加工重复次数（1～99）。该值是模态的，用程序指令改变。

r：倒角量。当螺距用 L 表示时，可以从 $0.01L$ 到 $9.9L$ 设定，单位为 $0.01L$（两位数从 00 到 99）。该值是模态的，用程序指令改变。

α：刀尖角度。可以选择 80°、60°、55°、30°、29° 和 0° 六种中的一种，由两位数规定，该值是模态的，用程序指令改变。

例：当 m=2，r=1.2L，α=60° 时，指定如下。

P $\underset{m}{\underline{02}}$ $\underset{r}{\underline{12}}$ $\underset{\alpha}{\underline{60}}$

Δd_{min}：最小背吃刀量（用半径值指定，单位为 μm）。当一次循环运行的背吃刀量小于此值时，背吃刀量执行此值。该值是模态的，用程序指令改变。

d：精加工余量（半径值，单位为 mm）。该值是模态的，用程序指令改变。

i：螺纹半径差（单位为 μm）。i=0 时可以进行普通圆柱螺纹切削。

k：牙型高度（单位为 μm）。这个值用半径值规定。

Δd：第一刀背吃刀量（单位为 μm），半径值。

l：导程（同 G32）。

3．指令应用

多重复合螺纹切削指令 G76，主要用于大螺距、大背吃刀量、大截面螺纹的车削加工，如梯形螺纹、蜗杆等。

利用轴向分线法，该指令可用于多线螺纹的切削。

如：

```
…………
G00  X60.0  Z12.0  M08;                    （螺纹切削起始点）
G76  P021030  Q20  R0.1;                   （切削第一线）
G76  X29.0  Z-81.0  P3500  Q700  F12.0;
G01  Z6.0  F0.3;                           （轴向分线，螺距为 6 mm）
G76  P021030  Q20  R0.1;                   （切削第二线）
G76  X29.0  Z-81.0  P3500  Q700  F12.0;
…………
```

任务实施

一、确定加工工艺

零件加工工艺简卡见表 5-6-2。

表 5-6-2　　零件加工工艺简卡

工序号	工序内容	工序简图	工步内容
1	梯形螺纹加工		1. 三爪自定心卡盘夹持 ϕ84 mm 外圆，采用一夹一顶装夹方式
			2. 车 Tr36×6-7e 梯形螺纹至尺寸要求
			3. 去毛刺、检验

二、填写相关工艺卡片

数控加工刀具卡见表 5-6-3。

表 5-6-3　　数控加工刀具卡

产品名称或代号		×××	零件名称		×××	零件图号	×××
序号	刀具号	刀具名称	数量	加工内容		主要参数	备注
1	T01	30° 梯形螺纹车刀	1	车梯形螺纹		30°	
编制	×××	审核	×××	批准	×××	共 × 页	第 × 页

数控加工工艺卡见表 5–6–4。

表 5–6–4　　　　数控加工工艺卡

单位名称	×××	产品名称		零件名称	零件图号		
		×××		×××	×××		
序号	程序号	夹具名称	设备	数控系统	车间		
1	O0007	三爪自定心卡盘	CK6150	FANUC	×××		
工步	工步内容		刀号	主轴转速 /（r/min）	进给量 /（mm/r）	背吃刀量 / mm	备注
1	三爪自定心卡盘夹持 ϕ84 mm 外圆，采用一夹一顶装夹方式						手动
2	车 Tr36×6–7e 梯形螺纹至尺寸要求		T01	120	6	0.02 ~ 0.7	O0007
3	去毛刺、检验						手动
编制	×××		审核	×××	批准	×××	

三、编制加工程序

用多重复合螺纹切削指令 G76 加工梯形螺纹的程序见表 5–6–5。精加工次数为 2，倒角量取 10，实际值为一个导程，刀尖角为 30°，最小背吃刀量取 0.02 mm，即 20 μm，精加工余量 0.1 mm，螺纹半径差为 0，牙型高度计算为 3.5 mm，第一刀的背吃刀量为 0.7 mm，导程即螺距为 6 mm，螺纹小径为 29.0 mm。工件前端面中心为工件坐标系原点，螺纹加工运动的终点坐标为（29.0，–81.0）。

表 5–6–5　　　　梯形螺纹加工程序

程序	说明
O0007;	程序号
N10 G99 T0101 S120 M03;	选择 1 号 30° 梯形螺纹车刀及 1 号刀具补偿，启动主轴
N20 G00 X40.0 Z6.0 M08;	快速接近螺纹车削起始点
N30 G76 P021030 Q20 R0.1;	多重复合螺纹切削
N40 G76 X29.0 Z–81.0 P3500 Q700 F6;	
N50 G00 X100.0 Z100.0 M09;	快速返回换刀点
N60 M05;	主轴停转
N70 M30;	程序结束

注意事项

1．斜进法进刀方式适用于中小螺距的普通螺纹或梯形螺纹的加工，不适合加工截面尺寸过大的螺纹。

2．加工时要选择与螺纹截面形状相同、角度一致的螺纹车刀。

3．由于该指令较为复杂，不易记忆，应用时须参考编程说明书，以防程序出错。简单螺纹的加工可采用其他螺纹循环指令编程。

任务 7　变导程螺纹加工

任务目标

◆ 掌握变导程螺纹加工的工艺特点与相关知识

◆ 掌握变导程螺纹加工的常用编程指令

◆ 能选择合适的指令编制变导程螺纹的加工程序

任务引入

图 5-7-1 所示为变导程螺杆，材料为 45 钢，试编制其变导程螺纹加工程序。

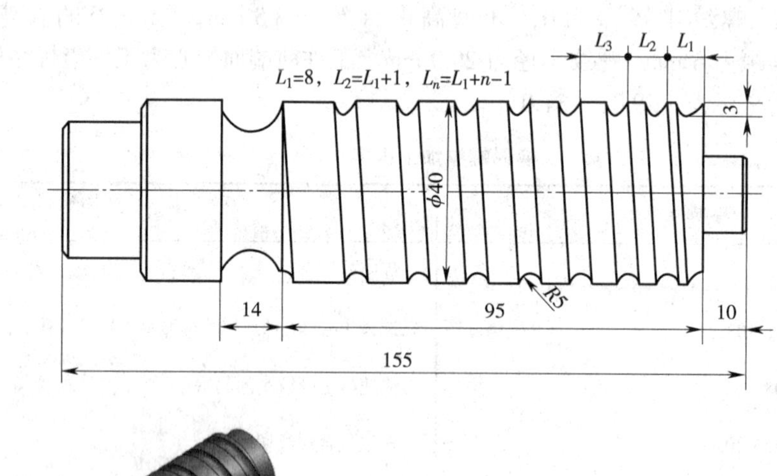

技术要求

$\sqrt{Ra\ 1.6}$

1. 倒钝锐边。
2. 未注公差尺寸的公差按GB/T 1804—m。

图 5-7-1　变导程螺杆

任务分析

该零件为变导程螺杆，在挤出机的推进器机构中常见。如果在普通车床上加工变导程螺纹，需要对车床进行改装，利用差动原理，实现变导程螺纹的加工。数控车床可以利用变导程螺纹加工指令，方便地进行变导程螺纹的加工。

相关知识

一、变导程螺纹

变导程螺纹是指导程按某种规律变化的螺纹。图 5-7-2 所示的变导程螺纹，其导程是以增量值 ΔT 递增变化的。加工变导程螺纹时，螺纹车刀切削刃上任意一点的轨迹是一条螺旋线，沿圆周方向展开为一直线。

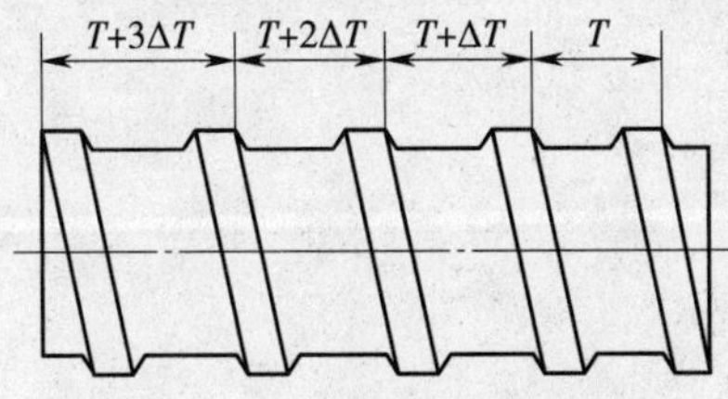

图 5-7-2 变导程螺纹示意图

变导程螺纹分为两种：一种是等槽变牙宽变导程螺纹，即槽宽相等、牙宽均匀变化的变导程螺纹，这种变导程螺纹可以用一定宽度的螺纹车刀和变导程螺纹的切削指令 G34 进行加工，如图 5-7-3a 所示；另一种是等牙变槽宽变导程螺纹，这种变导程螺纹牙宽相等，槽宽均匀变化，相比等槽变牙宽变导程螺纹加工要复杂，如图 5-7-3b 所示。

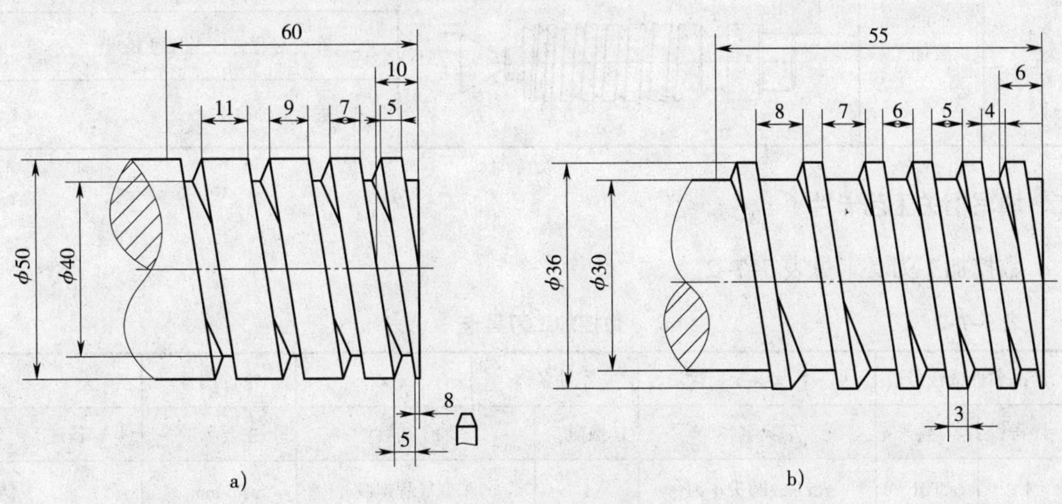

图 5-7-3 变导程螺纹

a）等槽变牙宽变导程螺纹 b）等牙变槽宽变导程螺纹

二、变导程螺纹切削指令 G34

1．格式

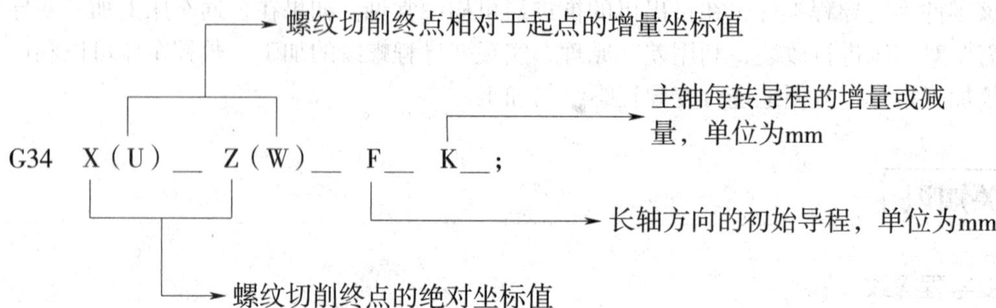

X（U）省略时为圆柱螺纹切削，Z（W）省略时为端面螺纹切削。

2．应用

G34 指令可用于切削圆柱、圆锥变导程螺纹，利用轴向分线法还可用于加工多线变导程螺纹。

任务实施

一、确定加工工艺

零件加工工艺简卡见表 5–7–1。

表 5–7–1　　零件加工工艺简卡

工序号	工序内容	工序简图	工步内容
1	变导程螺纹加工		1．三爪自定心卡盘夹持 ϕ40 mm 左侧外圆，采用一夹一顶装夹方式
			2．车变导程螺纹至尺寸要求
			3．去毛刺、检验

二、填写相关工艺卡片

数控加工刀具卡见表 5–7–2。

表 5–7–2　　数控加工刀具卡

产品名称或代号	×××	零件名称	×××	零件图号	×××	
序号	刀具号	刀具名称	数量	加工内容	主要参数	备注
1	T01	*R*5 mm 圆头车刀	1	车变导程螺纹	*R*5 mm	
编制 ×××	审核 ×××	批准 ×××			共 × 页	第 × 页

数控加工工艺卡见表 5–7–3。

表 5–7–3　　数控加工工艺卡

单位名称	×××	产品名称		零件名称	零件图号		
		×××		×××	×××		
序号	程序号	夹具名称	设备	数控系统	车间		
1	O0008	三爪自定心卡盘	CK6150	FANUC	×××		
工步	工步内容		刀号	主轴转速 /（r/min）	进给量 /（mm/r）	背吃刀量 / mm	备注
1	三爪自定心卡盘夹持 ϕ40 mm 左侧外圆，采用一夹一顶装夹方式						手动
2	车变导程螺纹至尺寸要求		T01	100		1	O0008
3	去毛刺、检验						手动
编制	×××		审核	×××	批准	×××	

三、编制加工程序

工件坐标系原点设定在工件右端面中心，变导程螺纹工件上的第一个导程是 8 mm，导程变化量为 1 mm，工件右端无螺纹部分的长度为 10 mm，故选择编程的切削起点为距离右端面 3 mm 的位置（7 mm+6 mm−10 mm=3 mm），所以 G34 指令的 F 值应该为 6 mm。选用 *R*5 mm 圆头车刀，切两次。变导程螺纹加工程序见表 5–7–4。

表 5–7–4　　变导程螺纹加工程序

程序	说明
O0008；	程序号
N10　T0101 S100 M03；	选择 1 号圆头车刀及 1 号刀具补偿，启动主轴
N20　G00 X60.0 Z3.0 M08；	快速接近螺纹车削起始点
N30　G01 X36.0 F0.3；	
N40　G34 Z−114.0 F6.0 K1.0；	第一刀
N50　G00 X60.0；	
N60　Z3.0；	
N70　X34.0；	
N80　G34 Z−114.0 F6.0 K1.0；	第二刀
N90　G00 X100.0 Z100.0 M09；	快速返回换刀点
N100　M05；	主轴停转
N110　M30；	程序结束

注意事项

1. G34 指令为单段切削，需用其他指令返回起始点，再进行下一次的切削。
2. 导程增减并不使螺旋槽的宽度增减，在应用该指令时要注意。
3. 要准确计算升速进刀段内导程的增量或减量。

思考与练习

1. 螺纹车削的进刀方式有哪些？应如何正确选择进刀方式及进刀次数？
2. 螺纹车削时，为何要设置升速进刀段与降速退刀段？
3. 说明 G04 指令的含义与功能。
4. 子程序指令的主要功能有哪些？
5. 说明子程序应用的格式。
6. 说明螺纹切削复合循环指令 G92 的格式。
7. 在数控车床上加工多线螺纹时，分线方式有哪些？
8. 简述车槽加工中常见的质量问题及解决方法。
9. 简述螺纹车削加工中常见的质量问题及解决方法。
10. 数控车床加工螺纹时螺距会出现误差吗？产生原因有哪些？
11. 编制习题图 5-1 所示零件的不等距槽加工程序。
12. 编制习题图 5-2 所示零件的螺纹加工程序。

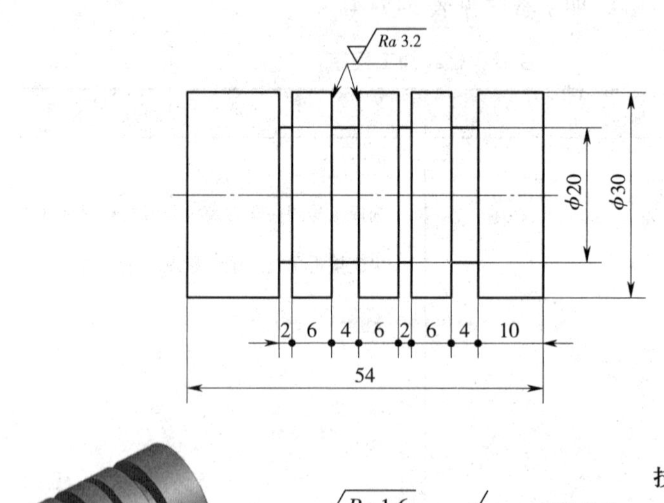

Ra 1.6 （√）

技术要求

1. 倒钝锐边。
2. 未注公差尺寸的公差按GB/T 1804—m。

习题图 5-1　练习零件

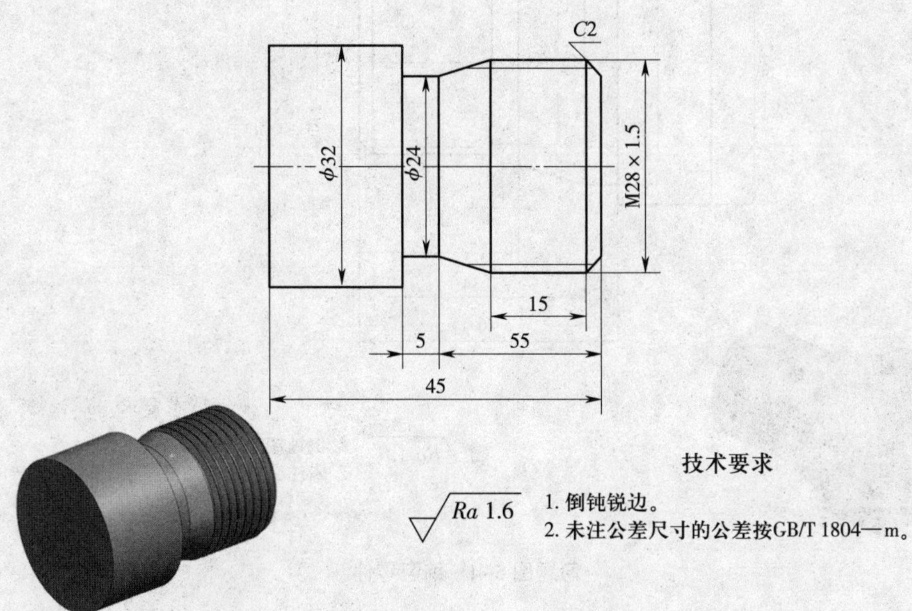

习题图 5-2 练习零件

13. 对习题图 5-3 所示的零件进行车槽加工，试用子程序编程。

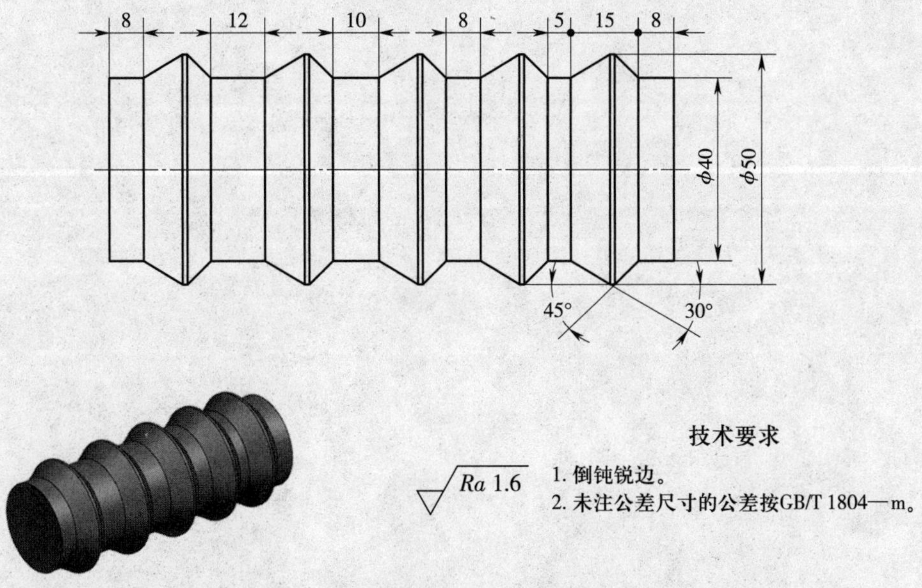

习题图 5-3 练习零件

14. 试用固定螺纹循环编制习题图 5-4 所示零件的螺纹加工程序。

15. 试用复合螺纹循环编制习题图 5-4 所示零件的螺纹加工程序。

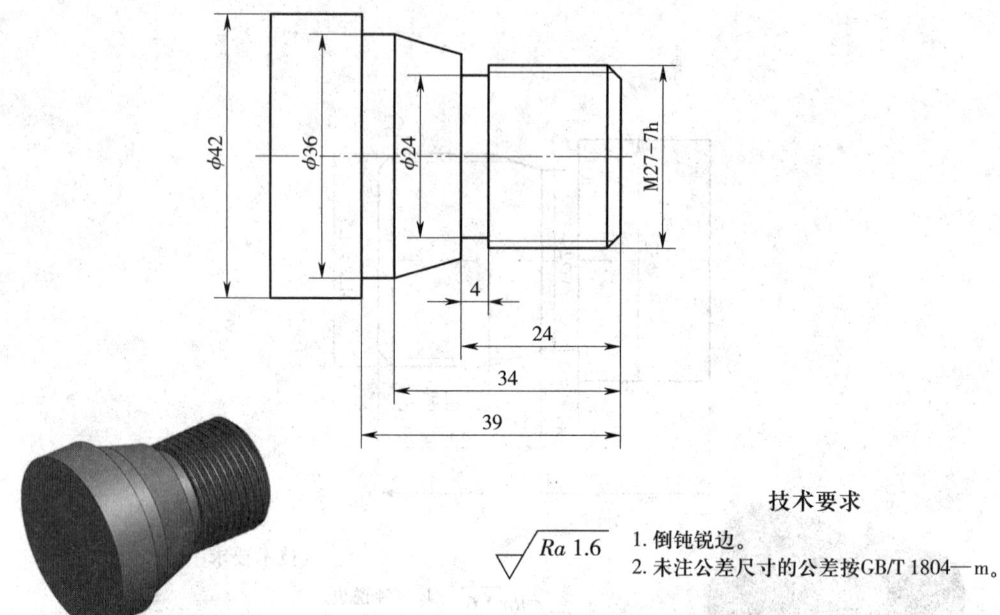

习题图 5–4　练习零件

模块六

非圆曲线加工

前面的模块对数控系统的基本编程指令进行了详细的介绍，一般意义上所讲的数控指令即代码的功能是固定的，它们由系统生产厂家开发，使用者按照指令格式编程。但有时系统生产厂家提供的这些指令不能满足用户的要求，比如一般数控系统只提供直线和圆弧的插补功能，加工椭圆、抛物线等形状的零件时就无法满足用户的需要。图 6–1 所示的零件中，右端外形由椭圆曲面组成，要完成该部位的编程加工，就须使用数控系统所提供的用户宏程序功能。

将一组命令所构成的功能，像子程序一样事先存入存储器中，用一个命令作为代表，执行时只需写出这个代表命令，就可以执行该功能。这一组命令称为用户宏程序。用户宏程序分为 A 类和 B 类两种。在实际编程加工中，B 类宏程序更方便，更实用，本模块主要介绍 B 类宏程序的编程方法。

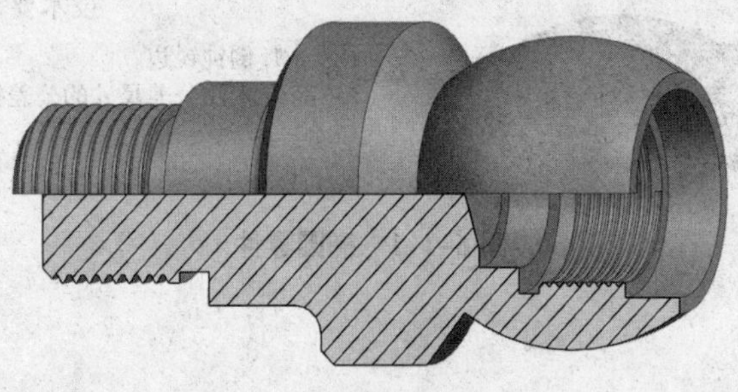

图 6–1 非圆曲线零件

任务 1　椭 圆 加 工

任务目标

- ◆ 掌握宏程序中变量和运算符的含义
- ◆ 掌握常用宏语句的格式、含义及其作用
- ◆ 能正确编制椭圆类零件的加工工艺
- ◆ 掌握椭圆的编程加工方法

任务引入

使用 CK6150（FANUC 0i）数控车床加工图 6–1–1 所示的椭圆零件。零件材料为 45 钢，毛坯尺寸为 ϕ45 mm × 110 mm，试分析零件的加工工艺，编制椭圆零件加工程序。

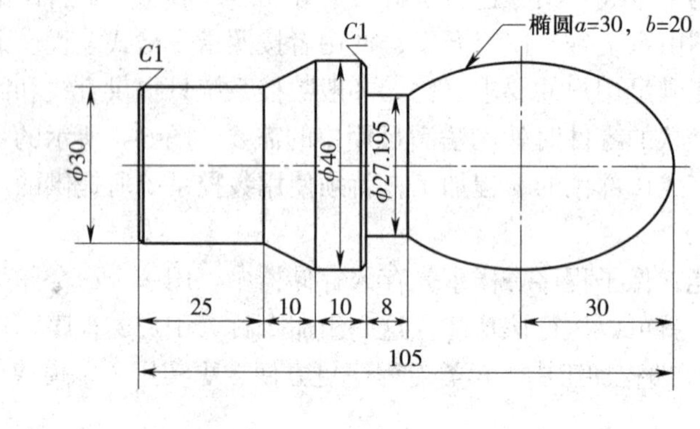

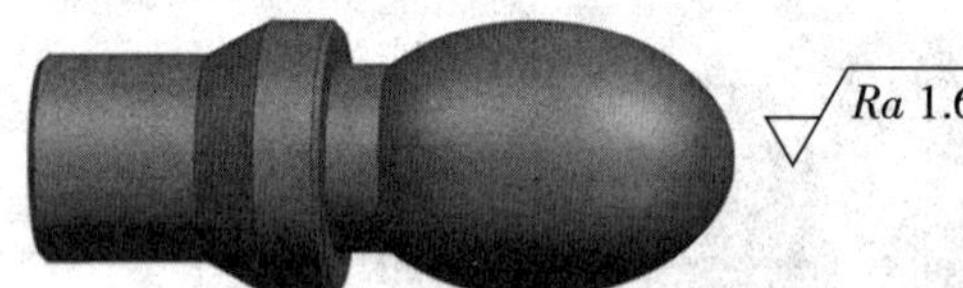

Ra 1.6

技术要求

1. 倒钝锐边。
2. 未注公差尺寸的公差按GB/T 1804—m。

图 6–1–1　椭圆零件

任务分析

图 6–1–1 所示的椭圆零件，表面由 ϕ30 mm 外圆、ϕ40 mm 外圆、圆锥面、沟槽和椭圆（a=30，b=20）构成，零件轮廓并不复杂。根据工件形状特征，工件的装夹采用三爪自定心卡盘，零件左端的外圆、锥面可用前面所学的指令编程加工。对于右端的椭圆，用常规的编程指令来编写加工程序，会导致编程难、计算烦琐、程序段较多；如用用户宏程序来编写加工程序，就能达到简化编程的效果。因加工该零件属于单件生产，所以椭圆加工程序可以

直接编写在主程序中，将其嵌套在 G73 指令的精车路线中完成粗车，用 G70 指令完成精车，加工至图样要求。

相关知识

在实际生产加工中，有时会遇到椭圆等二次曲线零件的加工，而一般的数控系统没有椭圆、抛物线等插补指令。用户宏程序由于允许使用变量、算术和逻辑运算及条件转移，使得编制相同加工操作的程序更加简洁。

一、变量

用一个可赋值的代号代替具体的数值，这个代号就称为变量。使用用户宏程序的方便之处主要在于可以用变量代替具体数值，因而在加工同一类的零件时，只需将实际的值赋予变量即可，不需要对每一个零件都编写一个程序。

1. 变量的表示

变量由变量符号“#”和变量号（阿拉伯数字）组成，如 #1、#100 等。

2. 变量的类型

变量根据变量号分为四种类型，见表 6–1–1。

表 6–1–1　　变量的类型

变量	变量类型	功能
#0	空变量	这个变量总是为空，不能赋值，不能写，只能读
#1 ~ #33	局部变量	局部变量是在宏程序中局部使用的变量。局部变量只能在宏程序中存储数据，如运算结果。当断电时，局部变量被初始化成“空”。调用宏程序时，用自变量对其赋值
#100 ~ #199 #500 ~ #999	公共变量	公共变量在不同的宏程序中意义相同。当断电时，#100 ~ #199 初始化为空；而 #500 ~ #999 的数据保存，即使断电也不丢失
#1000 ~	系统变量	系统变量用于读和写系统运行时的各种数据，是具有固定用途的变量，它的值决定系统的状态，例如刀具的位置和补偿值等

3. 变量的引用

普通程序总是将一个具体的数值赋给一个地址，例如 G01 X120.0。为了使程序更具通用性和灵活性，用户宏程序中引用了变量。

例：#1=10；

　　G01 X#1 F0.3；

　　执行的结果等同于 G01 X10.0 F0.3；

4. 变量使用的注意事项

当使用变量时，变量值可以由程序或 MDI 键盘设定。为了在程序中能正确使用变量，需注意以下几点。

（1）当在程序中定义变量时，小数点可以省略。

例：当定义 #1=100 时，变量 #1 的实际值是 100.0。

（2）在程序中引用变量，变量号须放在地址字符后。

例：#1=110；

G00 X#1；

执行的结果是 G00 X110.0；

（3）如改变引用的变量值的符号，要把负号“–”放在“#”的前面。

例：#1=10；

G00 Z–#1；

执行的结果是 G00 Z–10.0。

（4）表达式可以用于表示变量，当用表达式指定一个变量时，须把表达式放在方括号“[　]”中。

例：G01 X［#1+#2］F0.3；

（5）如引用一个未定义的变量，程序运行时将忽略变量及引用变量的地址。

例：#1=10；

#2=　；

G00 X#1 Z#2；

执行的结果是 G00 X10.0。

（6）程序号、程序段号、任选段跳跃号不能使用变量。

例：O#11；

N#13 X123.0；

这些为错误使用变量的方式。

二、变量的算术和逻辑运算

在宏程序编写中，有些值需用运算式编写，由系统自动运算完成取值，运算可以在变量中执行。运算符右边的表达式可以含有常量、逻辑运算、函数或运算符组成的变量。表达式中的变量 #j 和 #k 也可是常数。左边的变量也可以用表达式赋值。在将程序输入系统时，需输入数控系统规定的运算符，数控系统方可识别运算。FANUC 0i 系统的算术和逻辑运算符见表 6–1–2。

表 6–1–2　　算术和逻辑运算符

功能	运算符	格式	备注 / 示例
定义、转换	=	#i=#j	#100=#1，#100=20.0
加法 减法 乘法 除法	+ – * /	#i=#j+#k #i=#j–#k #i=#j*#k #i=#j/#k	#100=#101+#102 #101=#80–#103 #102=#1*#2 #103=#101/25.0

续表

功能	运算符	格式	备注 / 示例
正弦 反正弦 余弦 反余弦 正切 反正切	SIN ASIN COS ACOS TAN ATAN	#i=SIN［#j］ #i=ASIN［#j］ #i=COS［#j］ #i=ACOS［#j］ #i=TAN［#j］ #i=ATAN［#j］	#100=SIN［#101］ #100=COS［38.3+24.8］ #100=TAN［#1/#2］
平方根 绝对值 舍入 上取整 下取整 自然对数 指数函数	SQRT ABS ROUND FIX FUP LN EXP	#i=SQRT［#j］ #i=ABS［#j］ #i=ROUND［#j］ #i=FIX［#j］ #i=FUP［#j］ #i=LN［#j］ #i=EXP［#j］	#105=SQRT［#100］ #106=ABS［-#102］ #107=ROUND［3.414］ #108=FIX［3.4］ #109=FUP［3.4］ #110=LN［#3］ #111=EXP［#12］
OR（或） XOR（异或） AND（与）	OR XOR AND	#i=#jOR#k #i=#jXOR#k #i=#jAND#k	逻辑运算一位一位地按二进制执行
将 BCD 码转换成 BIN 码 将 BIN 码转换成 BCD 码	BIN BCD	#i=BIN［#j］ #i=BCD［#j］	用于与可编程机器控制器间信号的交换

在宏程序编写中，使用表 6-1-2 中的运算符对变量进行算术和逻辑运算时，须注意以下几点。

1．角度单位

函数 SIN、COS、TAN 等使用的角度单位是度。

例如：30° 18′ 换算为 30.3°

80° 30′ 换算为 80.5°

2．缩写方式

在程序中指令函数时，可用函数名的前两个字符指令该函数。

例如：ROUND → RO，SIN → SI

3．运算次序

宏程序数学计算的次序依次为：函数运算（SIN、COS、TAN 等）→乘和除运算（*、/、AND 等）→加和减运算（+、-、OR、XOR 等）。

4．括号嵌套

方括号［ ］也可用于改变运算的次序。函数中的括号允许嵌套使用，最多可用五层。

例如：#1=SIN［［［#2-#3］*#4+#5］/#6］

注意：方括号用于封闭表达式，圆括号用于注释。

5．ROUND 功能

（1）当 ROUND 功能包含在算术或逻辑操作、IF 语句、WHILE 语句中时，将保留小数点后一位，其余位四舍五入。

例如：#1=ROUND［#2］；其中 #2=1.234 5，则 #1=1.0。

（2）当 ROUND 出现在程序地址中时，进位功能根据地址的最小输入增量四舍五入指定的值。

例：编一个程序，根据变量 #1、#2 的值进行切削，然后返回到初始点。假定系统增量是 0.001 mm，#1=1.234 5，#2=2.345 6。

则 G00 U−#1；　　　移动 1.235 mm

G01 U−#2 F0.3；　移动 2.346 mm

G00 U［#1+#2］；因为 1.234 5+2.345 6=3.580 1，所以移动 3.580 mm

这样不能返回到初始位置，而换成 G00 U［ROUND［#1］+ROUND［#2］］就能返回到初始点。

6．上取整和下取整

数控系统处理数值运算时，若操作产生的整数大于原数为上取整，反之则为下取整。

例如：#1=1.2，#2=−1.2

#3=FUP［#1］，结果 #3=2.0

#3=FIX［#1］，结果 #3=1.0

#3=FUP［#2］，结果 #3=−2.0

#3=FIX［#2］，结果 #3=−1.0

三、变量的引用赋值

在程序中如果只设定变量号而不给其赋值，程序在运行时就不能按照编程人员的要求完成所需的算术和逻辑运算。变量可在操作面板 MACRO 页面处直接输入，也可在 MDI 方式下赋值。变量值的输入及查看方法如下。

1．按 MDI 键盘中的 OFFSET SETTING，显示刀具补偿页面。

2．选择软键［MACRO］，显示宏变量页面，如图 6−1−2 所示。

3．先用上或下光标移动键选择变量号，再输入变量值，按 INPUT 完成输入。

当变量值空白时，变量为空。当页面中出现“*********”时，表示溢出，即变量的绝对值大于 99 999 999 或小于 0.000 000 1。

```
VARIABLE                                      O1234  N12345
  NO.        DATA           NO.          DATA
  100        123.456        108
  101          0.000        109
  102                       110
  103                       111
  104                       112
  105                       113
  106                       114
  107                       115

ACTUAL POSITION  (RELATIVE)
    X        0.000                Y        0.000
    Z        0.000                B        0.000

MEM **** *** ***            18:42:15
[MACRO]   [MENU]   [OPR]    [     ]    [ (OPRT) ]
```

图 6−1−2　宏变量页面

变量还可在程序内用定义方式赋值，也可通过运算式赋值，但等号左边不能用表达式。可以多次给一个变量赋值，新变量值将取代原变量值，即最后赋的值有效。

例如：#1=30；

#2=SQRT［30*30–#1*#1］；

#1=#1+1；

G01 X#1 Z#2 F0.2；

执行的结果等同于 G00 X31.0 Z0 F0.2。

四、语句

在一个程序中，如果有相同轨迹的指令，可通过语句改变程序的流向，使其反复运算执行，即可达到简化编程的目的。FANUC 0i 系统有三种语句可供使用。

1. 无条件转移（GOTO 语句）

（1）编程格式

GOTO *n*；*n* 是程序段顺序号（1 ～ 9 999）

（2）语句含义

执行该段语句时，程序无条件转移到顺序号为 *n* 的程序段执行。

例如：N10 G00 X50.0 Z0；

N20 G01 X30.0 F0.3；

N30 G00 Z20.0；

N40 GOTO 20；

2. 条件转移（IF 语句）

（1）编程格式

IF［条件表达式］GOTO *n*；*n* 是程序段顺序号（1 ～ 9 999）

（2）语句含义

如果指定的条件表达式成立，程序转移到顺序号为 *n* 的程序段执行；如果指定的条件表达式不成立，则执行下一个程序段。条件转移语句示例如图 6–1–3 所示。

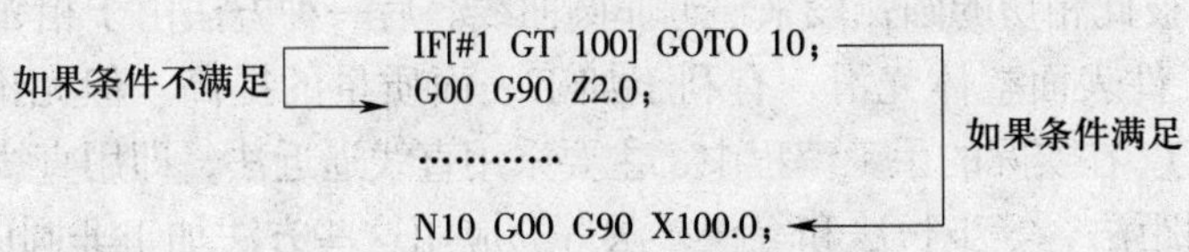

图 6–1–3 条件转移语句示例

该语句中的条件表达式必须包括运算符，这个运算符插在两个变量或一个变量和一个常量之间，并且要用方括号“［ ］”封闭。条件表达式运算符见表 6–1–3，运算符由两个字母组成，用于两个值的比较。

3. 循环（WHILE 语句）

（1）编程格式

WHILE［条件表达式］DO *m*；（*m* =1、2、3）

…………

END *m*；

注意：*m* 只能为 1、2、3。

表 6–1–3　　条件表达式运算符

符号	含义	示例
EQ	等于（=）	
NE	不等于（≠）	
GT	大于（>）	[#1 EQ 1.2] [#100 LE #102] [#2 GE 30]
GE	大于或等于（≥）	
LT	小于（<）	
LE	小于或等于（≤）	

（2）语句含义

在 WHILE 后指定一个条件表达式，当指定的条件表达式成立时，执行 DO 到 END 之间的程序段内容；当指定的条件表达式不成立时，则执行 END 后的程序段内容。如图 6–1–4 所示，当 #100 < 50 时，执行 DO 到 END 之间的程序，否则执行 END1 后的程序段。

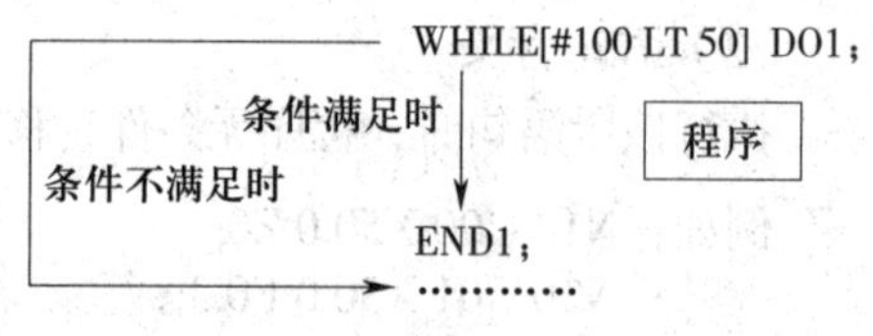

图 6–1–4　WHILE 语句举例

五、非圆曲线宏程序编程思路

非圆曲线的加工常采用逼近法编程，即采用多段圆弧或直线逼近非圆曲线轮廓，如图 6–1–5 所示。

采用直线段逼近非圆曲线，各直线段的连接处存在尖角，由于在尖角处刀具不能连续地对零件切削，零件表面会出现硬点或切痕，使加工表面质量变差。采用圆弧段逼近的方式，可以大大减少程序段的数量，采用这种形式又分为两种情况：一种为相邻两圆弧段间彼此相交；另一种则采用彼此相切的圆弧段来逼近非圆曲线。后一种方法由于相邻圆弧段彼此相切，一阶导数连续，工件表面整体光滑，有利于加工表面质量的提高。但无论哪种情况都应使 $\delta \leqslant \delta'$（允许误差）。在实际的手工编程中，主要采用直线逼近法，即用直线段逼近非圆曲线，目前常用的有等间距法、等步长法和等误差法等。应用这些方法加工非圆曲线时，只要步距足够小，在零件上所形成的最大误差（δ）就会小于所要求的最小误差，从而加工出图样所要求的非圆曲线轮廓，如图 6–1–5 所示。本模块主要以等间距法对非圆曲线编程加工。

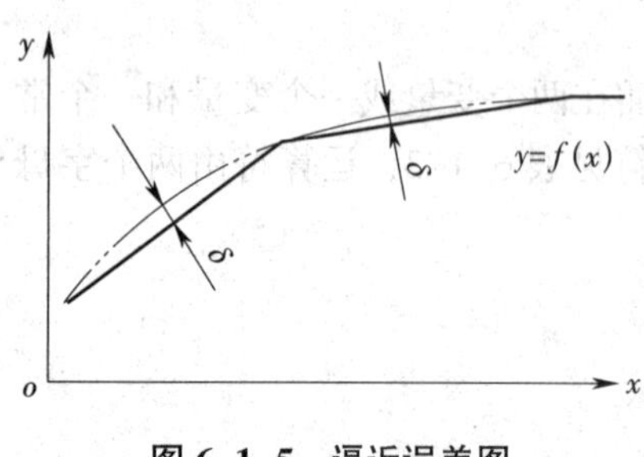

图 6–1–5　逼近误差图

等间距法就是将某一坐标轴划分成相等的间距。如图 6–1–6 所示，沿 x 轴方向取 Δx 为等间距长，根据已知曲线的方程 $y=f(x)$，可由 x_i 求得 y_i，$y_{i+1}=f(x_i+\Delta x)$。如此求得的一系列点就是节点坐标值。

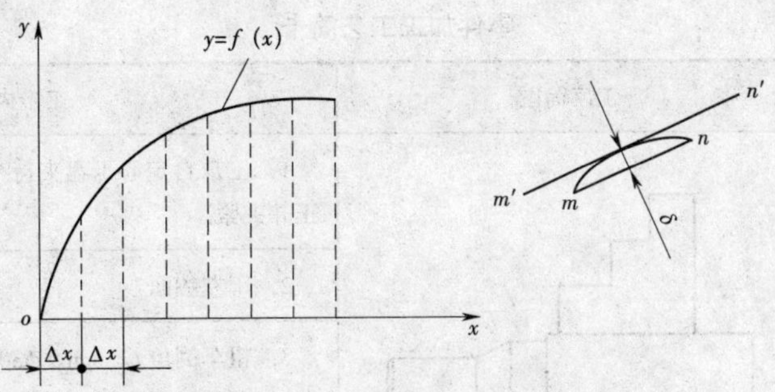

图 6-1-6 等间距法直线段逼近

在数控车床上加工图 6-1-7 所示的椭圆时，可采用相同的思路，其中 a 为椭圆的长半轴，b 为椭圆的短半轴。沿 z 轴方向取 Δz 为等间距长，根据已知椭圆曲线的标准方程 $\frac{z^2}{a^2}+\frac{x^2}{b^2}=1$，可得：

$$x=\frac{b}{a}\sqrt{a^2-z^2}$$

可由 z_i 求得 x_i，……，z_n 求得 x_n。求得一系列节点坐标值后，用直线插补指令 G01 将各点依次连接就能得到椭圆的近似轮廓。

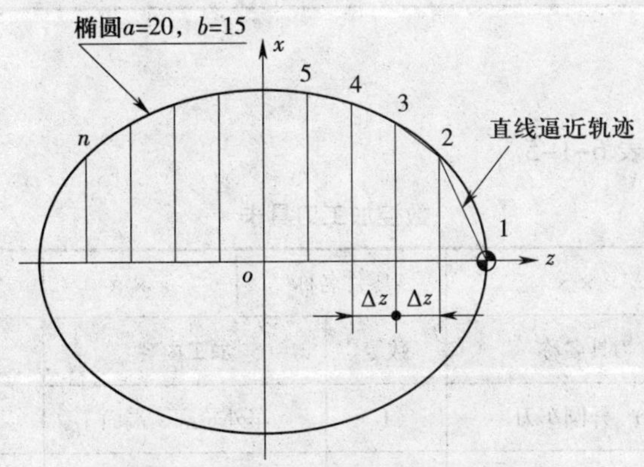

图 6-1-7 等间距法直线段逼近椭圆

由公式可知，所求点位的坐标值都是相对于椭圆中心计算的。在编程加工时须把各点的坐标转换到工件坐标系下，数控车床上加工一般为直径编程，所以，x 值应转换为直径量，z 值应根据椭圆中心到工件坐标系原点的距离进行转换。

任务实施

一、确定加工工艺

图 6-1-1 所示的零件需全形加工，加工部位的要求并不高，关键在于确定工件的装夹方法和椭圆的编程加工。椭圆加工工艺路线可考虑嵌套在 G73 指令中，工件需要两次装夹完成加工，见表 6-1-4。

表 6–1–4　　　　　　　　　　零件加工工艺简卡

工序号	工序内容	工序简图	工步内容
1	左端加工		1．三爪自定心卡盘夹持毛坯，伸出约 50 mm，找正并夹紧
			2．车左端面
			3．粗车倒角 *C*1 mm、ϕ30 mm × 25 mm 外圆、圆锥面、ϕ40 mm × 10 mm 外圆，留精车余量 0.5 mm
			4．精车倒角 *C*1 mm、ϕ30 mm × 25 mm 外圆、圆锥面、ϕ40 mm × 10 mm 外圆至尺寸要求
2	右端加工		5．掉头，夹持 ϕ30 mm 外圆
			6．车右端面，保证总长 105 mm 至尺寸要求
			7．粗车椭圆和沟槽，留精车余量 0.5 mm
			8．精车椭圆和沟槽至尺寸要求
			9．去毛刺、检验

二、填写相关工艺卡片

数控加工刀具卡见表 6–1–5。

表 6–1–5　　　　　　　　　　数控加工刀具卡

产品名称或代号		×××	零件名称	×××	零件图号	×××
序号	刀具号	刀具名称	数量	加工内容	主要参数	备注
1	T01	90° 外圆车刀	1	车外轮廓、端面	*R*0.4 mm	
2	T02	93° 外圆仿形车刀	1	车椭圆	*R*0.2 mm	
编制 ×××	审核	×××	批准	×××	共 × 页	第 × 页

数控加工工艺卡见表 6–1–6。

表 6–1–6　　　　　　　　　　数控加工工艺卡

单位名称	×××	产品名称		零件名称	零件图号
		×××		×××	×××
序号	程序号	夹具名称	设备	数控系统	车间
1	O0001	三爪自定心卡盘	CK6150	FANUC	×××
2	O0002				

续表

工步	工步内容	刀号	主轴转速 / （r/ min）	进给量 / （mm/r）	背吃刀量 / mm	备注
1	三爪自定心卡盘夹持毛坯，伸出约 50 mm，找正并夹紧					手动
2	车左端面	T01	1 200	0.15	1.0	O0001
3	粗车倒角 $C1$ mm、$\phi30$ mm × 25 mm 外圆、圆锥面、$\phi40$ mm × 10 mm 外圆	T01	1 000	0.2	2	O0001
4	精车倒角 $C1$ mm、$\phi30$ mm × 25 mm 外圆、圆锥面、$\phi40$ mm × 10 mm 外圆至尺寸要求	T02	1 400	0.1	0.5	O0001
5	掉头，夹持 $\phi30$ mm 外圆					手动
6	车右端面，保证总长 105 mm 至尺寸要求	T01	1 200	0.15	1.0	O0002
7	粗车椭圆和沟槽	T02	1 000	0.2	1.5	O0002
8	精车椭圆和沟槽至尺寸要求	T02	1 400	0.1	0.5	O0002
9	去毛刺、检验					手动
编制	× × ×	审核	× × ×	批准	× × ×	

三、编制加工程序

根据加工工艺，手工编制零件的加工程序。工件坐标系原点分别设置在零件的左右两端面中心处，左端加工程序见表 6–1–7，右端加工程序见表 6–1–8。

表 6–1–7　　左端加工程序

程序	说明
O0001;	主程序号
G40 G97 G99 T0101;	选择 1 号车刀及 1 号刀补
M03 S1200;	主轴正转，转速为 1 200 r/ min
G00 X47.0 Z2.0 M08;	快速定位，打开切削液
G94 X–0.4 Z0 F0.15;	车左端面
G00 X45.0;	快速回退至粗车循环起点
G71 U2.0 R1.0;	左端外形粗车循环
G71 P10 Q20 U0.5 W0.1 F0.2 S1000;	

续表

程序	说明
N10 G00 X28.0 S1400;	循环加工起始段
G01 Z0 F0.1;	直线插补至倒角 $C1$ mm 起点
X30.0 Z–1.0;	倒角 $C1$ mm
Z–25.0;	车 $\phi30$ mm 外圆
X40.0 Z–35.0;	车锥面
Z–46.0;	车 $\phi40$ mm 外圆
N20 X45.0;	退刀
G00 X100.0 Z100.0;	快速回退至安全换刀点
T0202;	选择 2 号车刀及 2 号刀补
G00 G42 X45.0 Z2.0;	建立刀尖圆弧半径右补偿，快速定位
G70 P10 Q20;	精加工
G00 G40 X100.0 Z100.0;	快速回退至安全换刀点并取消刀尖圆弧半径补偿
M05;	主轴停转
M30;	程序结束

表 6–1–8　　　　右端加工程序

程序	说明
O0002;	主程序号
G40 G97 G99 T0101;	选择 1 号车刀及 1 号刀补
M03 S1200;	主轴正转，转速为 1 200 r/ min
G00 X47.0 Z2.0 M08;	快速定位，打开切削液
G94 X–0.4 Z0 F0.15;	车右端面
G00 X100.0 Z100.0;	快速回退至安全换刀点
T0202;	选择 2 号车刀及 2 号刀补
G00 X45.0 Z2.0;	快速定位
G73 U21.0 W0 R9;	右端外形粗车循环
G73 P10 Q30 U0.5 W0.1 F0.2 S1000;	
N10 G00 X0 S1400;	循环加工起始段
G01 Z0 F0.1;	直线插补至车椭圆起点
#1=30;	椭圆长半轴

续表

程序	说明
#2=20;	椭圆短半轴
#3=30;	椭圆 Z 向起始值
#4=-24;	椭圆 Z 向终止值
N2 #5 = #2*SQRT [#1*#1-#3*#3] /#1;	计算椭圆拟合点的 X 值
G01 X [2*#5] Z [#3-30];	直线逼近拟合椭圆并把该点的坐标值转换到工件坐标系下
#3 = #3-0.1;	Z 向值等距变化更新
IF [#3 GE #4] GOTO 2;	条件式判定构成循环
G01 Z-60.0;	车沟槽
X38.0;	
X42.0 Z-62.0;	倒角 C1 mm
N30 X45.0;	退刀
Z2.0;	快速定位到精车循环起点
G42 G70 P10 Q30;	建立刀尖圆弧半径右补偿，精加工循环
G00 G40 X100.0 Z100.0;	快速回退至安全换刀点并取消刀尖圆弧半径补偿
M05;	主轴停转
M30;	程序结束

任务 2　抛物线加工

任务目标

- ◆ 掌握用户宏程序的调用方法
- ◆ 能正确编制抛物线类零件的加工工艺
- ◆ 掌握抛物线的编程加工方法
- ◆ 能正确分析加工质量问题的产生原因并合理解决

任务引入

使用 CK6150 型数控车床加工图 6-2-1 所示的抛物线零件，其材料为 45 钢，毛坯尺寸为 ϕ32 mm × 54 mm。该批零件有 3 个品种，数量各为 200 件，属于多品种小批量生产，试分析零件的加工工艺，编制零件加工程序。

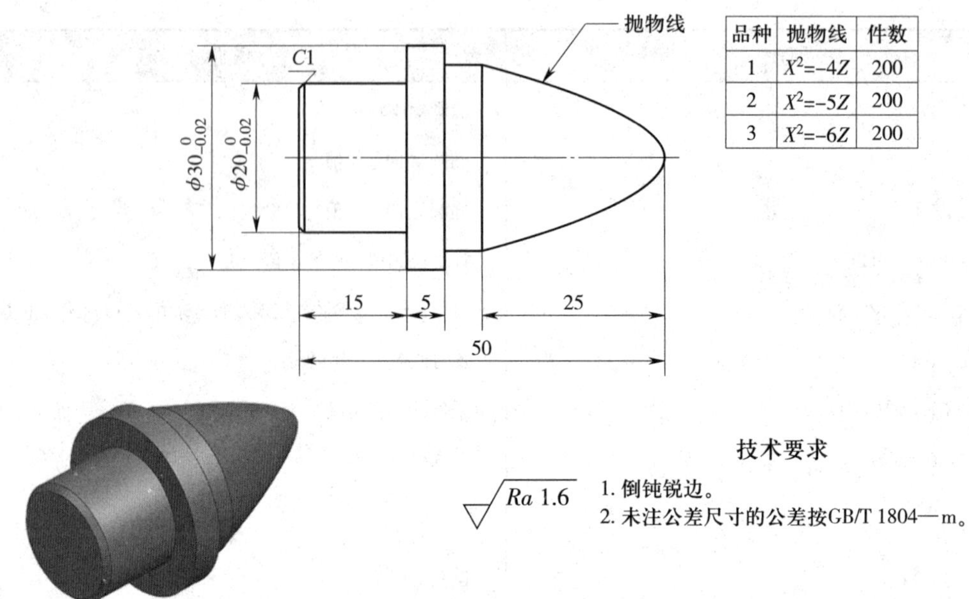

品种	抛物线	件数
1	$X^2=-4Z$	200
2	$X^2=-5Z$	200
3	$X^2=-6Z$	200

图 6–2–1 抛物线零件

任务分析

该零件表面由 ϕ20 mm、ϕ30 mm 台阶外圆和抛物线轮廓组成。根据工件形状特征，采用三爪自定心卡盘装夹工件。因该加工属于多品种小批量加工，可先完成三个品种零件左端台阶外圆的粗精加工，再用宏程序编程加工右端抛物线轮廓，并根据抛物线单独编制宏程序，用宏程序调用指令（G65 或 G66）简化编程，完成抛物线零件的加工。

相关知识

对于很多尺寸不同但形状相同或相近的轮廓，每次都重新编制加工程序显得十分烦琐。实际中可以使用变量、算术和逻辑运算及条件转移指令编制宏程序，程序中体现零件的走刀轨迹，操作者只需使用用户宏命令对其调用即可，而不必记忆用户宏程序。用户宏程序常用的调用方法有以下几种。

一、非模态调用（G65）

1. 格式

G65 P× × × × L× × × ×〈自变量赋值〉;

说明：P 为调用的宏程序号；

L 为重复调用的次数（缺省值为 1，取值范围为 1 ~ 9 999）；

〈自变量赋值〉由地址符及数值构成，由它给宏程序中所使用的变量赋予实际数值。

非模态调用如图 6-2-2 所示。

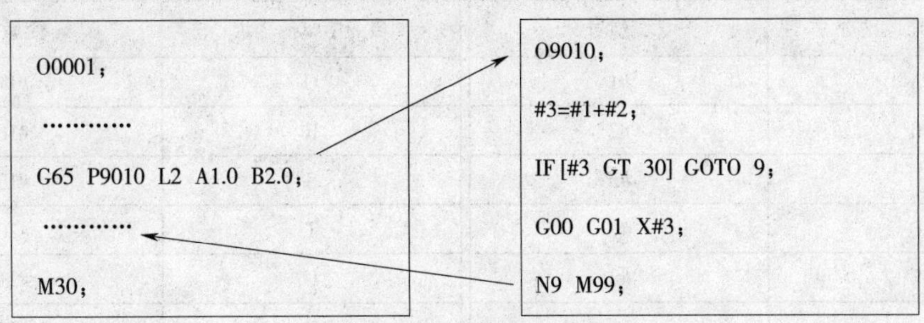

图 6-2-2 非模态调用

2. 功能

G65 被指定时，地址 P 所指定的用户宏程序被调用，数据（通过自变量赋值）传递到用户宏程序中。

3. 变量的赋值

变量的赋值应根据编程使用的具体情况灵活选择，常用的赋值方法有两种。

（1）直接赋值

在设定变量时，直接将具体的数值定义给该变量的过程即为直接赋值。变量可在操作面板 MACRO 内容处直接输入，也可通过 MDI 方式赋值，还可在程序内用直接定义赋值（也可通过运算式赋值），但等号左边不能用表达式。

例如：#1=10；

#2=SQRT［30*30–#1*#1］；

G01 X#1 Z–#2 F0.2；

（2）自变量赋值

在程序的编制过程中，对形状相同或相近的轮廓可以以子程序方式编写宏程序，以简化编程。若要向用户宏程序主体传递数据，所用变量的具体数值可通过 G65、G66 指令调用宏程序赋值，即为自变量赋值。这里使用的是局部变量（#1 ~ #33），与其对应的自变量赋值有以下三种形式。

1）自变量赋值Ⅰ。自变量赋值Ⅰ所使用的地址和宏程序中所使用的变量号的对应关系见表 6-2-1。除 G、L、N、O、P 地址符以外，其他英文字母都可作为引数赋值的地址符，每个字母指定一次，使用时大部分无顺序要求，但对 I、J、K 则必须按字母顺序排列，对没使用的地址可省略。

例如：B__ A__ D__……I__ J__ K__……（正确）

B__ A__ D__……J__ I__ K__……（不正确）

2）自变量赋值Ⅱ。自变量只用了 A、B、C 和 I、J、K 这 6 个字母赋值，A、B、C 各一次，I、J、K 各十次。作为一组引数，最多可指定十组。自变量赋值Ⅱ所使用的地址和宏程序中使用的变量号对应关系见表 6-2-2。

3）自变量赋值Ⅰ、Ⅱ混用。在 G65 程序段的引数中，可以同时用表 6-2-1 和表 6-2-2 中的两组引数赋值。但当对同一个变量用Ⅰ、Ⅱ两组的引数都赋值时，只有后一个引数赋值有效，如图 6-2-3 所示。

表 6-2-1　　自变量赋值Ⅰ的地址和变量号的对应关系

自变量赋值地址	变量号	自变量赋值地址	变量号
A	#1	Q	#17
B	#2	R	#18
C	#3	S	#19
D	#7	T	#20
E	#8	U	#21
F	#9	V	#22
H	#11	W	#23
I	#4	X	#24
J	#5	Y	#25
K	#6	Z	#26
M	#13		

表 6-2-2　　自变量赋值Ⅱ的地址和变量号的对应关系

自变量赋值地址	变量号	自变量赋值地址	变量号
A	#1	……	……
B	#2	……	……
C	#3	……	……
I_1	#4	……	……
J_1	#5	……	……
K_1	#6	……	……
I_2	#7	I_{10}	#31
J_2	#8	J_{10}	#32
K_2	#9	K_{10}	#33

注：表中 I、J、K 的下标只表示顺序，在实际编程中不写。

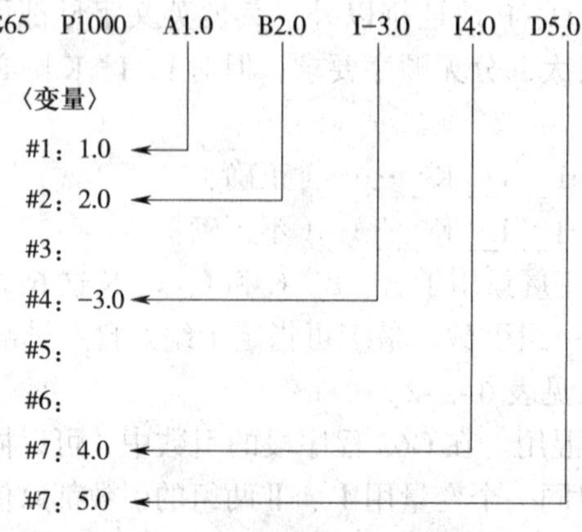

图 6-2-3　引数赋值Ⅰ、Ⅱ的混用

在图 6–2–3 中，对变量 #7 由 $I_2$4.0 和 D5.0 这两个自变量赋值时，只有后边的 D5.0 有效。

二、模态调用（G66、G67）

1．格式

G66　P××××　L××××〈自变量赋值〉；

说明：P 为调用的宏程序号；

L 为重复调用的次数（缺省值为 1，取值范围 1 ~ 9 999）。

〈自变量赋值〉由地址符及数值构成，由它给宏程序中所使用的变量赋予实际数值。赋值方法和 G65 相同。

G67 为取消宏程序模态调用。

2．功能

G66 被指定时，则指定宏程序模态调用。地址 P 所指定的用户宏程序被调用，数据（通过自变量赋值）传递到用户宏程序中，且一直维持有效。当程序段中有移动指令时，则先执行完这一移动指令，再调用宏程序，直至被 G67 指令取消。模态调用如图 6–2–4 所示。

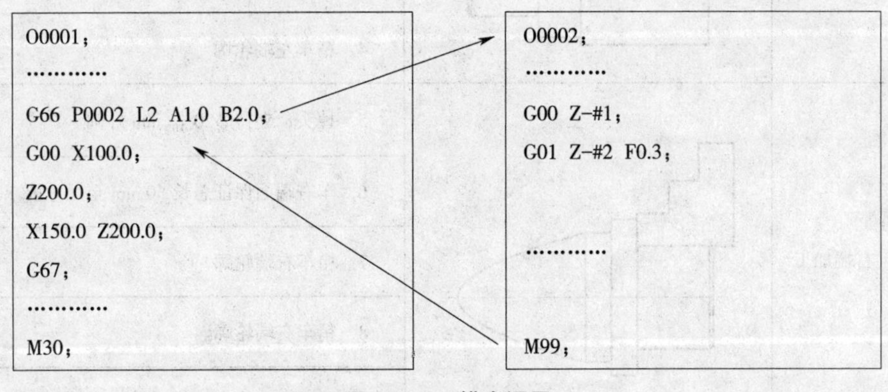

图 6–2–4　模态调用

三、调用宏程序的注意事项

1．在 G66 程序段内，不能调用多个宏程序。

2．在自变量前一定要指定 G65 或 G66。

3．在含有像辅助功能（M 指令）等无移动指令的程序段中，不能调用宏程序。

4．自变量只能在 G66 程序段中设定，每次模态调用执行时不再设定局部变量。

5．调用最多可以嵌套 4 级，包括非模态调用（G65）和模态调用（G66），但不包括子程序调用（M98）。模态调用期间可重复嵌套 G66。

四、用户宏的最大特征

1．可以在用户宏程序中使用变量。

2．用户宏命令可以对变量赋值。

3．可以进行变量之间的运算。
4．可以利用语句构成循环简化编程。

任务实施

一、确定加工工艺

零件加工工艺简卡，见表 6–2–3。

表 6–2–3 零件加工工艺简卡

工序号	工序内容	工序简图	工步内容
1	左端加工		1．三爪自定心卡盘夹持毛坯，伸出约 30 mm，找正并夹紧
			2．车左端面
			3．粗车左端轮廓
			4．精车左端轮廓
2	右端加工		5．掉头，夹持 $\phi20_{-0.02}^{0}$ mm 外圆
			6．车右端面保证总长 50 mm 至尺寸要求
			7．粗车右端轮廓
			8．精车右端轮廓
			9．去毛刺、检验

二、填写相关工艺卡片

数控加工刀具卡见表 6–2–4。
数控加工工艺卡见表 6–2–5。

表 6–2–4 数控加工刀具卡

产品名称或代号		×××		零件名称	×××	零件图号	×××
序号	刀具号	刀具名称	数量	加工内容		主要参数	备注
1	T01	93° 外圆车刀	1	车外轮廓、端面		R0.4 mm	
编制	×××	审核	×××	批准	×××	共 × 页	第 × 页

表 6-2-5　　数控加工工艺卡

<table>
<tr><td rowspan="2">单位名称</td><td rowspan="2">×××</td><td colspan="2">产品名称</td><td>零件名称</td><td colspan="3">零件图号</td></tr>
<tr><td colspan="2">×××</td><td>×××</td><td colspan="3">×××</td></tr>
<tr><td>序号</td><td>程序号</td><td>夹具名称</td><td>设备</td><td>数控系统</td><td colspan="3">车间</td></tr>
<tr><td>1</td><td>O0001</td><td rowspan="3">三爪自定心卡盘</td><td rowspan="3">CK6150</td><td rowspan="3">FANUC</td><td colspan="3" rowspan="3">×××</td></tr>
<tr><td>2</td><td>O0002</td></tr>
<tr><td>3</td><td>O1000</td></tr>
<tr><td>工步</td><td colspan="2">工步内容</td><td>刀号</td><td>主轴转速 /（r/ min）</td><td>进给量 /（mm/r）</td><td>背吃刀量 / mm</td><td>备注</td></tr>
<tr><td>1</td><td colspan="2">三爪自定心卡盘夹持毛坯，伸出约 30 mm，找正并夹紧</td><td></td><td></td><td></td><td></td><td>手动</td></tr>
<tr><td>2</td><td colspan="2">车左端面</td><td>T01</td><td>1 200</td><td>0.1</td><td>1</td><td>O0001</td></tr>
<tr><td>3</td><td colspan="2">粗车左端轮廓</td><td>T01</td><td>1 200</td><td>0.3</td><td>2.5</td><td>O0001</td></tr>
<tr><td>4</td><td colspan="2">精车左端轮廓</td><td>T01</td><td>1 500</td><td>0.15</td><td>0.5</td><td>O0001</td></tr>
<tr><td>5</td><td colspan="2">掉头，夹持 $\phi 20_{-0.02}^{0}$ mm 外圆</td><td></td><td></td><td></td><td></td><td>手动</td></tr>
<tr><td>6</td><td colspan="2">车右端面保证总长 50 mm 至尺寸要求</td><td>T01</td><td>1 200</td><td>0.1</td><td>1</td><td>O0002</td></tr>
<tr><td>7</td><td colspan="2">粗车右端轮廓</td><td>T01</td><td>1 200</td><td>0.3</td><td>2.5</td><td>O0002</td></tr>
<tr><td>8</td><td colspan="2">精车右端轮廓</td><td>T01</td><td>1 500</td><td>0.15</td><td>0.5</td><td>O0002</td></tr>
<tr><td>9</td><td colspan="2">去毛刺、检验</td><td></td><td></td><td></td><td></td><td>手动</td></tr>
<tr><td>编制</td><td colspan="2">×××</td><td>审核</td><td>×××</td><td>批准</td><td colspan="2">×××</td></tr>
</table>

三、编制加工程序

加工程序见表 6-2-6、表 6-2-7。

表 6-2-6　　抛物线零件左端加工程序

程序	说明
O0001；	主程序号
G40 G97 G99 T0101；	选择 1 号车刀及 1 号刀补
M03 S1200；	主轴正转，转速为 1 200 r/ min
G00 X34.0 Z2.0 M08；	快速定位，打开切削液

续表

程序	说明
G94 X–2.0 Z0 F0.1；	车左端面
G00 X32.0；	快速回退至粗车循环起点
G71 U2.5 R1.0；	左端外形粗车循环
G71 P1 Q2 U0.5 W0.1 F0.3；	
N1 G00 X16.0 S1500；	循环加工起始段
G01 X18.0 Z0 F0.15；	直线插补至倒角 $C1$ mm 起点
X19.99 Z–1.0；	倒角 $C1$ mm
Z–15.0；	车 $\phi20_{-0.02}^{\ 0}$ mm 外圆
X29.99；	
Z–21.0；	车 $\phi30_{-0.02}^{\ 0}$ mm 外圆
N2 X32.0；	退刀
G42 G70 P1 Q2；	建立刀尖圆弧半径右补偿，精加工循环
G00 G40 X100.0 Z100.0；	快速回退至安全换刀点并取消刀尖圆弧半径补偿
M05；	主轴停转
M30；	程序结束

表 6–2–7　　抛物线零件右端加工程序

程序	说明
O0002；	主程序号
G40 G97 G99 T0101；	选择 1 号车刀及 1 号刀补
M03 S1200；	主轴正转，转速为 1 200 r/ min
G00 X34.0 Z2.0 M08；	快速定位，打开切削液
G94 X–2.0 Z0.2 F0.1；	车右端面
G90 X25.5 Z–29.9 F0.3；	
G00 G42 X32.0；	建立刀尖圆弧半径右补偿，快速定位
G65 P1000 A0 B25 I6 J2.5 K0.5 D0.2 E0.5 F0.05；	非模态调用 O1000 宏程序 1 次，自变量赋值
G00 G40 X100.0 Z100.0；	取消刀补，快速回退至安全换刀点
M05；	主轴停转
M30；	程序结束
O1000；	宏程序号
#3 = SQRT[#4*#2]；	计算抛物线 X 向最大值
N1 #3 =#3–#5；	抛物线 X 向最大值减小一背吃刀量
#21 = #3*#3/#4；	计算抛物线 X 向每减小一背吃刀量后的 Z 向值

续表

程序	说明
G90 X［2*#3+#6］Z-［#21-#7］F0.3;	分层粗车抛物线，X 向留精车余量 0.5 mm，Z 向留精车余量 0.2 mm
IF［#3 GE 0］GOTO 1;	条件式判定构成循环
G00 X0;	快速定位
#30 = #1;	设定变量 #30 为抛物线 Z 向起始值
N2 #22 = SQRT［#4*#30］;	计算抛物线拟合点的 X 值
G01 X［2*#22+#6］Z-［#30-#7］;	直线逼近拟合半精车抛物线，X 向留精车余量 0.5 mm，Z 向留精车余量 0.2 mm
#30 = #30+#8;	Z 向值等距变化更新
IF［#30 LE #2］GOTO 2;	条件式判定构成循环
G00 Z2.0;	快速定位
X-2.0 S1500;	改变转速为 1 500 r/ min
G01 Z0;	直线插补至起点
#30 = #1;	设定变量 #30 为抛物线 Z 向起始值
N3 #22 = SQRT［#4*#30］;	计算抛物线拟合点的 X 值
G01 X［2*#22］Z-#30 F0.15;	直线逼近拟合精车抛物线
#30 = #30+#9;	Z 向值等距变化更新
IF［#30 LE #2］GOTO 3;	条件式判定构成循环
M99;	宏程序结束并返回主程序

表 6-2-7 中非模态调用指令 G65 自变量赋值与宏程序使用的变量号的对应关系及变量含义如下。

G65 P1000 A（#1）B（#2）I（#4）J（#5）K（#6）D（#7）E（#8）F（#9）

#1 = 0.0——抛物线 Z 向起始值；

#2 = 25.0——抛物线 Z 向终止值；

#4 = 6.0——抛物线公式系数；

#5 = 2.5——粗车 X 向背吃刀量；

#6 = 0.5——X 向精车余量；

#7 = 0.2——Z 向精车余量；

#8 = 0.5——半精车等间距值；

#9 = 0.05——精车等间距值。

四、加工质量分析

非圆曲线零件加工质量分析见表 6-2-8。

表 6-2-8　　非圆曲线零件加工质量分析

问题	产生原因	解决方法
尺寸超差	1．刀具数据不准确 2．刀具磨损或损坏 3．测量不准确 4．切削用量选择不当产生让刀	1．调整或重新设定刀具数据 2．更换刀具 3．正确测量，合理选择量具 4．合理选择切削用量
非圆曲线轮廓超差	1．宏程序中等间距值过大 2．宏程序编制错误 3．工件尺寸计算错误	1．减小等间距值 2．检查、修改加工程序 3．正确计算工件尺寸
表面粗糙度超差	1．宏程序中等间距值过大 2．加工中产生振动或变形 3．刀具磨损或损坏	1．减小等间距值 2．增加安装刚度 3．更换刀具
加工效率低	1．宏程序中等间距值过小 2．切削用量太小	1．适量增大等间距值 2．适当增大切削用量

思考与练习

1．什么是变量？在宏程序中变量有哪几种类型？

2．FANUC 0i 系统有哪三种语句？简述三种语句的含义。

3．什么是自变量赋值？

4．用户宏程序在编程加工中有哪些特征？

5．因篇幅有限，表 6-2-7 中的抛物线宏程序还存在较多的空行程，请根据所学内容将此宏程序加以优化，使其效率更高。

6．加工习题图 6-1 所示的零件。材料为 45 钢，毛坯尺寸为 ϕ20 mm × 70 mm。

要求：（1）编写该零件的加工工艺路线；（2）编写该零件的加工程序。

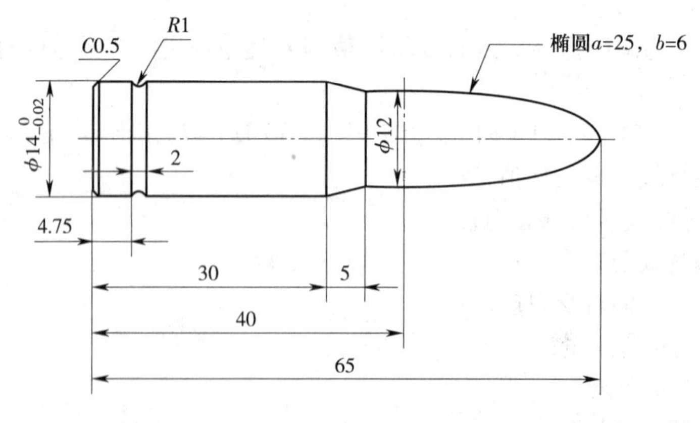

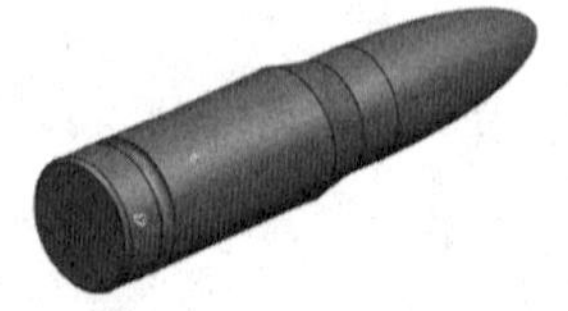

技术要求

$\sqrt{Ra\ 1.6}$

1. 倒钝锐边。
2. 未注公差尺寸的公差按GB/T 1804—m。

习题图 6-1　练习零件

7. 加工习题图 6–2 所示的零件。材料为 45 钢，毛坯尺寸为 $\phi 65$ mm × 40 mm。要求：（1）编写该零件的加工工艺路线；（2）编写该零件的加工程序。

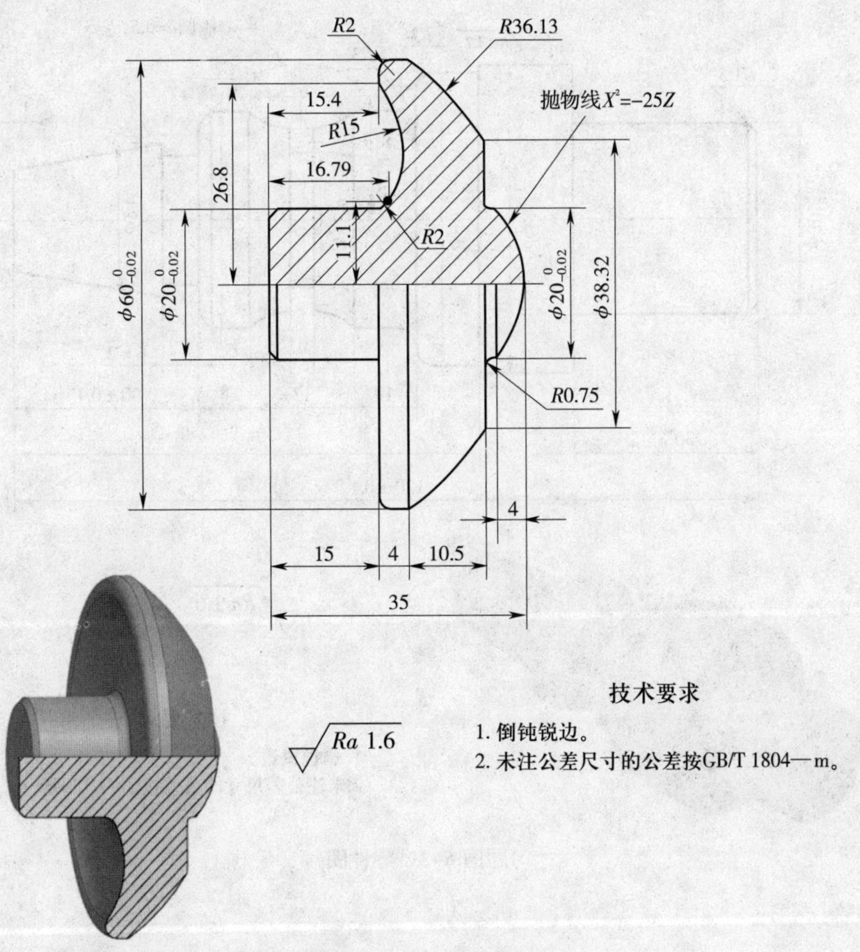

习题图 6–2 练习零件

8．加工习题图 6–3 所示的零件。材料为 45 钢，毛坯尺寸为 ϕ50 mm × 125 mm。要求：（1）编写该零件的加工工艺路线；（2）编写该零件的加工程序。

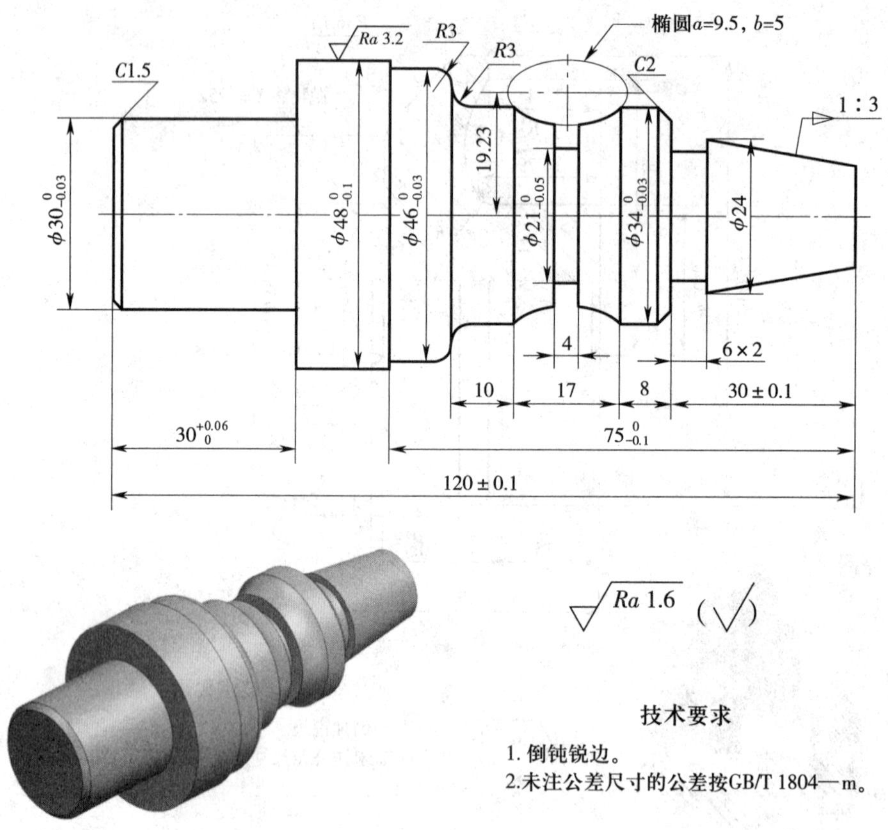

习题图 6–3　零件图

9．加工习题图 6–4 所示的零件，材料为 45 钢，毛坯尺寸为 ϕ45 mm × 85 mm。要求：（1）编写该零件的加工工艺路线；（2）编写该零件的加工程序。

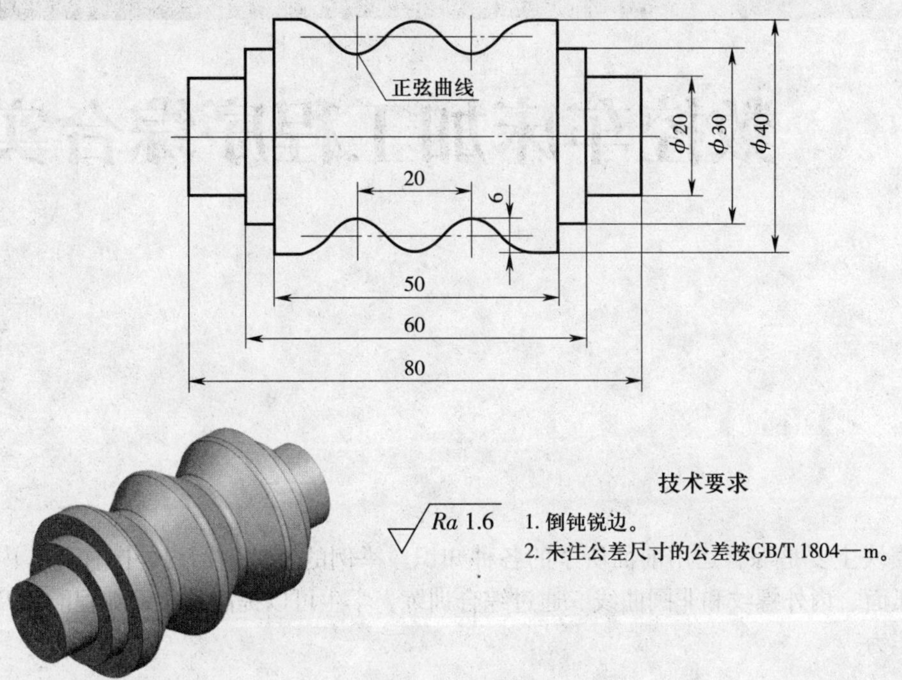

习题图 6–4　零件图

模块七

数控车床加工程序综合实例

本模块主要是综合运用前面所学的各种知识。举例的零件包括内外圆柱面、内外圆锥面、圆弧面、内外螺纹和非圆曲线。通过综合训练，学生可以提高其实际编程能力及数控车床操作能力。

任务 1　典型零件加工

任务目标

- ◆ 能对典型零件进行综合分析
- ◆ 达到中级数控车工的要求

任务引入

图 7-1-1 所示零件为数控车床加工的典型零件，该零件的毛坯尺寸为 ϕ50 mm × 145 mm，材料为 45 钢。本任务要求学生能够熟练地确定零件的加工工艺，正确地编制零件的加工程序，并完成零件的加工。

任务分析

该零件轮廓包括外圆柱面、外圆弧面、沟槽和螺纹，所用刀具为外圆粗车刀、外圆精车刀、外车槽刀和外螺纹车刀。各主要外圆表面的表面粗糙度 *Ra* 值均为 0.8 μm，其余表面的表面粗糙度 *Ra* 值为 1.6 μm，说明该零件对表面粗糙度要求比较高，因此加工工艺安排为粗车和精车。零件左右两端的轮廓不能同时加工完成，需要掉头装夹，钻中心孔，用顶尖辅助。三个槽的形状相同，用调用子程序的方式来编制加工程序。

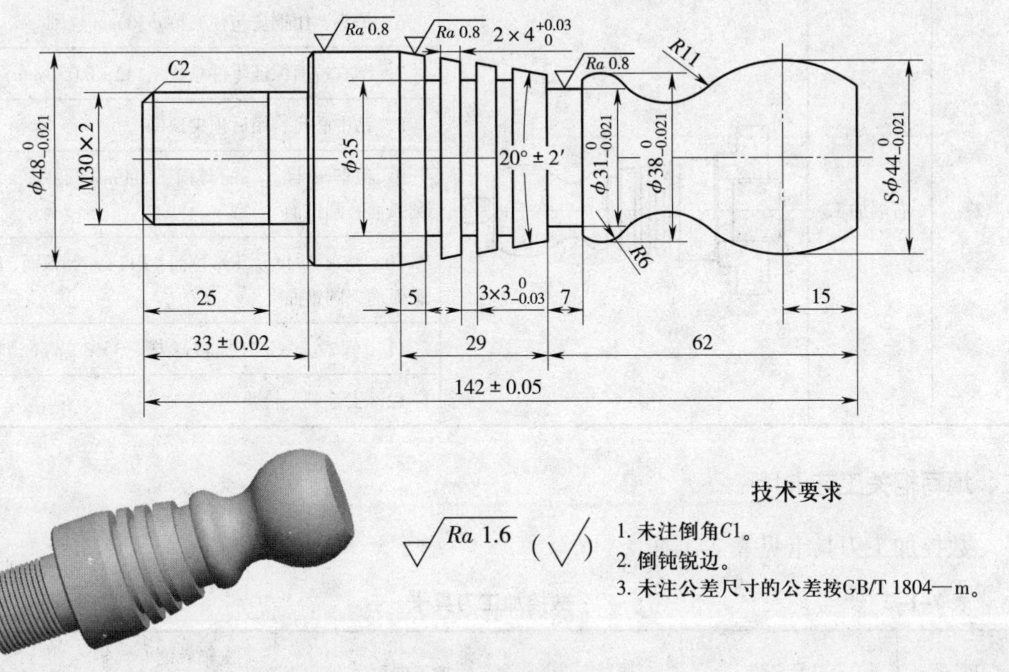

图 7–1–1 典型零件

任务实施

一、确定加工工艺

零件加工工艺简卡见表 7–1–1。

表 7–1–1 零件加工工艺简卡

工序号	工序内容	工序简图	工步内容
1	左端加工		1. 三爪自定心卡盘夹持毛坯，伸出约 40 mm，找正并夹紧
			2. 车左端面
			3. 粗车倒角、M30×2 螺纹外圆、$\phi48^{0}_{-0.021}$ mm 外圆
			4. 精车倒角、M30×2 螺纹外圆、$\phi48^{0}_{-0.021}$ mm 外圆
			5. 车 M30×2 螺纹至尺寸要求

续表

工序号	工序内容	工序简图	工步内容
2	右端加工		6．掉头，用铜皮包住夹持 $\phi30$ mm 外圆
			7．车右端面保证零件总长（142 ± 0.05）mm
			8．钻中心孔，用后顶尖顶持
			9．粗车 $S\phi44_{-0.021}^{0}$ mm 球面、$R11$ mm 圆弧面、$R6$ mm 圆弧面、圆锥面
			10．精车 $S\phi44_{-0.021}^{0}$ mm 球面、$R11$ mm 圆弧面、$R6$ mm 圆弧面、圆锥面
			11．车 7 mm × $\phi31_{-0.021}^{0}$ mm 槽、$3\times3_{-0.03}^{0}$ mm 沟槽
			12．去毛刺，检验

二、填写相关工艺卡片

数控加工刀具卡见表 7–1–2。

表 7–1–2　　数控加工刀具卡

刀具号	刀具名称	数量	加工内容	主轴转速 /（r/min）	进给量 /（mm/r）
T01	93° 外圆车刀	1	粗车工件外轮廓	800	0.2
T02	95° 外圆车刀	1	精车工件外轮廓	1 000	0.1
T03	3 mm 宽车槽刀	1	车槽	400	0.15
T04	60° 外螺纹车刀	1	车 M30 × 2 螺纹	500	2

数控加工工艺卡见表 7–1–3。

表 7–1–3　　数控加工工艺卡

工步	工艺要求	刀具号	备注
1	车左端面	T01	
2	粗车倒角、M30 × 2 螺纹外圆、$\phi48_{-0.021}^{0}$ mm 外圆	T01	
3	精车倒角、M30 × 2 螺纹外圆、$\phi48_{-0.021}^{0}$ mm 外圆	T02	
4	粗、精车 M30 × 2 螺纹	T04	
5	掉头装夹，车右端面，保证总长（142 ± 0.05）mm	T01	
6	钻中心孔	中心钻	
7	粗车 $S\phi44_{-0.021}^{0}$ mm 球面、$R11$ mm 圆弧面、$R6$ mm 圆弧面、圆锥面	T01	
8	精车 $S\phi44_{-0.021}^{0}$ mm 球面、$R11$ mm 圆弧面、$R6$ mm 圆弧面、圆锥面	T02	
9	车 7 mm × $\phi31_{-0.021}^{0}$ mm 槽、$3\times3_{-0.03}^{0}$ mm 沟槽	T03	

三、编写加工程序

由于各外圆公差方向一致，因此编程时只需按图样实际尺寸编程，通过修改刀补磨耗来保证尺寸要求，加工程序见表 7–1–4。

表 7–1–4 加工程序

程序	说明
O0001;	左端加工程序号
N10 G99;	指定为每转进给方式
N20 M03 S800;	主轴正转，转速为 800 r/min
N30 T0101 M08;	选择 1 号车刀，切削液开
N40 G00 X52.0 Z2.0;	G71 粗车循环的定位点
N50 G71 U1.5 R0.5;	指定背吃刀量 1.5 mm，退刀量 0.5 mm
N60 G71 P70 Q130 U1.0 W0 F0.2;	指定循环的起终段号、精车余量、进给量
N70 G00 X26;	从 N70 至 N130 为粗加工内容
N80 G01 Z0 F0.1;	
N90 X29.8 Z–2.0;	
N100 Z–33.0;	
N110 X46.0;	
N120 X48.0 W–1.0;	
N130 Z–52.0;	
N140 G00 X100.0 Z100.0;	
N145 M05;	主轴停转
N150 M00;	程序暂停
N160 M03 S1000;	主轴正转，转速为 1 000 r/min，用于精加工
N170 T0202;	选择 2 号车刀
N180 G00 X52.0 Z2.0;	
N190 G70 P70 Q130;	精加工
N200 G00 X100.0 Z100.0;	
N210 M05;	主轴停转
N220 M09;	切削液关
N230 M00;	程序暂停
N240 M03 S500;	主轴正转，转速为 500 r/min，用于车螺纹

续表

程序	说明
N250 T0404;	选择 4 号螺纹车刀
N260 G00 X32.0 Z3.0;	
N270 G92 X29.5 Z-25.0 F2.0;	螺纹车削循环加工 M30×2 螺纹
N280 X29.1;	
N290 X28.8;	
N300 X28.5;	
N310 X28.2;	
N320 X28.0;	
N330 X27.8;	
N340 X27.6;	
N350 X27.5;	
N360 X27.4;	
N370 G00 X100.0 Z100.0;	
N380 M05;	
N390 M30;	
O0002;	右端加工程序号
N10 G99;	指定为每转进给方式
N20 M03 S800;	主轴正转，转速为 800 r/min
N30 T0101 M08;	选择 1 号车刀，切削液开
N40 G00 X52.0 Z2.0;	G73 粗车循环的定位点
N50 G73 U10.0 W0 R10;	指定 *X* 方向总退刀量 10.0 mm，粗车循环次数为 10 次
N60 G73 P70 Q130 U1.0 W0 F0.2;	指定循环的起终段号、精车余量、进给量
N70 G00 X31.0;	N70 至 N130 为粗车内容
N80 G01 Z0 F0.1;	
N90 G03 X31.572 Z-30.323 R22.0;	
N100 G02 X33.538 Z-46.543 R11.0;	
N110 G03 X35.304 Z-55.0 R6.0;	
N120 G01 X48.0 Z-91.0;	
N130 X50.0;	
N140 G00 X100.0 Z100.0;	
N150 M05;	

续表

程序	说明
N160 M00;	程序暂停
N170 M03 S1000;	主轴正转，转速为 1 000 r/min，用于精加工
N180 T0202;	选择 2 号车刀
N190 G00 G42 52.0 Z2.0;	
N200 G70 P70 Q130;	精车轮廓
N210 G00 G40 X100.0 X100.0;	
N220 M05;	
N230 M00;	
N240 M03 S400;	主轴正转，转速为 400 r/min，用于车槽
N250 T0303;	选择 3 号车槽刀
N260 M08;	
N270 G00 X40.0 Z-58.0;	
N280 G75 R1.0;	G75 加工 $\phi 31_{-0.021}^{0}$ mm 槽
N290 G75 X31.0 Z-62.0 P2000 Q2500 F0.15;	
N300 G00 X50.0;	
N310 Z-65.0;	
N320 M98 P030003;	调用 O0003 号子程序加工 $3 \times 3_{-0.03}^{0}$ mm 槽
N330 G00 X100.0 Z100.0;	
N340 M05;	
N350 M30;	
O0003	子程序号
N10 G00 W-7.0;	加工单槽
N20 G01 X35.0 F0.15;	
N30 G04 X2.0;	
N40 G00 X50.0;	
N50 M99;	

四、加工时的注意事项

1. 选择外圆车刀时，副偏角一定要足够大，以免在加工特形面时与工件发生干涉现象。
2. 掉头装夹时，一定要用铜皮把已经加工好的外螺纹包住，以免夹伤螺纹牙顶。
3. 切槽子程序中 Z 向的数值要用增量方式。

评分标准

姓名		班级		考核时间	
工种	数控车工	级别	中级	成绩	

序号	检测项目与要求		评分标准	配分	检测手段	检测结果	得分
1	外圆	$\phi48_{-0.021}^{\ 0}$ mm	超差 0.01 mm 扣 4 分	7	千分尺		
2	外圆	$\phi31_{-0.021}^{\ 0}$ mm	超差 0.01 mm 扣 4 分	7	千分尺		
3	外圆	$\phi38_{-0.021}^{\ 0}$ mm	超差 0.01 mm 扣 4 分	7	千分尺		
4	外圆	$\phi35$ mm	不合格不得分	2	千分尺		
5	特形面	$S\phi44_{-0.021}^{\ 0}$ mm	超差 0.01 mm 扣 4 分	5	千分尺		
6	特形面	$R11$ mm	不合格不得分	3	半径样板		
7	特形面	$R6$ mm	不合格不得分	3	半径样板		
8	槽	$3_{-0.03}^{\ 0}$ mm（3 处）	不合格不得分	9	量块		
9	长度	$4_{\ 0}^{+0.03}$ mm（2 处）	超差 0.01 mm 扣 2 分	6	公法线 千分尺		
10	长度	（33 ± 0.02）mm	超差 0.01 mm 扣 2 分	3	游标深度卡尺		
11	长度	25 mm	不合格不得分	2	游标卡尺		
12	长度	29 mm	不合格不得分	2	游标卡尺		
13	长度	7 mm	不合格不得分	2	游标卡尺		
14	长度	62 mm	不合格不得分	2	游标卡尺		
15	长度	15 mm	不合格不得分	2	游标卡尺		
16	长度	（142 ± 0.05）mm	超差 0.01 mm 扣 2 分	4	游标卡尺		
17	螺纹	M30 × 2	不合格不得分	10	螺纹环规		
18	锥度	20° ± 2′	超差 1′扣 2 分	6	万能角度尺		
19	倒角	$C1$ mm	不合格不得分	2	目测		
20	倒角	$C2$ mm	不合格不得分	2	目测		
21	表面粗糙度	$Ra0.8$ μm（3 处）	降级不得分	6	表面粗糙度 比较样块		
22	表面粗糙度	$Ra1.6$ μm（16 处）	降级不得分	8	表面粗糙度 比较样块		
23	文明生产		按有关规定每违反一次扣 3 分，扣分不超过 10 分				

加工时间	150 min	开始时间		结束时间	
监考		检查员		记录员	

任务 2 复杂轴类零件加工

任务目标

- ◆ 能对复杂轴类零件进行综合分析
- ◆ 达到中级数控车工的要求

任务引入

图 7–2–1 所示零件为数控车床加工的复杂轴类零件，该零件的毛坯尺寸为 ϕ50 mm × 110 mm，材料为 45 钢。本任务要求学生能够熟练地确定零件的加工工艺，正确地编制零件的加工程序，并完成零件的加工。

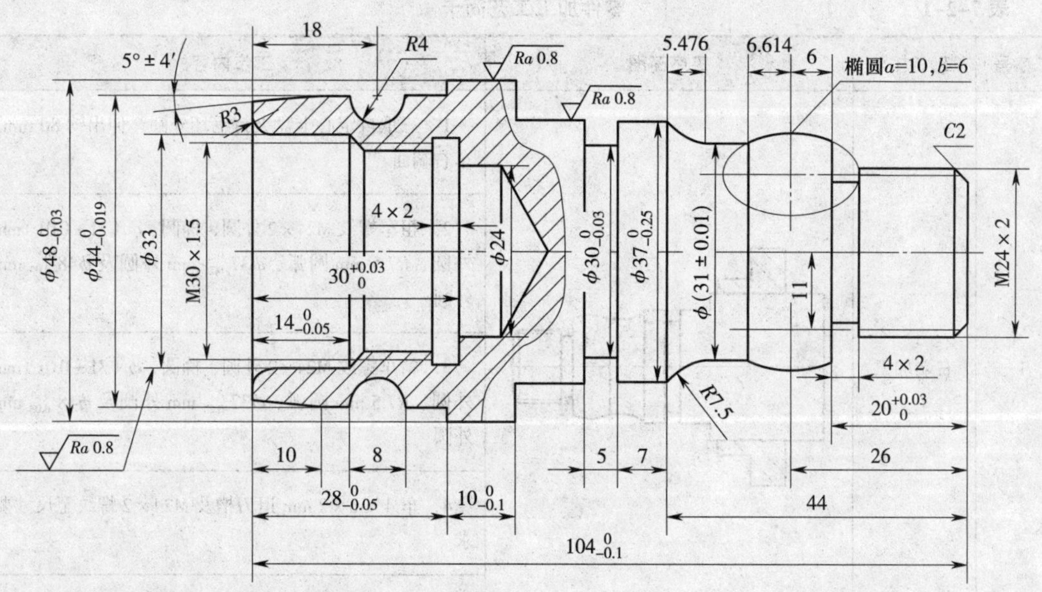

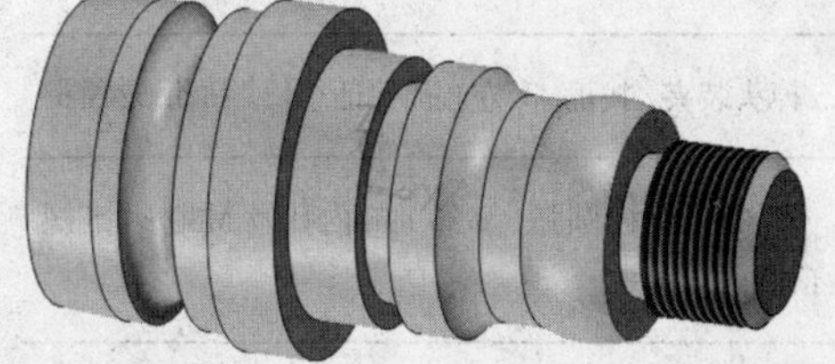

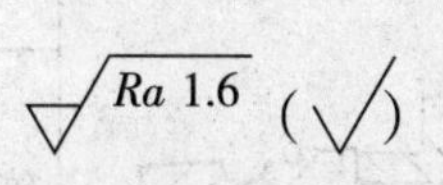

技术要求

1. 未注倒角C1。
2. 倒钝锐边。
3. 未注公差尺寸的公差按GB/T 1804—m。

图 7–2–1 复杂轴类零件

任务分析

图 7-2-1 所示零件的轮廓包括外圆、沟槽、螺纹和内孔，所用刀具为外圆粗车刀、外圆精车刀、外车槽刀、外螺纹车刀、内车槽刀、内螺纹车刀、外圆弧车刀和内孔车刀。各主要外圆表面的表面粗糙度 Ra 值均为 0.8 μm，其余表面的表面粗糙度 Ra 值为 1.6 μm，说明该零件对表面粗糙度要求比较高，因此，加工工艺安排为粗车和精车。零件左右两端的轮廓不能同时加工完成，需要掉头装夹。

任务实施

一、确定加工工艺

零件加工工艺简卡见表 7-2-1。

表 7-2-1　　零件加工工艺简卡

工序号	工序内容	工序简图	工步内容
1	右端加工	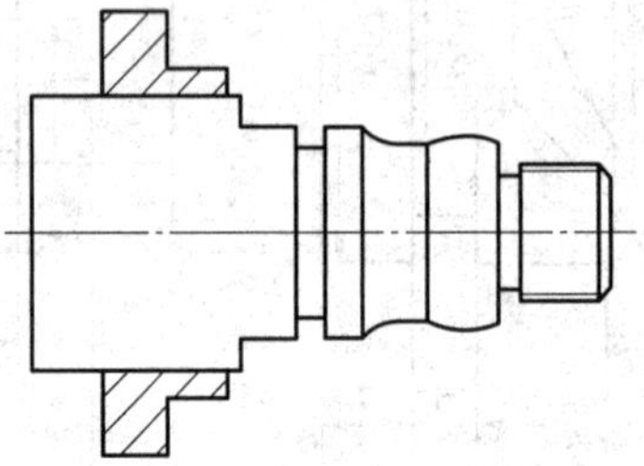	1. 三爪自定心卡盘夹持毛坯外圆，伸出约 80 mm，车右端面
			2. 粗车螺纹 M24×2 外圆、椭圆、ϕ（31±0.01）mm 外圆、R7.5 mm 圆弧、$\phi37^{0}_{-0.25}$ mm 外圆及 $\phi48^{0}_{-0.03}$ mm 外圆
			3. 精车螺纹 M24×2 外圆、椭圆、ϕ（31±0.01）mm 外圆、R7.5 mm 圆弧、$\phi37^{0}_{-0.25}$ mm 外圆及 $\phi48^{0}_{-0.03}$ mm 外圆
			4. 车 4 mm×2 mm 退刀槽及 M24×2 螺纹至尺寸要求
			5. 车 $\phi30^{0}_{-0.03}$ mm 槽底外圆至尺寸要求
2	左端加工	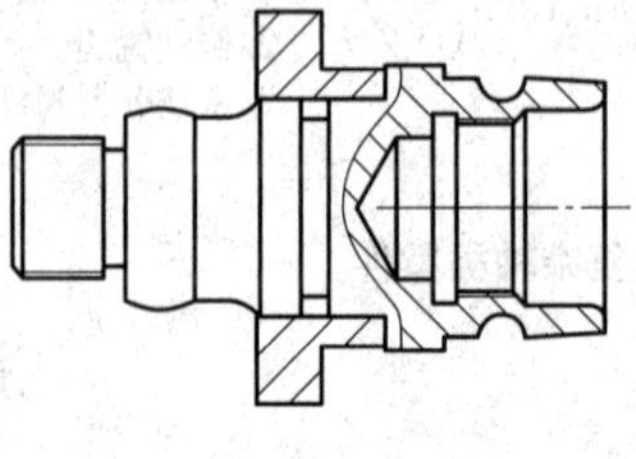	6. 掉头装夹，找正，车左端面保证总长，钻孔 ϕ24 mm
			7. 车 R3 mm 内圆弧、ϕ33 mm 内孔及 M30×1.5 螺纹牙顶圆
			8. 车 4 mm×2 mm 内沟槽、M30×1.5 内螺纹
			9. 车锥度 5°±4′、$\phi44^{0}_{-0.019}$ mm 外圆
			10. 车 R4 mm 圆弧

二、填写相关工艺卡片

数控加工刀具卡见表 7–2–2。

表 7–2–2 数控加工刀具卡

刀具号	刀具名称	数量	加工内容	主轴转速 /（r/min）	进给量 /（mm/r）
T01	93° 外圆车刀	1	粗车工件外轮廓	800	0.2
T02	95° 外圆车刀	1	精车工件外轮廓	1 000	0.1
T03	4 mm 宽外车槽刀	1	车外退刀槽	400	0.05
T04	60° 外螺纹车刀	1	车 M24 × 2 螺纹	500	2
T05	4 mm 宽内车槽刀	1	车内退刀槽	400	0.05
T06	60° 内螺纹车刀	1	车 M30 × 1.5 螺纹	500	1.5
T07	*R*3 mm 外圆弧车刀	1	车 *R*4 mm 外圆弧	600	0.1
T08	93° 内孔车刀	1	粗精车工件内轮廓	800	0.1

数控加工工艺卡见表 7–2–3。

表 7–2–3 数控加工工艺卡

工步	工艺要求	刀具号	备注
1	三爪自定心卡盘夹持毛坯外圆，伸出约 80 mm，车右端面	T01	
2	粗车螺纹 M24 × 2 外圆、椭圆、ϕ（31 ± 0.01）mm 外圆、*R*7.5 mm 圆弧、$\phi37_{-0.25}^{0}$ mm 外圆及 $\phi48_{-0.03}^{0}$ mm 外圆	T01	
3	精车螺纹 M24 × 2 外圆、椭圆、ϕ（31 ± 0.01）mm 外圆、*R*7.5 mm 圆弧、$\phi37_{-0.25}^{0}$ mm 外圆及 $\phi48_{-0.03}^{0}$ mm 外圆	T02	
4	车 4 mm × 2 mm 退刀槽及 M24 × 2 螺纹至尺寸要求	T03、T04	
5	车 $\phi30_{-0.03}^{0}$ mm 槽底外圆至尺寸要求	T03	
6	掉头装夹，找正，车左端面保证总长，钻孔 ϕ24 mm	T01	
7	车 *R*3 mm 内圆弧、ϕ33 mm 内孔及 M30 × 1.5 螺纹牙顶圆	T08	
8	车 4 mm × 2 mm 内沟槽、M30 × 1.5 内螺纹	T05、T06	
9	车锥度 5° ± 4′、$\phi44_{-0.19}^{0}$ mm 外圆	T01、T02	
10	车 *R*4 mm 圆弧	T07	

三、编写加工程序

由于各外圆公差方向一致，因此编程时只需按图样实际尺寸编程，通过修改刀补磨耗来保证尺寸要求，加工程序见表 7–2–4。

表 7–2–4 加工程序

程序	说明
O0001;	工步 2、3 加工程序号
N10 G99;	指定为每转进给方式
N20 M03 S800;	主轴正转，转速为 800 r/min
N30 T0101 M08;	选择 1 号车刀，切削液开
N40 G00 X50.0 Z2.0;	G73 粗车循环的定位点
N50 G73 U13.0 R13;	指定 *X* 方向总退刀量 13.0 mm，粗车循环次数为 13 次
N60 G73 P70 Q230 U1.0 W0 F0.2;	指定循环的起终段号、精车余量、进给量
N70 G00 X22.0;	N70 至 N230 为粗车内容
N80 G01 Z0 F0.1;	
N90 X24.0 Z–2.0;	
N100 Z–20.0;	
N110 X31.0;	椭圆加工
N120 #1=10;	椭圆长半轴
N130 #2=6;	椭圆短半轴
N140 #3=6;	椭圆 *Z* 向起始值
N150 #4=–6.614;	椭圆 *Z* 向终止值
N160 #5=#2*SQRT［#1*#1–#3*#3］/#1;	计算椭圆拟合点的 *X* 值
N170 G01 X［2*#5+22.0］Z［#3–26.0］;	将坐标值转换到工件坐标系
N180 #3=#3–0.1;	*Z* 向等距变化赋值
N190 IF［#3 GE #4］GOTO 160	条件式判定构成循环
N200 G01 Z–38.524;	加工 ϕ（31 ± 0.01）mm 外圆
N210 G02 X37.0 Z–44.0 R7.5;	加工 *R*7.5 mm 圆弧
N215 G01 Z–66.0; N220 X48.0; N225 Z–78.0;	
N230 X50.0;	
N240 M05;	主轴停转
N250 M00;	程序暂停
N260 M03 S1000;	主轴正转，转速为 1 000 r/min，用于精加工
N270 T0202;	选择 2 号车刀
N280 G42 G00 X50.0 Z2.0;	

续表

程序	说明
N290 G70 P70 Q230;	精加工
N300 G40 G00 X100.0 Z100.0;	
N310 M05;	主轴停转
N320 M09;	切削液关
N330 M30;	程序结束
O0002;	工步 4 加工程序号
N10 M03 S400;	主轴正转，转速为 400 r/min，用于车槽
N20 T0303 M08;	选择 3 号车槽刀
N30 G00 X30.0 Z3.0;	定位
N40 Z-20.0;	
N50 G01 X20.0 F0.05;	加工螺纹退刀槽
N60 X100.0 Z100.0;	
N70 M05;	主轴停转
N80 M09;	切削液关
N90 M03 S500;	主轴正转，转速为 500 r/min，用于加工螺纹
N100 T0404;	选择 4 号螺纹车刀
N110 M08;	
N120 G00 X30.0 Z3.0;	
N130 G92 X23.5 Z-18.0 F2.0;	加工 M24×2 螺纹至尺寸
N140 X23.2;	
N150 X22.8;	
N160 X22.4;	
N170 X22.0;	
N180 X21.7;	
N190 X21.4;	
N200 G00 X100.0 Z100.0;	
N210 M05;	主轴停转
N220 M30;	程序结束
O0003;	工步 5 加工程序号
N10 M03 S400;	主轴正转，转速为 400 r/min，用于车槽
N20 T0303 M08;	选择 3 号车槽刀
N30 G00 X40.0 Z3.0;	

续表

程序	说明
N40 Z-55.0；	
N50 G01 X30.0 F0.05；	加工 $\phi30_{-0.03}^{0}$ mm 槽底
N60 G04 X2.0；	暂停 2 s
N70 G00 X40.0；	
N80 Z-56.0；	
N90 G01 X30.0 F0.05；	
N100 G04 X2.0；	
N110 G00 X50.0；	
N120 X100.0 Z100.0；	
N130 M05；	主轴停转
N140 M30；	程序结束
O0004	工步 7 加工程序号
N10 M03 S800 T0808；	选择 8 号内孔车刀
N20 G00 X24.0 Z3.0；	循环起始点
N30 G71 U1.5 R0.5；	背吃刀量 1.5 mm，退刀量 0.5 mm
N40 G71 P50 Q120 U-0.5 W0 F0.1；	
N50 G00 X39.0；	N50 至 N120 为内孔粗加工
N60 G01 Z0 F0.1；	
N70 G03 X33.0 Z-3.0 R3.0；	
N80 G01 Z-14.0；	
N90 X32.5；	
N100 X28.5 Z-16.0；	
N110 Z-30.0；	
N120 X24.0；	
N130 M05；	主轴停转
N140 M00；	程序暂停
N150 M03 S1000 T0808；	主轴正转，转速为 1 000 r/min
N160 G00 G41 X24.0 Z3.0；	
N170 G70 P50 Q120；	内孔精加工
N180 G00 G40 Z200.0；	
N190 M05；	主轴停转
N200 M09；	切削液关

续表

程序	说明
N210 M30;	程序结束
O0005;	工步 8 加工程序号
N10 M03 S400;	主轴正转，转速为 400 r/min，用于车槽
N20 T0505;	选择 5 号车槽刀
N30 M08;	切削液开
N40 G00 X24.0 Z3.0;	
N50 G01 Z-30.0 F0.05;	
N60 G01 X30.0;	加工螺纹退刀槽
N70 X24.0;	
N80 G00 Z200.0;	
N90 M05;	主轴停转
N100 M00;	程序暂停
N110 T0606;	选择 6 号内螺纹车刀
N120 M03 S500;	
N130 G00 X26.0 Z2.0;	
N140 G92 X28.5 Z-23.0 F1.5;	加工 M30×1.5 内螺纹
N150 X28.8;	
N160 X29.1;	
N170 X29.4;	
N180 X29.6;	
N190 X29.8;	
N200 X30.0;	
N210 G00 Z2.0;	
N220 Z200.0;	
N230 M05;	主轴停转
N240 M30;	程序结束
O0006;	工步 9 加工程序号
N10 M03 S800 T0101;	主轴正转，转速为 800 r/min
N20 M08 G00 X50.0 Z3.0;	
N30 G71 U1.5 R0.5;	背吃刀量 1.5 mm，退刀量 0.5 mm
N40 G71 P50 Q90 U0.5 W0 F0.2;	

续表

程序	说明
N50 G00 X43.0;	N50 至 N90 为工件左端外径加工
N60 G01 Z0 F0.1;	
N70 X44.0 Z-10.0;	
N80 Z-28.0;	
N90 X50.0;	
N100 G00 X100.0 Z100.0;	
N110 M05;	
N120 M00;	
N130 M03 S1000 T0202;	选择 2 号车刀
N140 G00 G42 X50.0 Z3.0;	
N150 G70 P50 Q90;	精加工
N160 G00 G40 X100.0 Z100.0;	
N170 M05;	主轴停转
N180 M30;	程序结束
O0007;	工步 10 加工程序号
N10 M03 S600;	
N20 T0707 M08;	选择 7 号外圆弧车刀，切削液开
N30 G00 G42 X50.0 Z-14.0;	
N40 G01 X44.0 F0.2;	
N50 G02 X44.0 Z-26.0 I0 K-6.0;	加工 $R4$ mm 圆弧
N60 G01 X50.0;	
N70 G00 G40 X100.0 Z100.0;	
N80 M05;	主轴停转
N90 M09;	切削液关
N100 M30;	程序结束

四、加工时的注意事项

由于零件的尺寸公差方向一致，按图样实际尺寸编程，通过修改刀具补偿来保证尺寸要求，理论上加工出来的零件尺寸偏差应该一致，但实际加工过程中刀具磨损会造成某一部位的尺寸公差不在公差范围内，出现这种情况时就不要再修改刀具补偿，只需修改加工这一部分的程序段中的数值。

评分标准

姓名		班级		考核时间	
工种	数控车工	级别	中级	成绩	

序号	检测项目与要求		评分标准	配分	检测手段	检测结果	得分
1	外圆	$\phi(31\pm0.01)$ mm	超差 0.01 mm 扣 2 分	5	千分尺		
2		$\phi37^{\ 0}_{-0.25}$ mm	超差 0.01 mm 扣 2 分	5	千分尺		
3		$\phi30^{\ 0}_{-0.03}$ mm	超差 0.01 mm 扣 2 分	5	千分尺		
4		$\phi48^{\ 0}_{-0.03}$ mm	超差 0.01 mm 扣 2 分	5	千分尺		
5		$\phi44^{\ 0}_{-0.019}$ mm	超差 0.01 mm 扣 2 分	5	千分尺		
6	内孔	$\phi33$ mm	超差 0.03 mm 扣 2 分	5	千分尺		
7		$\phi24$ mm	超差 0.03 mm 扣 2 分	5	千分尺		
8	长度	$20^{+0.03}_{\ 0}$ mm	超差 0.01 mm 扣 2 分	5	游标卡尺		
9		$10^{\ 0}_{-0.1}$ mm	超差 0.01 mm 扣 2 分	5	游标卡尺		
10		$28^{\ 0}_{-0.05}$ mm	超差 0.01 mm 扣 2 分	5	游标深度卡尺		
11		5 mm	不合格不得分	1	游标卡尺		
12		$14^{\ 0}_{-0.05}$ mm	超差 0.01 mm 扣 2 分	5	游标深度卡尺		
13		$30^{+0.03}_{\ 0}$ mm	超差 0.01 mm 扣 2 分	5	游标深度卡尺		
14		$104^{\ 0}_{-0.1}$ mm	超差 0.01 mm 扣 2 分	3	游标卡尺		
15	锥度	$5°\pm4'$	不合格不得分	3	万能角度尺		
16	槽	内槽 4 mm × 2 mm	不合格不得分	1	游标卡尺		
17		外槽 4 mm × 2 mm	不合格不得分	1	游标卡尺		
18	圆弧	$R7.5$ mm	不合格不得分	2	半径样板		
19		$R3$ mm	不合格不得分	2	半径样板		
20		$R4$ mm	不合格不得分	2	半径样板		
21	螺纹	M30 × 1.5	不合格不得分	8	螺纹塞规		
22		M24 × 2	不合格不得分	5	螺纹环规		
23	表面粗糙度	$Ra0.8$ μm（3 处）	降级不得分	6	表面粗糙度比较样块		
24		$Ra1.6$ μm（16 处）	降级不得分	6	表面粗糙度比较样块		
25	文明生产		按有关规定每违反一次扣 3 分，扣分不超过 10 分				

加工时间	120 min	开始时间		结束时间	
监考		检查员		记录员	

任务 3　配合零件加工

任务目标

- ◆ 能对配合零件进行综合分析
- ◆ 能够掌握配合零件的加工工艺和加工方法
- ◆ 达到高级数控车工的要求

任务引入

图 7–3–1 所示零件为数控车床加工的配合零件，件一、件二的毛坯尺寸分别为 ϕ50 mm × 100 mm、ϕ50 mm × 55 mm，材料为 45 钢。实物图如图 7–3–2 所示。本任务要求学生能够熟练地确定零件的加工工艺，正确地编制零件的加工程序，并完成零件的加工。

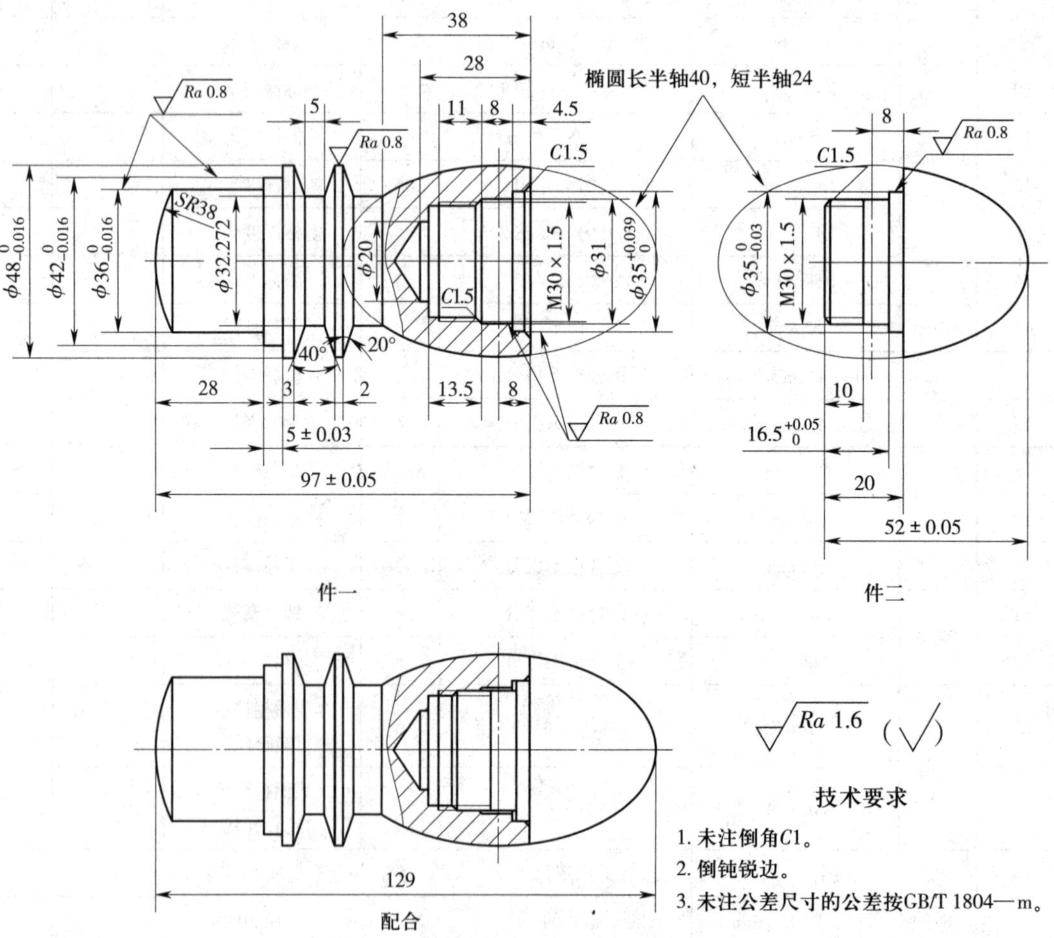

图 7–3–1　配合零件的零件图和配合图

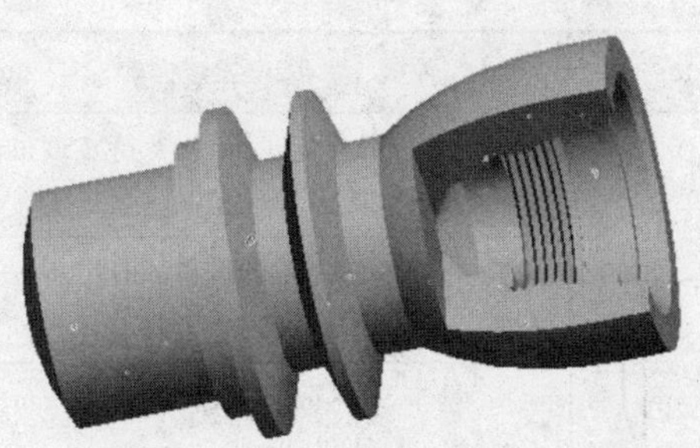

图 7–3–2 配合零件的实物图

任务分析

图 7–3–1 所示配合零件的轮廓包括内外圆柱面、沟槽、非圆曲线和内外螺纹，各主要外圆的表面粗糙度 *Ra* 值均为 0.8 μm，其余表面粗糙度 *Ra* 值为 1.6 μm，说明零件对表面粗糙度要求比较高，因此加工工艺安排为粗车和精车。所用刀具为外圆粗精车刀、外车槽刀、外螺纹车刀、内孔粗精车刀、内螺纹车刀和麻花钻。零件左右两端的轮廓不能同时加工完成，需要掉头装夹。非圆曲线用 B 类宏程序编制加工程序。

对于椭圆球头，需要先加工完成件二的外螺纹和件一的内螺纹，配合在一起后再进行加工。

任务实施

一、确定加工工艺

零件加工工艺简卡见表 7–3–1。

表 7–3–1 零件加工工艺简卡

工序号	工序内容	工序简图	工步内容
1	件二 左端 加工		1. 三爪自定心卡盘夹持 ϕ50 mm × 55 mm 毛坯，伸出约 25 mm，找正并夹紧
			2. 粗精车端面
			3. 粗精车 M30 × 1.5 螺纹外圆及 $\phi35_{-0.03}^{\ 0}$ mm 外圆至尺寸要求
			4. 车 M30 × 1.5 外螺纹
			5. 去毛刺，检验

续表

工序号	工序内容	工序简图	工步内容
2	件一左端加工		6．用三爪自定心卡盘夹持 ϕ50 mm × 100 mm 毛坯，伸出约 55 mm，找正并夹紧
			7．粗车 *SR*38 mm 圆弧和 $\phi36_{-0.016}^{\ 0}$ mm、$\phi42_{-0.016}^{\ 0}$ mm、$\phi48_{-0.016}^{\ 0}$ mm 外圆
			8．精车 *SR*38 mm 圆弧和 $\phi36_{-0.016}^{\ 0}$ mm、$\phi42_{-0.016}^{\ 0}$ mm、$\phi48_{-0.016}^{\ 0}$ mm 外圆
			9．车 40° V 形槽
			10．去毛刺，检验
3	件一右端加工		11．掉头装夹，夹持 $\phi36_{-0.016}^{\ 0}$ mm 外圆
			12．粗精车端面，保证总长（97 ± 0.05）mm
			13．用 ϕ20 mm 麻花钻加工底孔
			14．粗精车 $\phi35_{\ 0}^{+0.039}$ mm 内孔、ϕ31 mm 内孔和 M30 × 1.5 内螺纹底孔
			15．车 M30 × 1.5 内螺纹
			16．去毛刺，检验
4	配合加工		17．两件相配合，不留配合间隙
			18．车端面保证件二总长（52 ± 0.05）mm
			19．粗车椭圆、ϕ32.272 mm 外圆及 20° 锥体
			20．精车椭圆、ϕ32.272 mm 外圆及 20° 锥体
			21．检验

二、填写相关工艺卡片

数控加工刀具卡见表 7–3–2。

表 7–3–2　　数控加工刀具卡

刀具号	刀具名称	数量	加工内容	主轴转速 /（r/min）	进给量 /（mm/r）
T01	93° 外圆车刀	1	粗车外轮廓	800	0.2
T02	95° 外圆车刀	1	精车外轮廓	1 000	0.1
T03	3 mm 宽车槽刀	1	车退刀槽	400	0.15
T04	60° 外螺纹车刀	1	车 M30 × 1.5 外螺纹	500	1.5
T05	内孔粗车刀	1	粗车内轮廓	800	0.15
T06	内孔精车刀	1	精车内轮廓	1 000	0.1
T07	60° 内螺纹车刀	1	车 M30 × 1.5 内螺纹	600	1.5
T08	ϕ20 mm 麻花钻	1	钻 ϕ20 mm 底孔	500	手动

数控加工工艺卡见表 7–3–3。

表 7–3–3　　数控加工工艺卡

工步	工艺要求	刀具号	备注
1	三爪自定心卡盘夹持 ϕ50 mm × 55 mm 毛坯，粗精车端面	T01	
2	粗车 M30 × 1.5 螺纹外圆及 $\phi35_{-0.03}^{0}$ mm 外圆	T01	
3	精车 M30 × 1.5 螺纹外圆及 $\phi35_{-0.03}^{0}$ mm 外圆	T02	
4	车 M30 × 1.5 外螺纹	T04	
5	三爪自定心卡盘夹持 ϕ50 mm × 100 mm 毛坯，粗精车端面	T01	
6	粗车 *SR*38 mm 圆弧和 $\phi36_{-0.016}^{0}$ mm、$\phi42_{-0.016}^{0}$ mm、$\phi48_{-0.016}^{0}$ mm 外圆	T01	
7	精车 *SR*38 mm 圆弧和 $\phi36_{-0.016}^{0}$ mm、$\phi42_{-0.016}^{0}$ mm、$\phi48_{-0.016}^{0}$ mm 外圆	T02	
8	车 40° V 形槽	T03	
9	掉头装夹，夹持 $\phi36_{-0.016}^{0}$ mm 外圆，粗精车端面保证总长（97 ± 0.05）mm	T01	
10	用 ϕ20 mm 麻花钻加工底孔	T08	
11	粗车 $\phi35_{0}^{+0.039}$ mm 内孔、ϕ31 mm 内孔、M30 × 1.5 内螺纹底孔	T05	
12	精车 $\phi35_{0}^{+0.039}$ mm 内孔、ϕ31 mm 内孔、M30 × 1.5 内螺纹底孔	T06	
13	车 M30 × 1.5 内螺纹	T07	
14	两件内外螺纹相配合，不留配合间隙，车端面保证件二总长（52 ± 0.05）mm	T01	
15	车椭圆、ϕ32.272 mm 外圆、20° 锥体	T02	

三、编写加工程序

由于各外圆公差方向一致，因此编程时只需按图样实际尺寸编程，通过修改刀补磨耗来保证尺寸要求，加工程序见表 7–3–4。

表 7–3–4　　加工程序

程序	说明
O0001;	加工件二左端程序号
N10 G99;	指定为每转进给方式
N20 M03 S800;	主轴转速 800 r/min
N30 T0101 M08;	选择 1 号车刀，切削液开
N40 G00 X51.0 Z2.0;	
N50 G71 U2.0 R0.5;	
N60 G71 P70 Q120 U1.0 W0 F0.2;	

续表

程序	说明
N70 G00 X27.0;	N70 至 N120 为粗车外轮廓
N80 G01 Z0 F0.1;	
N90 X29.8 Z-1.5;	
N100 Z-16.5;	
N110 X35.0;	
N120 Z-20.0;	
N130 G00 X100.0 Z100.0;	
N140 T0202;	选择 2 号车刀
N150 G00 G42 X51.0 Z2.0;	
N160 G70 P70 Q120;	精车外轮廓
N170 G00 G40 X100.0 Z100.0;	
N180 M03 S500;	
N190 T0404;	选择 4 号外螺纹车刀
N200 G00 X31.0 Z2.0;	
N210 G92 X29.5 Z-10.0 F1.5;	加工 M30×1.5 外螺纹
N220 X29.1;	
N230 X28.8;	
N240 X28.5;	
N250 X28.3;	
N260 X28.05;	
N270 G00 X100.0 Z100.0;	
N280 M05;	
N290 M30;	
O0002;	加工件一左端程序号
N10 G99;	
N20 M03 S800;	
N30 T0101 M08;	
N40 G00 X51.0 Z2.0;	
N50 G71 U2.0 R0.5;	
N60 G71 P70 Q140 U0.5 W0 F0.2;	
N70 G00 X0;	N70 至 N140 为粗车外轮廓
N80 G01 Z0 F0.1;	
N90 G03 X36.0 Z-4.536 R38.0;	
N100 G01 Z-28.0;	
N110 X42.0;	

续表

程序	说明
N120 W-5.0;	
N130 X48.0;	
N140 Z-50.0;	
N150 G00 X100.0 Z100.0;	
N160 M03 S1000;	
N170 T0202;	选择 2 号车刀
N180 G00 G42 X51.0 Z2.0;	
N190 G70 P70 Q140;	精车外轮廓
N200 G00 G40 X100.0 Z100.0;	
N210 M03 S400;	
N220 T0303;	选择 3 号车槽刀加工 40° V 形槽
N230 G00 X50.0 Z-43.862;	
N240 G01 X32.272 F0.15;	
N250 G00 X50.0;	
N260 W2.0;	
N270 G01 X32.272;	
N280 G00 X50.0;	
N290 Z-39.0;	
N300 G01 X48.0;	
N310 X32.272 Z-41.862 F0.15;	
N320 G00 X50.0;	
N330 Z-46.724;	
N340 G01 X48.0;	
N350 X32.272 Z-43.862 F0.15;	
N360 G00 X50.0;	
N370 X100.0 Z100.0;	
N380 M05;	
N390 M30;	
O0003;	加工件一右端程序号
N10 G99;	
N20 M03 S800;	
N30 T0505 M08;	选择 5 号内孔粗车刀
N40 G00 X19.0 Z2.0;	
N50 G71 U1.0 R0.5;	
N60 G71 P70 Q150 U-0.5 W0 F0.15;	

续表

程序	说明
N70 G00 X38.0;	N70 至 N150 为粗车内轮廓
N80 G01 Z0 F0.1;	
N90 X35.0 Z-1.5;	
N100 Z-4.5;	
N110 X31.0;	
N120 W-8.0;	
N130 X28.05 W-1.5;	
N140 W-12.0;	
N150 X26.0;	
N160 G00 X100.0 Z100.0;	
N170 M03 S1000;	
N180 T0606;	选择 6 号内孔精车刀
N190 G00 X19.0 Z2.0;	
N200 G70 P70 Q150;	精车内轮廓
N210 G00 X100.0 Z100.0;	
N220 T0707;	选择 7 号内螺纹车刀
N230 M03 S600;	
N240 G00 X26.0 Z2.0;	
N250 Z-11.0;	
N260 G92 X28.5 Z-23.5 F1.5;	加工 M30×1.5 内螺纹
N270 X28.8;	
N280 X29.1;	
N290 X29.4;	
N300 X29.6;	
N310 X29.8;	
N320 X30.0;	
N330 G00 Z2.0;	
N340 X100.0 Z100.0;	
N350 M05;	
N360 M30;	
O0004;	加工整个椭圆程序号
N10 G99;	
N20 M03 S800;	
N30 T0101 M08;	
N40 G00 G42 X52.0 Z2.0;	

续表

程序	说明
N50 #151=25.0;	椭圆最大余量赋值给变量 #151
N60 M98 P0005;	调用 O0005 号子程序
N70 #151=#151-1;	对变量 #151 进行减运算
N80 IF [#151GE0] GOTO 60;	对变量 #151 进行条件判断跳转
N90 G00 G40 X100.0 Z100.0;	
N100 M05;	
N110 M30;	
O0005;	子程序号
N10 G00 X0;	
N20 G01 Z0 F0.2;	
N30 #1=40;	
N40 #2=SQRT [[1600- [#1*#1]] *576/1600];	
N50 G01 X [2* [#2+#151]] Z [#1-40] F0.2;	
N55 #1=#1-0.2;	
N60 IF [#1GE-30] GOTO 40;	
N70 G01 X [32.272+2*#151] Z-77.413;	
N80 X [48.0+2*#151] Z-80.275;	
N90 W-5.0;	
N100 G00 U5.0;	
N110 Z2.0;	
N120 M99;	

四、加工时的注意事项

加工椭圆时，需要两个零件内外螺纹加工完成后配合在一起进行加工，这样才能达到精度要求，否则会产生加工误差。

评分标准

姓名		班级		考核时间	
工种	数控车工	级别	高级	成绩	

序号	检测部位及要求		评分标准	配分	检测手段	检测结果	得分
1	件一	$\phi48_{-0.016}^{0}$ mm	超差 0.01 mm 扣 3 分	6	外径千分尺		
2		$\phi42_{-0.016}^{0}$ mm	超差 0.01 mm 扣 3 分	6	外径千分尺		
3		$\phi36_{-0.016}^{0}$ mm	超差 0.01 mm 扣 3 分	6	外径千分尺		

续表

序号	检测部位及要求		评分标准	配分	检测手段	检测结果	得分
4	件一	$\phi35^{+0.039}_{0}$ mm	超差 0.01 mm 扣 2 分	6	内径千分尺		
5		ϕ32.272 mm（2 处）	不合格不得分	2	外径千分尺		
6		ϕ31 mm	不合格不得分	1	游标卡尺		
7		SR38 mm	不合格不得分	1	半径样板		
8		28 mm	不合格不得分	1	游标深度卡尺		
9		（5 ± 0.03）mm	超差 0.01 mm 扣 2 分	3	深度千分尺		
10		3 mm	不合格不得分	1	游标卡尺		
11		5 mm	不合格不得分	1	游标卡尺		
12		2 mm	不合格不得分	1	游标卡尺		
13		38 mm	不合格不得分	1	游标卡尺		
14		4.5 mm	不合格不得分	1	游标深度卡尺		
15		8 mm	不合格不得分	1	游标深度卡尺		
16		13.5 mm	不合格不得分	1	游标深度卡尺		
17		（97 ± 0.05）mm	超差 0.01 mm 扣 1 分	3	游标卡尺		
18		C1.5 mm（2 处）	不合格不得分	2	目测		
19		M30 × 1.5	不合格不得分	7	螺纹塞规		
20		Ra0.8 μm（5 处）	降级不得分	5	表面粗糙度 比较样块		
21		角度 40°、20°	不合格不得分	4	万能角度尺		
22	件二	$\phi35^{0}_{-0.03}$ mm	超差 0.01 mm 扣 3 分	5	外径千分尺		
23		$16.5^{+0.05}_{0}$ mm	超差 0.01 mm 扣 2 分	3	深度千分尺		
24		10 mm	不合格不得分	1	游标卡尺		
25		20 mm	不合格不得分	1	游标卡尺		
26		（52 ± 0.05）mm	超差 0.01 mm 扣 2 分	3	游标卡尺		
27		Ra0.8 μm（1 处）	降级不得分	1	表面粗糙度 比较样块		
28		M30 × 1.5	不合格不得分	7	螺纹环规		
29	装配	129 mm	不合格不得分	2	游标卡尺		
30		椭圆面光滑	不合格不得分	5	目测		
31		螺纹配合	不合格不得分	5	目测		
32	表面 粗糙度	Ra1.6 μm（14 处）	降级不得分	7	表面粗糙度 比较样块		
33	文明生产		按有关规定，每违反一次扣 3 分，扣分不超过 10 分				
加工时间		180 min	开始时间			结束时间	
监考员			检查员			记录员	

任务 4 双配合零件加工

任务目标

- ◆ 能对多配合零件进行综合分析
- ◆ 能够掌握多配合零件的加工工艺和方法
- ◆ 达到高级数控车工的要求

任务引入

图 7-4-1 所示零件为数控车床加工的双配合零件，毛坯尺寸为 ϕ45 mm × 150 mm，材料为 45 钢。实物图如图 7-4-2 所示。本任务要求学生能够熟练地确定零件的加工工艺，正确地编制零件的加工程序，并完成零件的加工。

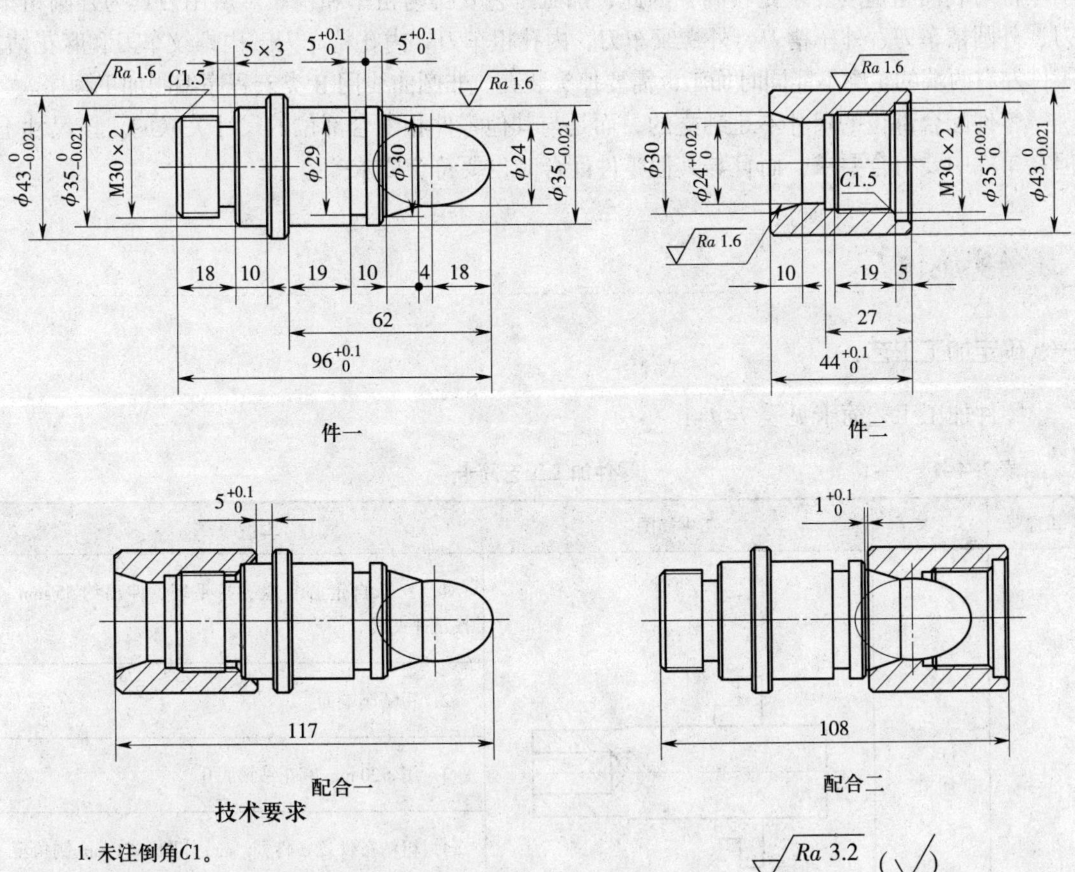

技术要求

1. 未注倒角C1。
2. 倒钝锐边。
3. 未注公差尺寸的公差按GB/T 1804—m。

Ra 3.2 (√)

图 7-4-1 双配合零件的零件图和配合图

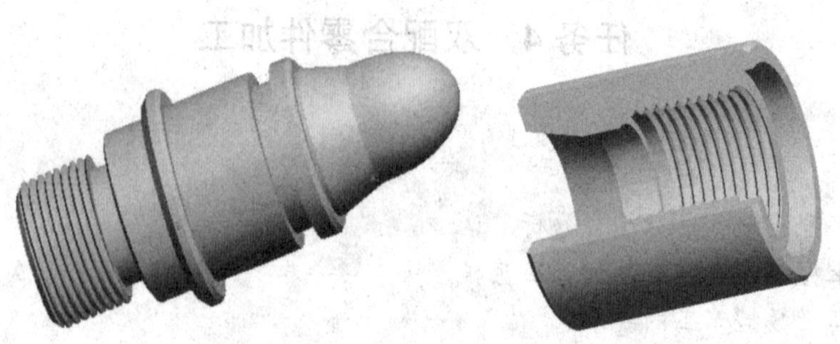

图 7–4–2　双配合零件的实物图

任务分析

图 7–4–1 所示零件的轮廓包括内外圆柱面、内外圆锥面、沟槽、非圆曲线和内外螺纹，各主要外圆表面的表面粗糙度 *Ra* 值均为 1.6 μm，其余表面的表面粗糙度 *Ra* 值为 3.2 μm，说明零件对表面粗糙度要求比较高，因此，加工工艺安排为粗车和精车。所用刀具为外圆粗车刀、外圆精车刀、外车槽刀、外螺纹车刀、内孔粗车刀、内孔精车刀、内螺纹车刀和麻花钻。零件左右两端的轮廓不能同时加工，需要掉头装夹。非圆曲线用 B 类宏程序编制加工程序。

零件配合部位的尺寸不是独立的，而是与其他零件相配合部位的尺寸关联的。该尺寸不但在单件中要符合要求，而且与其他零件配合时也要符合要求。

任务实施

一、确定加工工艺

零件加工工艺简卡见表 7–4–1。

表 7–4–1　　零件加工工艺简卡

工序号	工序内容	工序简图	工步内容
1	件二 加工	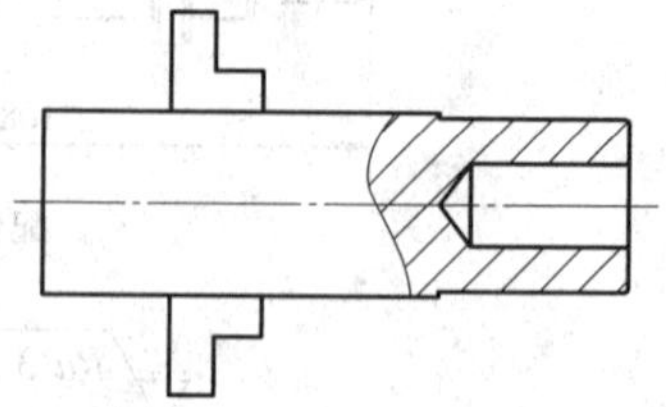	1. 三爪自定心卡盘夹持毛坯，伸出约 55 mm，找正并夹紧
			2. 粗精车端面
			3. 用 ϕ20 mm 麻花钻钻底孔
			4. 粗精车件二 $\phi 43_{-0.021}^{0}$ mm 外圆、*C*1 mm 倒角至尺寸要求，长度为 48 mm
			5. 切断长 45 mm

续表

工序号	工序内容	工序简图	工步内容
2	件一右端加工	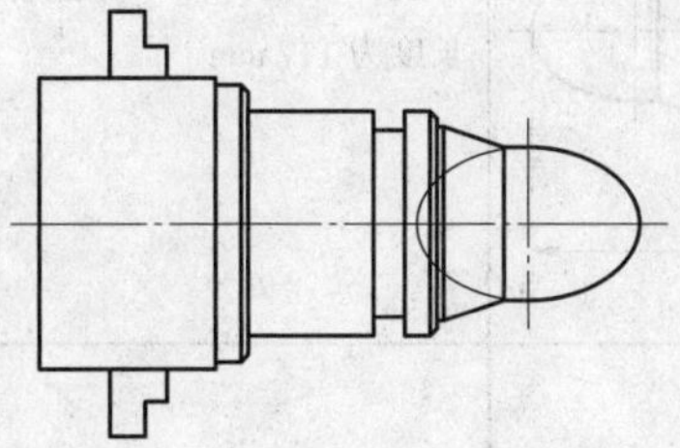	6. 三爪自定心卡盘夹持毛坯，伸出约 75 mm，找正并夹紧
			7. 粗精车端面
			8. 粗精车 $\phi24$ mm 外圆、圆锥面、$\phi30$ mm 外圆、$\phi35_{-0.021}^{0}$ mm 外圆、C1 mm 倒角和 $\phi43_{-0.021}^{0}$ mm 外圆至尺寸要求
			9. 粗精车椭圆至尺寸要求
			10. 车 $\phi29$ mm 槽，保证槽宽 $5_{0}^{+0.1}$ mm 和右边尺寸 $5_{0}^{+0.1}$ mm
3	件一左端加工	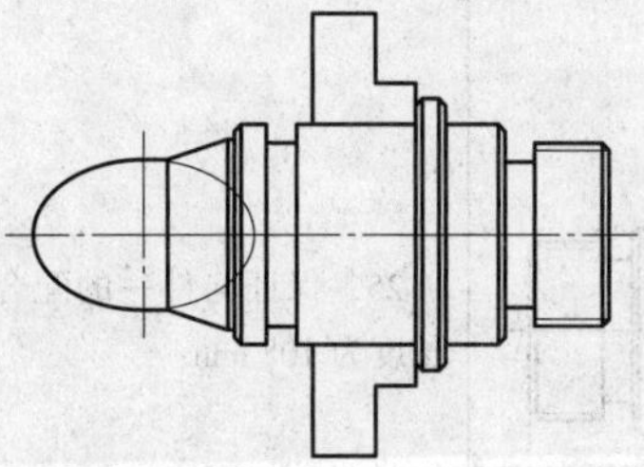	11. 掉头，用铜皮夹持 $\phi35_{-0.021}^{0}$ mm 外圆，找正并夹紧
			12. 车端面保证总长 $96_{0}^{+0.1}$ mm
			13. 粗精车 C1.5 mm 倒角、M30 × 2 螺纹外圆、$\phi35_{-0.021}^{0}$ mm 外圆和 C1 mm 倒角
			14. 车 5 mm × 3 mm 螺纹退刀槽
			15. 车 M30 × 2 外螺纹至尺寸要求
			16. 去毛刺，检验
4	件二右端加工	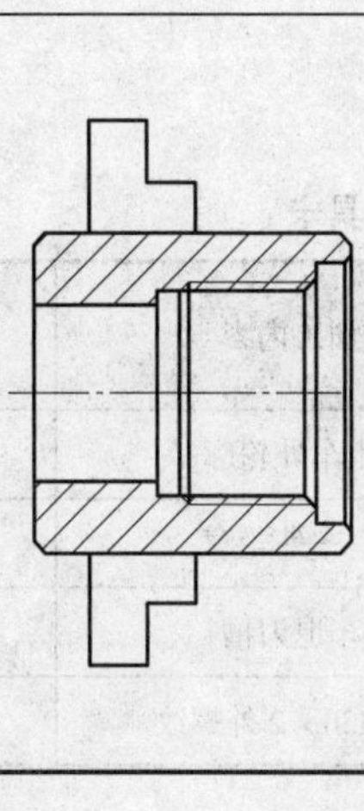	17. 夹持已加工好的 $\phi43_{-0.021}^{0}$ mm 外圆，找正并夹紧
			18. 车 C1 mm 倒角、端面，保证总长为 $44_{0}^{+0.1}$ mm
			19. 粗精车 C1 mm 倒角、$\phi35_{0}^{+0.021}$ mm 内孔、C1.5 mm 倒角、M30 × 2 内螺纹底孔至尺寸要求
			20. 车 M30 × 2 内螺纹至尺寸要求
			21. 去毛刺，检验

续表

工序号	工序内容	工序简图	工步内容
5	配合	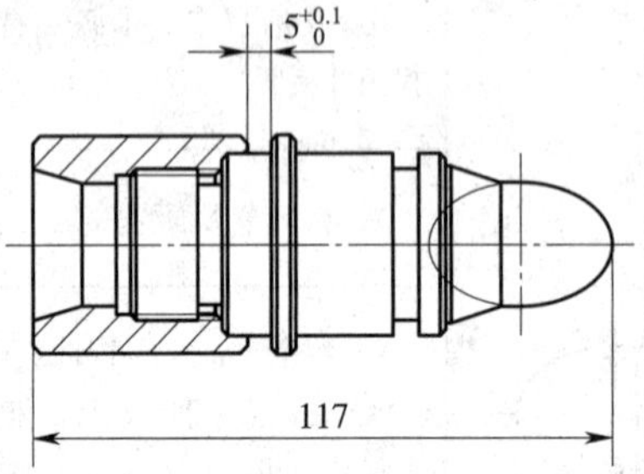 $5^{+0.1}_{0}$ 117	22．保证与件一的配合间隙为 $5^{+0.1}_{0}$ mm，配合总长度为 117 mm
6	件二左端加工	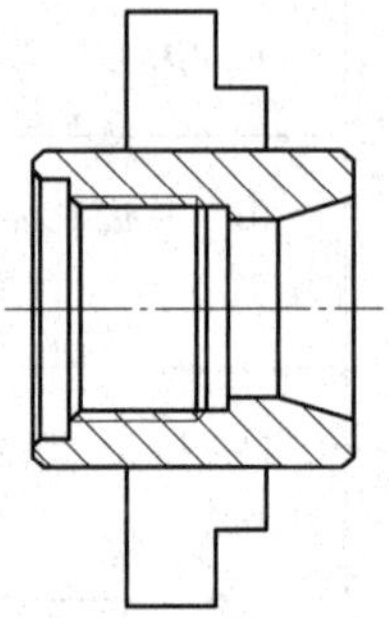	23．掉头装夹，夹持已加工好的 $\phi43^{0}_{-0.021}$ mm 外圆
			24．粗精车内圆锥面、$\phi24^{+0.021}_{0}$ mm 内圆至尺寸要求
7	检验	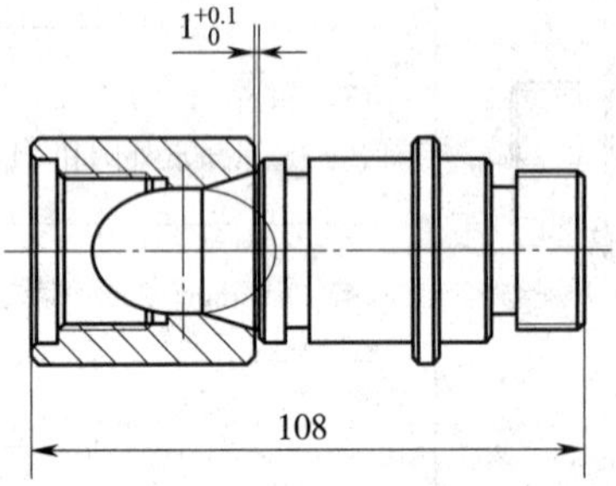 $1^{+0.1}_{0}$ 108	25．保证与件一的配合间隙为 $1^{+0.1}_{0}$ mm，配合总长度为 108 mm

二、填写相关工艺卡片

数控加工刀具卡见表 7–4–2。

表 7–4–2　　数控加工刀具卡

刀具号	刀具名称	数量	加工内容	主轴转速 /（r/min）	进给量 /（mm/r）
T01	93° 外圆车刀	1	粗车外轮廓	800	0.2
T02	95° 外圆车刀	1	精车外轮廓	1 000	0.1
T03	3 mm 宽车槽刀	1	车退刀槽	400	0.15
T04	60° 外螺纹车刀	1	车 M30 × 2 外螺纹	500	2

续表

刀具号	刀具名称	数量	加工内容	主轴转速 /（r/min）	进给量 /（mm/r）
T05	内孔粗车刀	1	粗车内轮廓	800	0.15
T06	内孔精车刀	1	精车内轮廓	1 000	0.1
T07	60° 内螺纹车刀	1	车 M30 × 2 内螺纹	600	2
T08	ϕ20 mm 麻花钻	1	钻 ϕ20 mm 底孔	500	手动

数控加工工艺卡见表 7–4–3。

表 7–4–3 数控加工工艺卡

工步	工艺要求	刀具号	备注
1	车端面	T01	
2	钻 ϕ20 mm 底孔，深 48 mm	T08	
3	粗车端面、件二 $\phi43_{-0.021}^{0}$ mm 外圆、C1 mm 倒角	T01	
4	精车端面、件二 $\phi43_{-0.021}^{0}$ mm 外圆、C1 mm 倒角	T02	
5	切断 $\phi43_{-0.021}^{0}$ mm × 45 mm	T03	
6	粗车端面、ϕ24 mm 外圆、圆锥面、ϕ30 mm 外圆、$\phi35_{-0.021}^{0}$ mm 外圆、C1 mm 倒角和 $\phi43_{-0.021}^{0}$ mm 外圆	T01	
7	精车端面、ϕ24 mm 外圆、圆锥面、ϕ30 mm 外圆、$\phi35_{-0.021}^{0}$ mm 外圆、C1 mm 倒角和 $\phi43_{-0.021}^{0}$ mm 外圆	T02	
8	粗精车椭圆	T01、T02	
9	车 ϕ29 mm 槽	T03	
10	掉头，用铜皮夹持 $\phi35_{-0.021}^{0}$ mm 外圆，车端面保证总长 $96_{0}^{+0.1}$ mm	T01	
11	粗车 C1.5 mm 倒角、M30 × 2 螺纹外圆、$\phi35_{-0.021}^{0}$ mm 外圆和 C1 mm 倒角	T01	
12	精车 C1.5 mm 倒角、M30 × 2 螺纹外圆、$\phi35_{-0.021}^{0}$ mm 外圆和 C1 mm 倒角	T02	
13	车 5 mm × 3 mm 螺纹退刀槽	T03	
14	车 M30 × 2 外螺纹	T04	
15	加工件二，夹持已加工好的 $\phi43_{-0.021}^{0}$ mm 外圆，车 C1 mm 倒角、端面，保证总长为 $44_{0}^{+0.1}$ mm	T01	
16	粗车 C1 mm 倒角、$\phi35_{0}^{+0.021}$ mm 内孔、C1.5 mm 倒角、M30 × 2 内螺纹底孔	T05	
17	精车 C1 mm 倒角、$\phi35_{0}^{+0.021}$ mm 内孔、C1.5 mm 倒角、M30 × 2 内螺纹底孔	T06	
18	车 M30 × 2 内螺纹	T07	
19	掉头装夹，粗车内圆锥面、$\phi24_{0}^{+0.021}$ mm 内圆	T05	
20	精车内圆锥面、$\phi24_{0}^{+0.021}$ mm 内圆	T06	

三、编写加工程序

由于各外圆公差方向一致，因此编程时只需按图样实际尺寸编程，通过修改刀补参数来保证尺寸要求，加工程序见表 7–4–4。

表 7–4–4　　加工程序

程序	说明
O0001;	加工件二程序号
N10　G99;	指定为每转进给方式
N20　M03 S800 ;	主轴转速为 800 r/min
N30　T0101 M08;	选择 1 号车刀，切削液开
N40　G00 X46.0 Z2.0;	
N50　G71 U1.0 R0.5;	
N60　G71 P70 Q100 U0.5 W0 F0.2;	
N70　G00 X41.0;	N70 至 N100 为粗车 $C1$ mm 倒角及 $\phi43_{-0.021}^{0}$ mm 外圆
N80　G01 Z0 F0.1;	
N90　X43.0 Z–1.0;	
N100　Z–48.0;	
N110　G00 X100.0 Z100.0;	
N120　T0202;	
N130　G00 G42 X46.0 Z0 S1000;	
N140　G70 P70 Q100;	精车 $C1$ mm 倒角及 $\phi43_{-0.021}^{0}$ mm 外圆
N150　G00 G40 X100.0 Z100.0;	
N160　T0303;	选择 3 号车槽刀
N170　G00 X46.0 Z–48.0 S500;	
N180　G01 X18.0 F0.15;	
N190　G00 X100.0 Z100.0;	
N200　M05;	
N210　M30;	
O0002;	加工件一程序号
N10　G99;	
N20　M03　S800;	
N30　T0101　M08;	
N40　G00　X46.0　Z2.0;	
N50　G71　U2.0　R0.5;	
N60　G71　P70　Q160　U0.5　W0　F0.2;	
N70　G00　X24.0;	N70 至 N160 为粗车 $\phi24$ mm 外圆、圆锥面、$\phi30$ mm 外圆、$\phi35_{-0.021}^{0}$ mm 外圆、$C1$ mm 倒角和 $\phi43_{-0.021}^{0}$ mm 外圆
N80　G01　Z–22.0　F0.1;	

续表

程序	说明
N90 X30.0 W-10.0;	
N100 W-1.0;	
N110 X33.0;	
N120 X35.0 W-1.0;	
N130 Z-63.0;	
N140 X41.0;	
N150 X43.0 W-1.0;	
N160 W-5.0;	
N170 G00 X100.0 Z100.0;	
N180 M03 S1000;	
N190 T0202;	
N200 G00 G42 X46.0 Z2.0;	
N210 G70 P70 Q160;	精车 ϕ24 mm 外圆、圆锥面、ϕ30 mm 外圆、$\phi 35_{-0.021}^{0}$ mm 外圆、C1 mm 倒角和 $\phi 43_{-0.021}^{0}$ mm 外圆
N220 G00 G40 X100.0 Z100.0;	
N230 T0101;	
N240 G00 X25.0 Z2.0;	
N250 #1=90;	N250 至 N310 为粗车椭圆
N260 #2=24SIN［#1］;	
N270 #3=18COS［#1］;	
N280 #4=#3-18.0;	
N290 G90 X［#2+0.2］Z［#4+0.1］F0.2;	
N300 #1=#1-3;	
N310 IF［#1GE0］GOTO 260;	
N320 G00 X100.0 Z100.0;	
N330 M03 S1000;	
N340 T0202;	选择 2 号车刀
N350 G00 G42 X25.0 Z2.0;	
N360 #5=0;	N360 至 N420 为精车椭圆
N370 #6=24SIN［#5］;	
N380 #7=18COS［#5］;	
N390 #8=#7-18.0;	
N400 G01 X［#6］Z［#8］F0.1;	
N410 #5=#5+0.01;	
N420 IF［#5LE90］GOTO 370;	

续表

程序	说明
N430 G00 G40 X100.0 Z100.0;	
N440 M03 S400;	
N450 T0303;	选择 3 号车槽刀
N460 G00 X37.0 Z–41.0;	
N470 G01 X29.0 F0.15;	车 ϕ29 mm 槽
N480 G04 X2.0;	
N490 G00 X36.0;	
N500 Z–43.0;	
N510 G01 X29.0 F0.15;	
N520 G04 X2.0;	
N530 G00 X100.0;	
N540 Z100.0;	
N550 M05;	
N560 M30;	
O0003;	件一掉头加工程序号
N10 G99;	
N20 M03 S800;	
N30 T0101 M08;	
N40 G00 X46.0 Z2.0;	
N50 G71 U2.0 R0.5;	
N60 G71 P70 Q160 U0.5 W0 F0.2;	N70 至 N160 为粗车 C1.5 mm 倒角、M30×2 螺纹外圆、$\phi35_{-0.021}^{0}$ mm 外圆和 C1 mm 倒角
N70 G00 X27.0;	
N80 G01 Z0 F0.15;	
N90 X29.8 Z–1.5;	
N100 Z–18.0;	
N110 X33.0;	
N120 X35.0 W–1.0;	
N130 Z–28.0;	
N140 X41.0;	
N150 X45.0 W–2.0;	
N160 X46.0;	
N170 G00 X100.0 Z100.0;	
N180 M03 S1000;	
N190 T0202;	

续表

程序	说明
N200 G00 G42 X46.0 Z2.0;	
N210 G70 P70 Q160;	精车 $C1.5$ mm 倒角、M30×2 螺纹外圆、$\phi35_{-0.021}^{0}$ mm 外圆和 $C1$ mm 倒角
N220 G00 G40 X100.0 Z100.0;	
N230 T0303;	选择 3 号车槽刀
N240 M03 S400;	
N250 G00 X36.0 Z-18.0;	
N260 G01 X24.0 F0.15;	
N270 G00 X31.0;	加工螺纹退刀槽
N280 Z-16.0;	
N290 G01 X24.0 F0.1;	
N300 G00 X100.0;	
N310 Z100.0;	
N320 M03 S500;	
N330 T0404	选择 4 号外螺纹车刀
N340 G00 X31.0 Z2.0;	
N350 G76 P031060 Q50 R0.1;	加工 M30×2 外螺纹
N360 G76 X27.4 Z-15.0 P1300 Q200 F2.0;	
N370 G00 X100.0 Z100.0;	
N380 M05;	
N390 M30;	
O0004;	加工件二程序号
N10 G99;	
N20 M03 S800;	
N30 T0101 M08;	选择 1 号车刀车端面，保证件二总长
N40 G00 X45.0 Z0;	
N50 G01 X19.0 F0.1;	
N60 X41.0;	
N70 X45.0 Z-2.0;	
N80 G00 X100.0 Z100.0;	
N90 M03 S800;	
N100 T0505;	选择 5 号内孔粗车刀
N110 G00 X19.0 Z2.0;	
N120 G71 U1.5 R0.5;	
N130 G71 P140 Q210 U-0.5 W0 F0.15;	

续表

程序	说明
N140 G00 X37.0;	N140 至 N210 为粗车 $C1$ mm 倒角、$\phi35_{0}^{+0.021}$ mm 内孔、$C1.5$ mm 倒角、M30×2 内螺纹底孔
N150 G01 Z0 F0.1;	
N160 X35.0 Z-1.0;	
N170 Z-5.0;	
N180 X30.4;	
N190 X27.4 W-1.5;	
N200 Z-27.0;	
N210 X25.0;	
N220 G00 X100.0 Z100.0;	
N230 M03 S1000;	
N240 T0606;	选择 6 号内孔精车刀
N250 G00 G41 X19.0 Z2.0;	
N260 G70 P140 Q210;	精车 $C1$ mm 倒角、$\phi35_{0}^{+0.021}$ mm 内孔、$C1.5$ mm 倒角、M30×2 内螺纹底孔
N270 G00 G40 X100.0 Z100.0;	
N280 M03 S600;	
N290 T0707;	选择 7 号内螺纹车刀
N300 G00 X26.0 Z2.0;	
N310 G01 Z-2.0;	
N320 G76 P031060 Q50 R0.1;	加工 M30×2 内螺纹
N330 G76 X30.0 Z-24.0 P1300 Q200 F2.0;	
N340 G00 Z100.0;	
N350 X100.0;	
N360 M05;	
N370 M30;	
O0005;	件二掉头加工程序号
N10 G99	
N20 M03 S800;	
N30 T0505;	选择 5 号内孔粗车刀
N40 G00 X19.0 Z2.0;	
N50 G71 U1.5 R0.5;	
N60 G71 P70 Q110 U-0.5 W0 F0.15;	
N70 G00 X30.0;	N70 至 N110 为粗车内圆锥面、$\phi24_{0}^{+0.021}$ mm 内圆
N80 G01 Z0 F0.15;	

续表

程序	说明
N90 X24.0 Z-10.0;	
N100 Z-20.0;	
N110 X23.0;	
N120 G00 X100.0 Z100.0;	
N130 M03 S1000;	
N140 T0606;	选择 6 号内孔精车刀
N150 G00 G41 X19.0 Z2.0;	
N160 G70 P70 Q110;	精车内圆锥面、$\phi 24^{+0.021}_{0}$ mm 内圆
N170 G00 G40 X100.0 Z100.0;	
N180 M05;	
N190 M30;	

四、加工时的注意事项

加工件二的内圆锥面和内螺纹时，要与已经加工完成的件一的外圆锥面和外螺纹配合加工，才能保证配合总长和配合间隙。

评分标准

姓名		班级		考核时间	
工种	数控车工	级别	高级	成绩	

序号	检测部位及要求		评分标准	配分	检测手段	检测结果	得分
1	件一	$\phi 43^{0}_{-0.021}$ mm	超差 0.01 mm 扣 2 分	3	外径千分尺		
2		$\phi 35^{0}_{-0.021}$ mm（2 处）	超差 0.01 mm 扣 2 分	6	外径千分尺		
3		螺纹大径	不合格不得分	1	游标卡尺		
4		螺纹中径	不合格不得分	5	螺纹千分尺		
5		ϕ29 mm	不合格不得分	1	游标卡尺		
6		ϕ24 mm	不合格不得分	1	游标卡尺		
7		ϕ30 mm	不合格不得分	1	游标卡尺		
8		18 mm（2 处）	不合格不得分	2	游标深度卡尺		
9		10 mm（2 处）	不合格不得分	2	游标深度卡尺		
10		19 mm	不合格不得分	1	游标卡尺		
11		4 mm	不合格不得分	1	游标卡尺		
12		5 mm × 3 mm	不合格不得分	1	游标卡尺		

续表

序号	检测部位及要求		评分标准	配分	检测手段	检测结果	得分
13	件一	62 mm	不合格不得分	1	游标深度卡尺		
14		$96^{+0.1}_{0}$ mm	超差 0.02 mm 扣 1 分	2	游标卡尺		
15		$5^{+0.1}_{0}$ mm	超差 0.02 mm 扣 1 分	3	游标卡尺		
16		$5^{+0.1}_{0}$ mm（槽宽）	超差 0.02 mm 扣 2 分	4	游标卡尺		
17		$C1.5$ mm	不合格不得分	0.5	目测		
18		$C1$ mm（4 处）	不合格不得分	2	目测		
19		$Ra1.6$ μm（3 处）	降级不得分	3	表面粗糙度测量仪		
20		椭圆	不合格不得分	4	样板		
21	件二	$\phi24^{+0.021}_{0}$ mm	超差 0.01 mm 扣 2 分	3	内径千分尺		
22		$\phi35^{+0.021}_{0}$ mm	超差 0.01 mm 扣 2 分	3	内径千分尺		
23		$\phi43^{0}_{-0.021}$ mm	超差 0.01 mm 扣 2 分	3	外径千分尺		
24		螺纹大径	不合格不得分	1	游标卡尺		
25		螺纹中径	不合格不得分	5	螺纹塞规		
26		$\phi30$ mm	不合格不得分	1	游标卡尺		
27		$44^{+0.1}_{0}$ mm	超差 0.02 mm 扣 1 分	2	游标卡尺		
28		10 mm	不合格不得分	1	游标深度卡尺		
29		19 mm	不合格不得分	1	游标深度卡尺		
30		5 mm	不合格不得分	1	游标深度卡尺		
31		27 mm	不合格不得分	1	游标深度卡尺		
32		$C1$ mm（3 处）	不合格不得分	1	目测		
33		$C1.5$ mm	不合格不得分	0.5	目测		
34		$Ra1.6$ μm（2 处）	降级不得分	2	表面粗糙度测量仪		
35	装配	$5^{+0.1}_{0}$ mm	超差 0.01 mm 扣 2 分	5	游标卡尺		
36		$1^{+0.1}_{0}$ mm	超差 0.01 mm 扣 2 分	5	塞尺		
37		108 mm	不合格不得分	1.5	游标卡尺		
38		117 mm	不合格不得分	1.5	游标卡尺		
39		锥面配合接触面积 50% 以上	不合格不得分	5	红丹粉		
40		螺纹配合	不合格不得分	4	目测		
41	表面粗糙度	$Ra3.2$ μm（20 处）	降级不得分	8	表面粗糙度测量仪		
42	文明生产		按有关规定，每违反一次扣 3 分，扣分不超过 10 分				

加工时间	180 min	开始时间		结束时间	
监考员		检查员		记录员	

思考与练习

1．加工习题图 7–1 所示零件，材料为 45 钢，试编制加工程序。

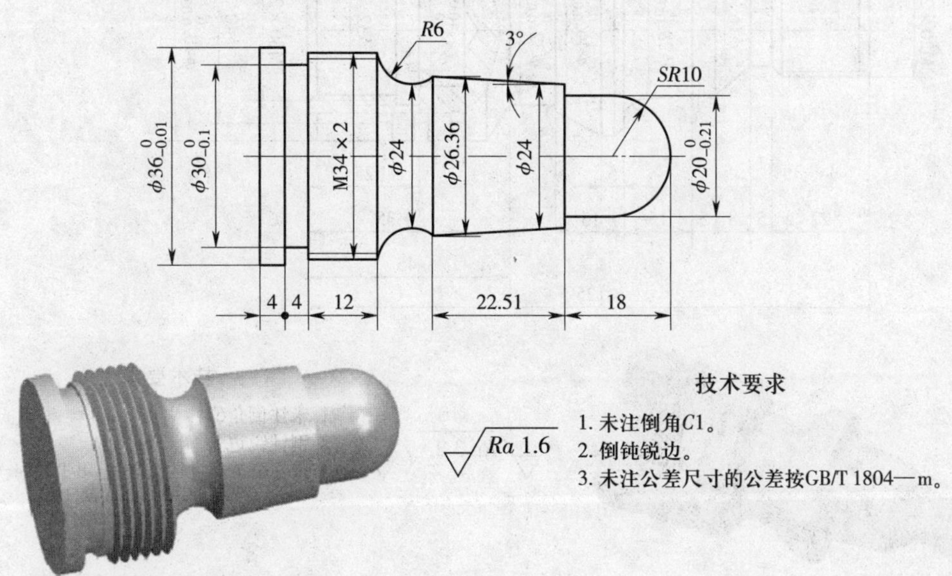

习题图 7–1　练习零件

2．加工习题图 7–2 所示零件，材料为 45 钢，试编制加工程序。

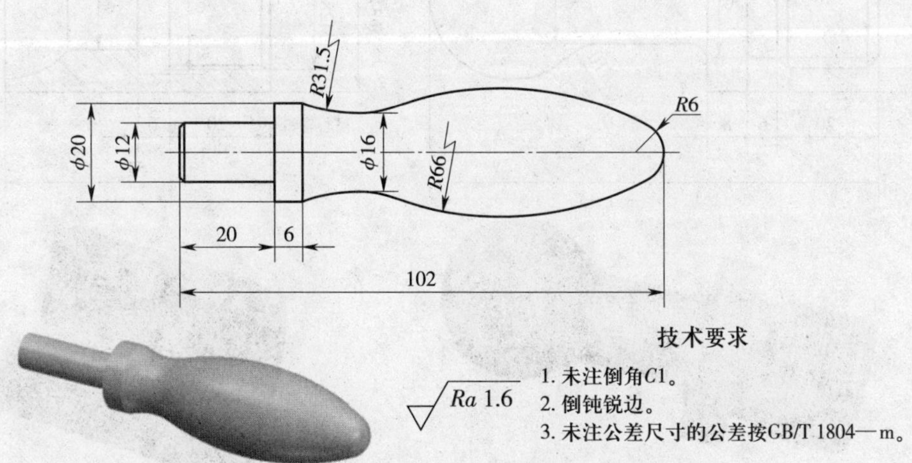

习题图 7–2　练习零件

3．加工习题图 7–3 所示零件，材料为 45 钢，试编制加工程序。

4．加工习题图 7–4 所示零件，材料为 45 钢，试编制加工程序。

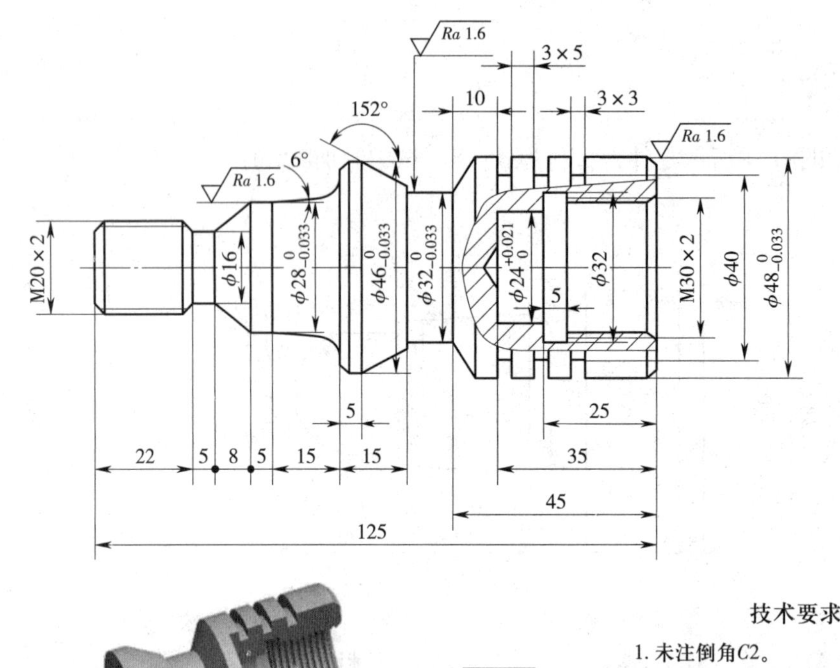

Ra 3.2（√）

技术要求

1. 未注倒角C2。
2. 倒钝锐边。
3. 未注公差尺寸的公差按GB/T 1804—m。

习题图 7-3　练习零件

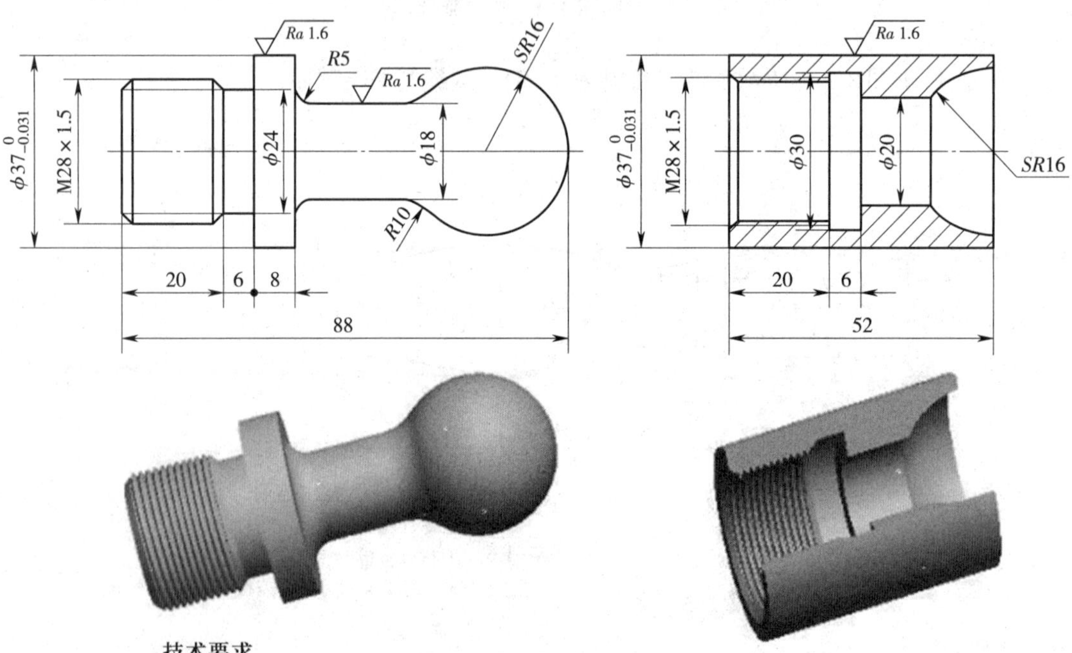

技术要求

1. 未注倒角C2。
2. 倒钝锐边。
3. 未注公差尺寸的公差按GB/T 1804—m。

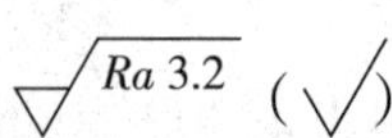

（√）

习题图 7-4　练习零件

模块八

数控车仿真加工

本模块以数控车仿真加工软件作为学习平台，利用数控加工的基础理论和工艺知识，针对典型的数控车零件加工进行实践训练。通过本模块的学习，学生可熟练掌握仿真软件在数控加工中的应用，提高数控车床编程与操作技能水平。

任务1　数控车仿真软件（上海宇龙）的操作

任务目标

- ◆ 了解上海宇龙仿真软件操作界面组成
- ◆ 掌握上海宇龙仿真软件的菜单功能应用
- ◆ 能配置不同数控系统的数控机床
- ◆ 能正确设置、安装工件和刀具
- ◆ 掌握数控车仿真加工操作步骤

任务引入

目前随着计算机的发展，尤其是虚拟技术和理念的发展，产生了可以模拟数控机床加工环境及其工作状态的计算机仿真加工系统。用计算机仿真加工系统进行数控培训，不仅可以迅速提高操作者的操作水平，而且安全可靠、费用低，同时也比较适合工厂、企业对新产品的开发和试制工作，减少了大量前期准备工作，提高了数控机床的利用率，缩短了新产品的开发、试制周期。目前使用的数控仿真软件有很多，如 VERICUT、上海宇龙、北京斐克、南京斯沃和宇航等加工仿真软件，这些软件各有特色。本任务以上海宇龙（FANUC）数控仿真软件为例，介绍数控加工仿真软件的功能和应用。其软件界面如图 8–1–1 所示。

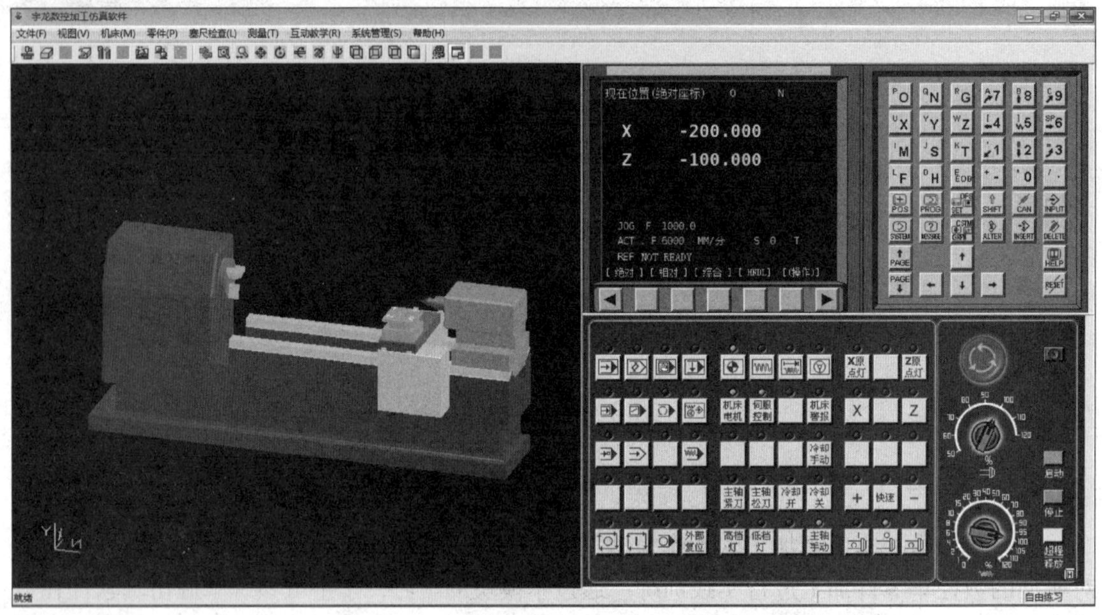

图 8–1–1　上海宇龙（FANUC）数控仿真软件界面

任务分析

上海宇龙数控仿真软件含有多种数控系统的数控车、数控铣和加工中心，可以实现对零件车削加工和铣削加工全过程仿真，其中包括毛坯形状与尺寸设置，刀具角度与尺寸设置，夹具组合与选用，零件基准测量和设置，数控程序输入、编辑和调试，加工仿真以及各种错误检测功能等。

操作数控仿真软件完成零件仿真加工的步骤如下：

（1）加工前的准备

1）启动加密锁管理程序。

2）设置数控加工仿真系统运行状态。

3）启动数控加工仿真系统。

4）选择机床。

5）修改系统设置。

（2）仿真加工操作

1）启动机床。

2）回零操作。

3）安装刀具。

4）安装零件。

5）手动操作。

6）导入数控程序。

7）检查运行轨迹。

8）对刀操作。

9）自动加工。

10）测量操作。

相关知识

一、上海宇龙数控仿真软件界面简介

上海宇龙数控仿真软件操作界面组成如图 8-1-2 所示，和其他 Windows 风格的软件一样，各种应用功能都可以通过菜单栏和工具按钮驱动，工具按钮中每一个图标都对应一个菜单命令，单击图标和单击菜单命令是一样的。

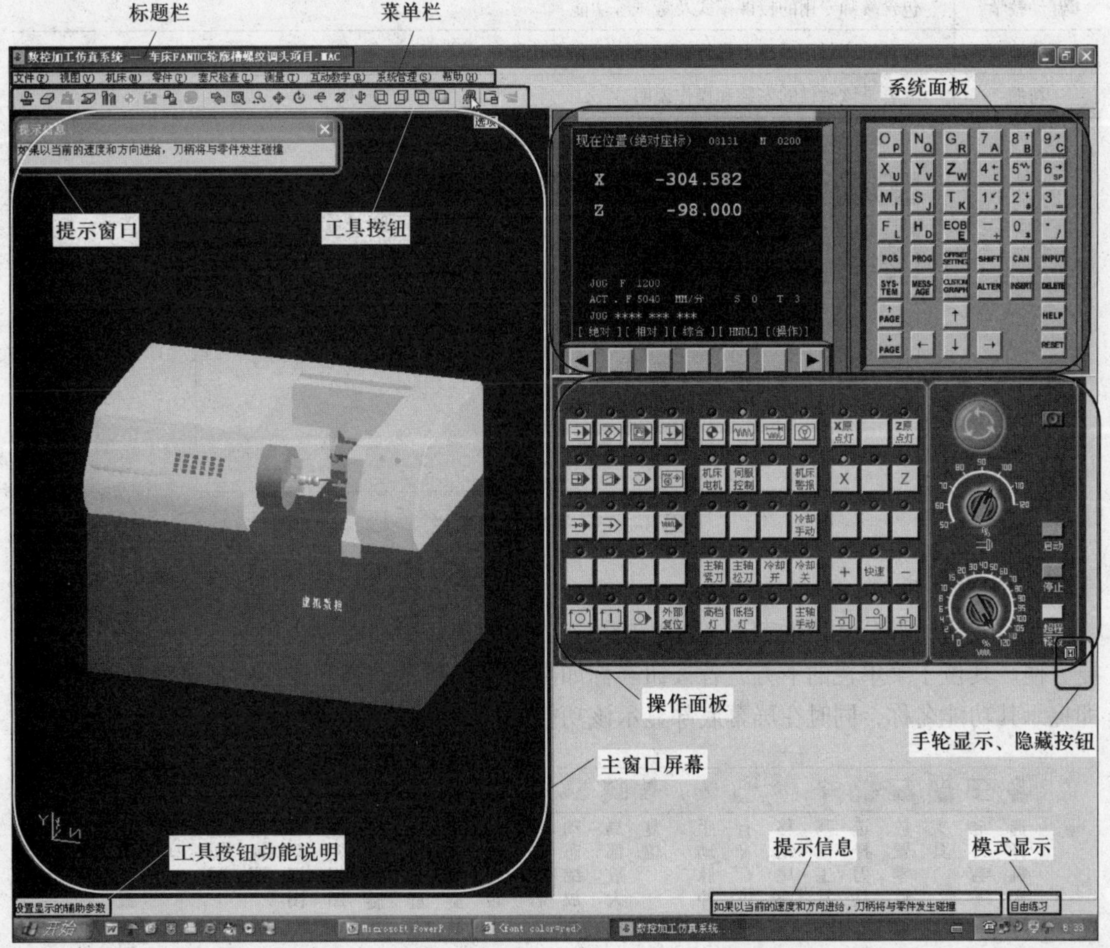

图 8-1-2　上海宇龙数控仿真软件操作界面组成

1．标题栏

标题栏显示当前项目名称。

2．菜单栏

菜单栏包括仿真软件所有的操作功能，见表8–1–1，这是一个下拉式菜单栏（见图8–1–3），可以根据需要选择其中的某一个菜单。

表8–1–1　　上海宇龙数控仿真软件菜单选项

菜单项	说明
文件	包含项目的新建、打开、保存、另存，零件模型的导入与导出，操作过程的记录与演示等功能
视图	设置主窗口的显示，包含调整机床显示、控制面板的切换、触摸屏工具及选项等功能
机床	包含选择机床、选择刀具、DNC（直接数字控制）传送、移动尾座等功能
零件	包含定义毛坯、夹具及工件安装等功能
塞尺检查	主要用于铣床对刀
测量	主要用于测量零件的尺寸，包含剖面图测量、工艺参数等功能
互动教学	包含教师专用的授课模式及考试等功能
系统管理	包含机床、用户、刀具管理和系统设置等功能
帮助	主要是该软件的安装和操作说明

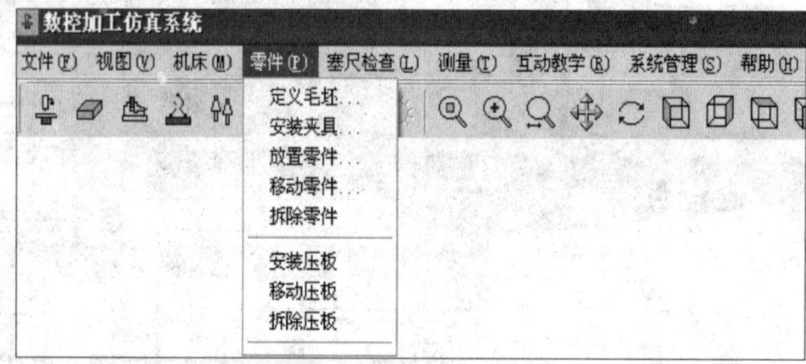

图8–1–3　下拉式菜单栏

3．工具按钮

工具按钮为部分常用的菜单功能快捷按钮，与菜单栏中功能完全相同，只是操作更为快捷方便。其位于菜单栏的下方，各按钮名称如图8–1–4所示。当光标指向某按钮时系统会立即提示其功能名称，同时在屏幕底部显示该功能的详细说明。

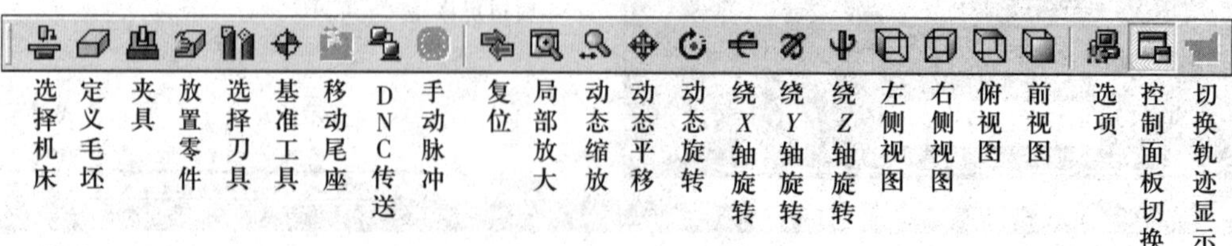

图8–1–4　工具按钮名称

4．主窗口屏幕

主窗口屏幕显示机床及图形轨迹，能动态旋转、缩放、移动，可用“控制面板切换”按钮全屏显示。

5．工具按钮功能说明

当光标指向某按钮时系统在此处显示该功能的详细说明。

6．提示信息

提示信息对错误操作或运行等报警提示，同时自动中止运行。

7．模式显示

模式显示包括练习、授课、考试。

8．系统面板、操作面板

系统面板、操作面板为有真实感的面板。

二、常用的仿真软件功能介绍

1．选项

单击菜单“视图”中的“选项”或工具按钮，弹出“视图选项”对话框，如图 8–1–5 所示。

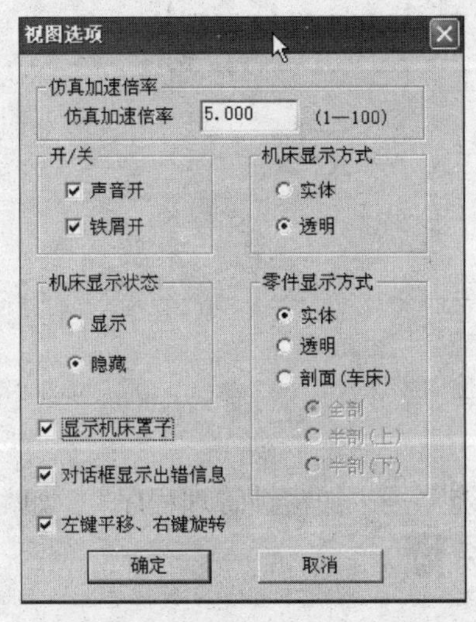

图 8–1–5 “视图选项”对话框

（1）仿真加速倍率：加快自动运行速度。

（2）开 / 关：声音、铁屑的开关。

（3）机床显示方式：实体 / 透明。

（4）机床显示状态：隐藏时仅显示工件和刀具。

（5）零件显示方式：实体 / 透明。对于车床上加工带孔的零件，可进行全剖、半剖。

（6）显示机床罩子：显示或不显示加工中心或铣床的机床罩子。

2．视图变换

单击菜单“视图”中的“动态平移”“动态旋转”“绕 *X* 轴旋转”等或相应的工具按钮。在主窗口屏幕中按住鼠标左键的同时移动鼠标，可实现平移、旋转等操作。

当“视图选项”对话框中的“左键平移、右键旋转”选项被选中时，按鼠标左键可进行平移，按鼠标滚轮可进行缩放，按鼠标右键可任意旋转。

3．控制面板切换

单击工具条中的“控制面板切换”按钮可将主窗口屏幕放大至全屏幕显示，便于自动运行和查看图形轨迹过程中放大观看。

4．车刀刀具库管理

单击菜单“系统管理”中的“车刀刀具库管理”，弹出“车刀刀具库”对话框，如图 8–1–6 所示。享有“修改系统参数”权限的用户可以对刀库中的刀具进行更改、添加、删除。

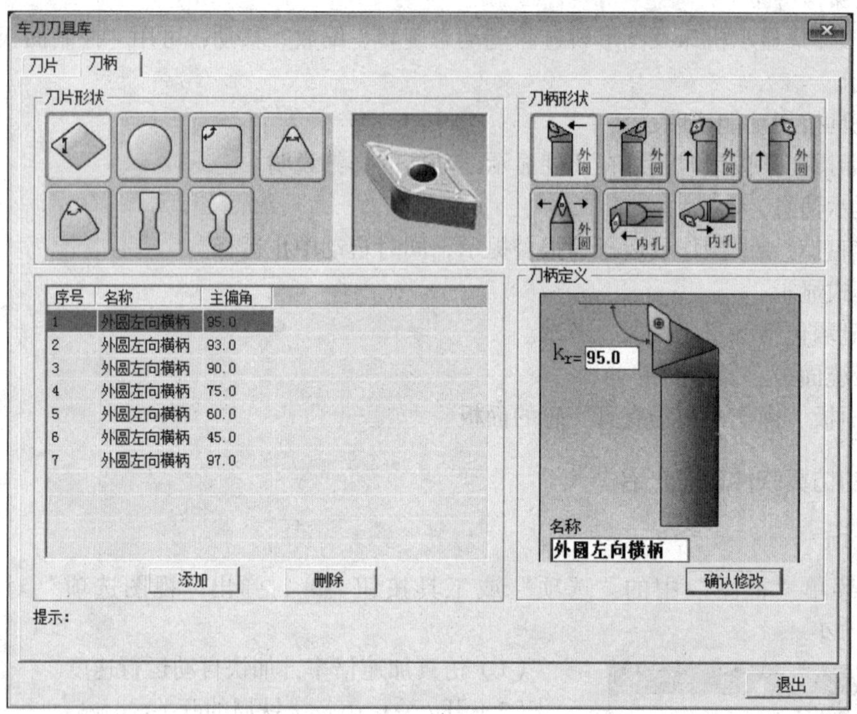

图 8-1-6 “车刀刀具库”对话框

任务实施

一、加工前的准备

1. 启动加密锁管理程序

单击“开始”按钮，选择“程序”→“数控加工仿真系统”→“加密锁管理程序”，如图 8-1-7 所示。在屏幕右下角将出现“加密锁管理程序”图标 。

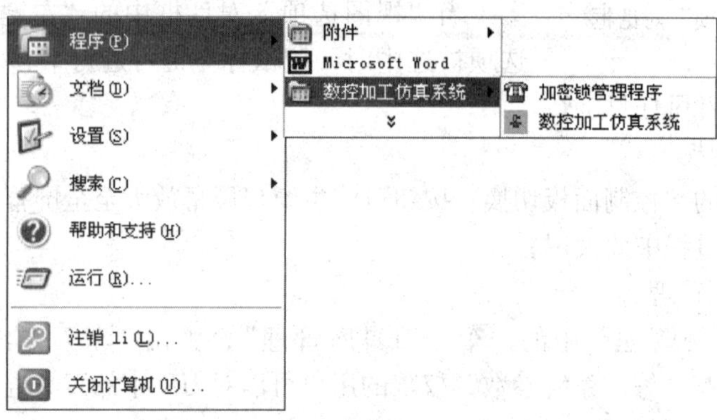

图 8-1-7 启动加密锁管理程序

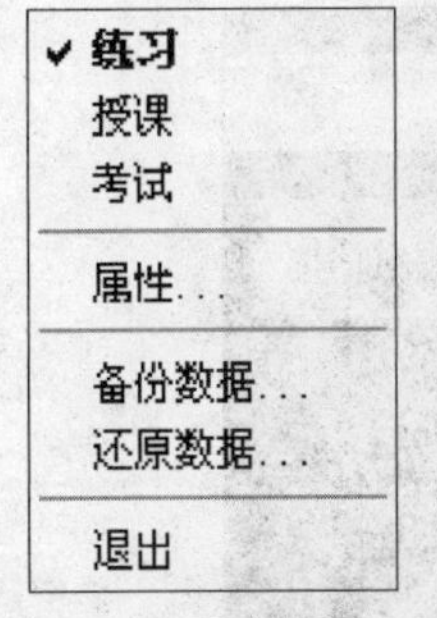

图 8-1-8 选择仿真系统运行状态

2. 设置数控加工仿真系统运行状态

用鼠标右键单击屏幕右下角的“加密锁管理程序”图标，弹出图 8-1-8 所示的菜单，选择仿真系统运行状态为“练习”。

3. 启动数控加工仿真系统

（1）双击桌面上的软件图标，或者单击“开始”按钮，选择“程序”→“数控加工仿真系统”→“数控加工仿真系统”，系统弹出用户登录界面，如图 8-1-9 所示。

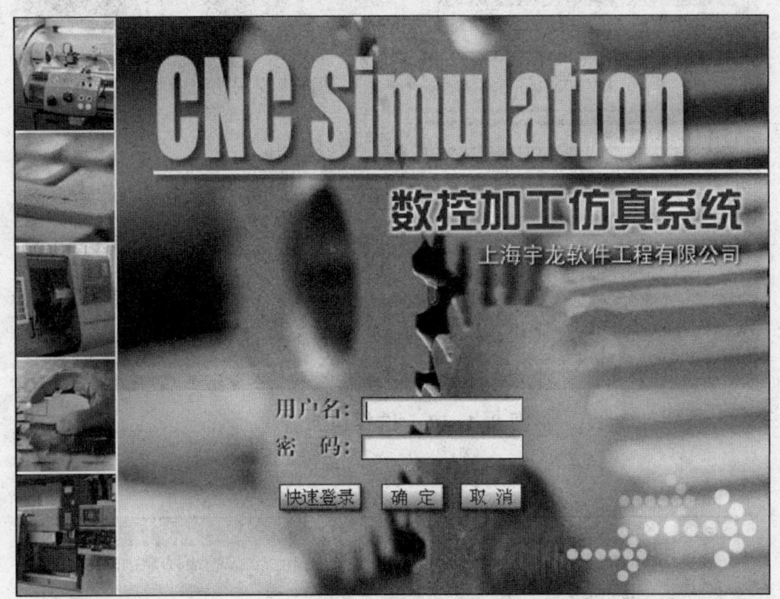

图 8-1-9 用户登录界面

（2）单击“快速登录”按钮或输入用户名和密码，再单击“确定”按钮，进入数控加工仿真系统。

4. 选择机床

单击菜单“机床”→“选择机床 ...”或单击“选择机床”工具按钮，弹出“选择机床”对话框，如图 8-1-10 所示，按图中步骤设置控制系统与机床类型，完成机床选择。

5. 修改系统设置

单击菜单“系统管理”→“系统设置”，弹出“系统设置”对话框（见图 8-1-11）。该对话框中共有六个选项卡，选择“FANUC 属性”选项卡（见图 8-1-12）并进行参数设置，完成后按“保存”→“应用”按钮退出。其目的是：设置机床原点位置、设置回零坐标轴的初始距离、设置程序坐标数据的单位等。

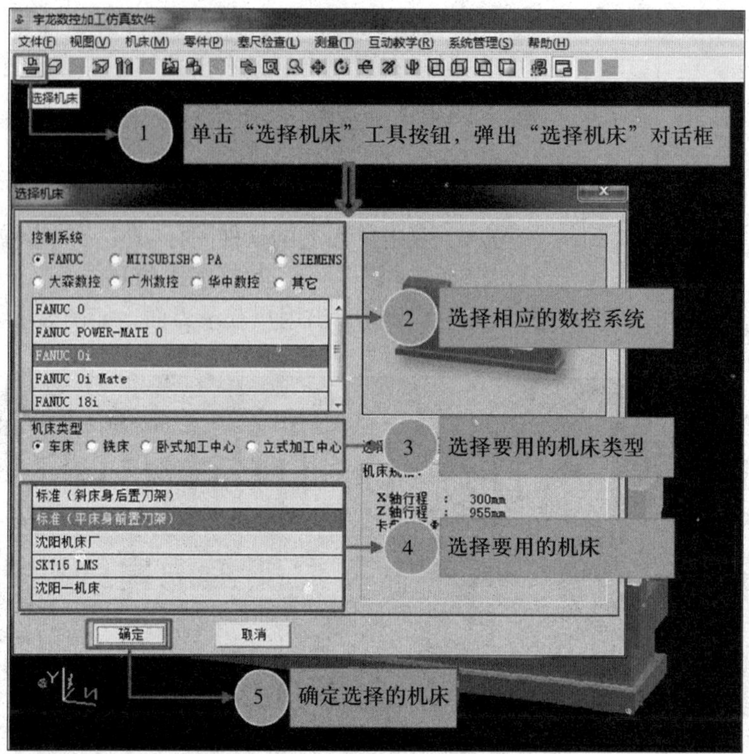

图 8–1–10　选择机床流程

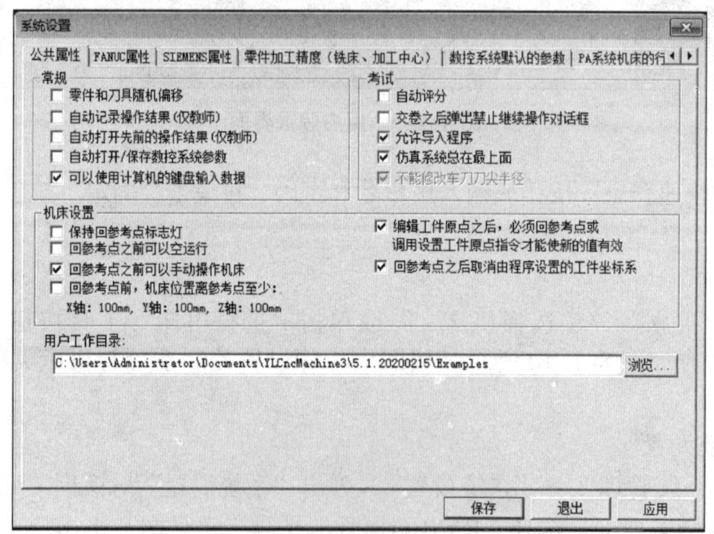

图 8–1–11　“系统设置”对话框

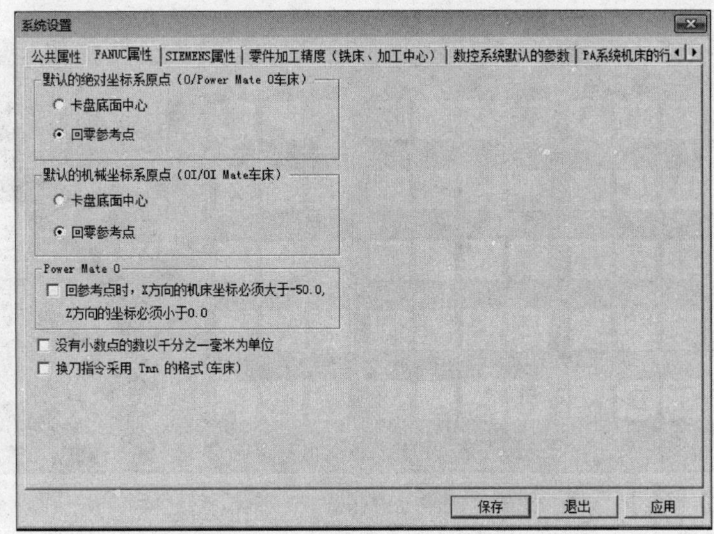

图 8-1-12 “FANUC 属性”选项卡

二、仿真加工操作

1．启动机床

（1）单击操作面板上的数控系统“启动”按钮，此时机床电动机和伺服控制的指示灯变亮。

（2）检查“急停”按钮是否为松开状态，若未松开，单击“急停”按钮，将其松开。

2．回零操作

单击“回零”按钮，进入回零模式，若指示灯亮，则表示已进入回零模式。机床回零操作流程如图 8-1-13 所示。

3．安装刀具

单击菜单“机床”→“选择刀具”或单击“选择刀具”工具按钮，弹出“刀具选择”对话框。安装刀具操作流程如图 8-1-14 所示。

4．安装零件

安装零件操作流程如图 8-1-15 所示。

5．手动操作

（1）手动快速移动坐标轴

单击“手动”按钮，切换到手动模式。按图 8-1-16 所示操作流程，把坐标轴移动至安全位置。

（2）手轮移动坐标轴

单击“手轮”按钮，切换到手轮模式。按图 8-1-17 所示操作流程可实现手轮移动坐标轴操作。

（3）手动车削外圆操作流程如图 8-1-18 所示。

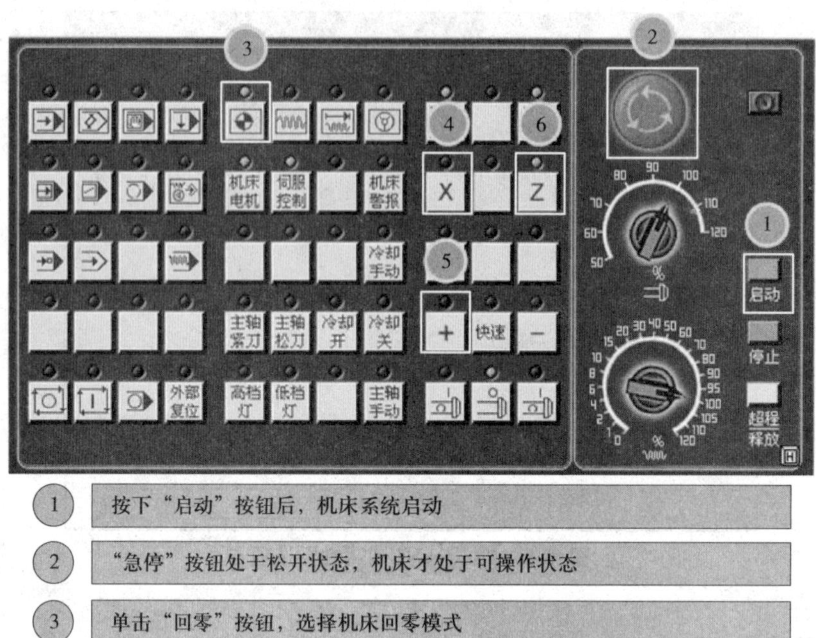

图 8-1-13　机床回零操作流程

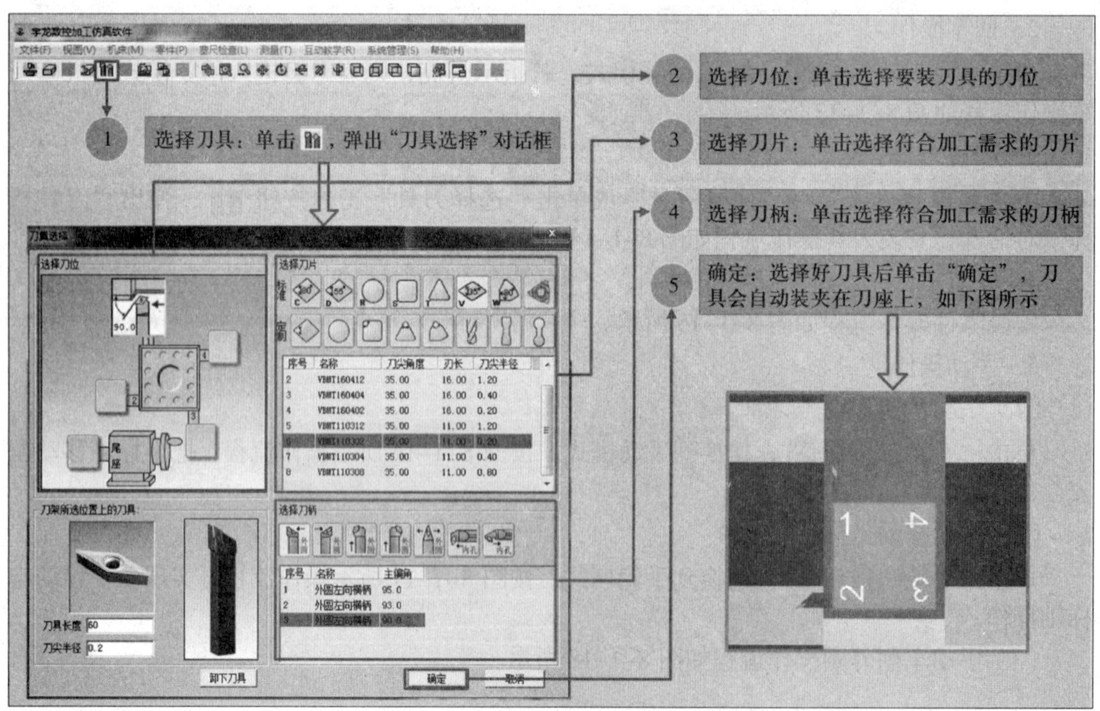

图 8-1-14　安装刀具操作流程

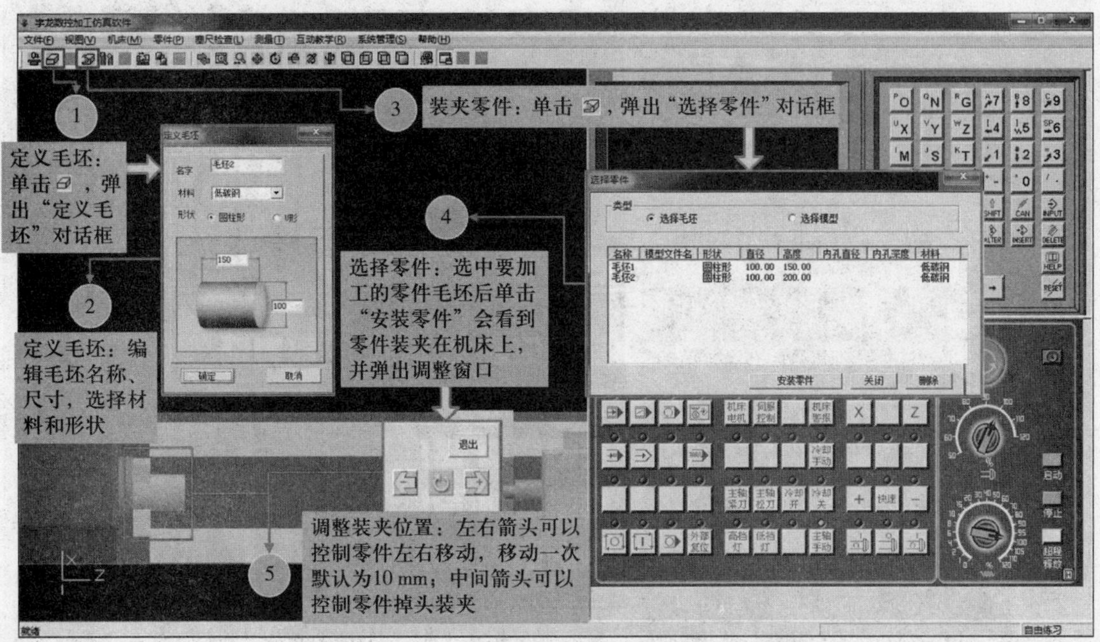

图 8–1–15 安装零件操作流程

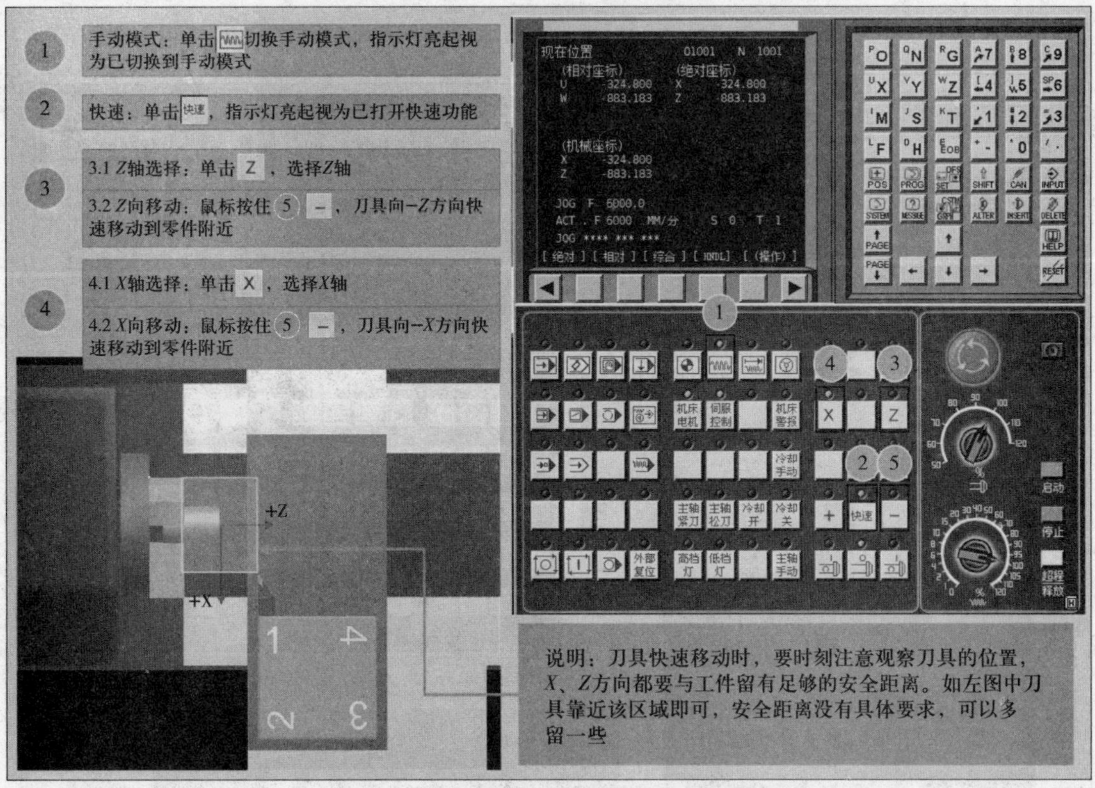

图 8–1–16 手动快速移动坐标轴操作流程

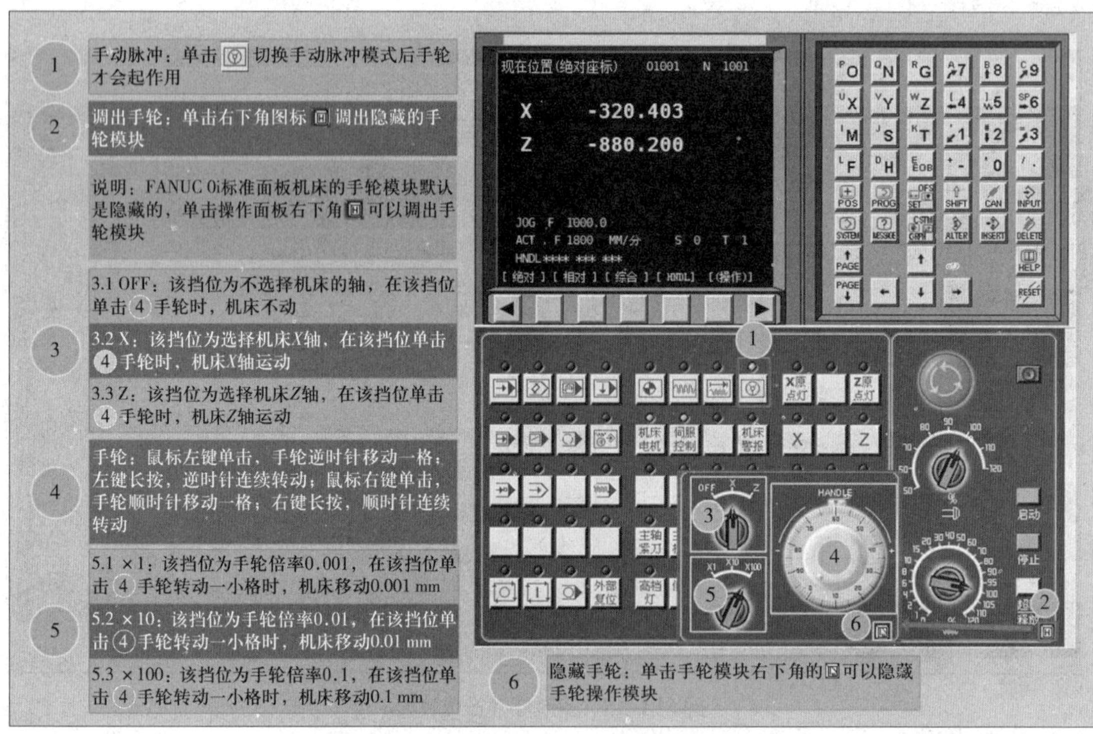

图 8-1-17 手轮移动坐标轴操作流程

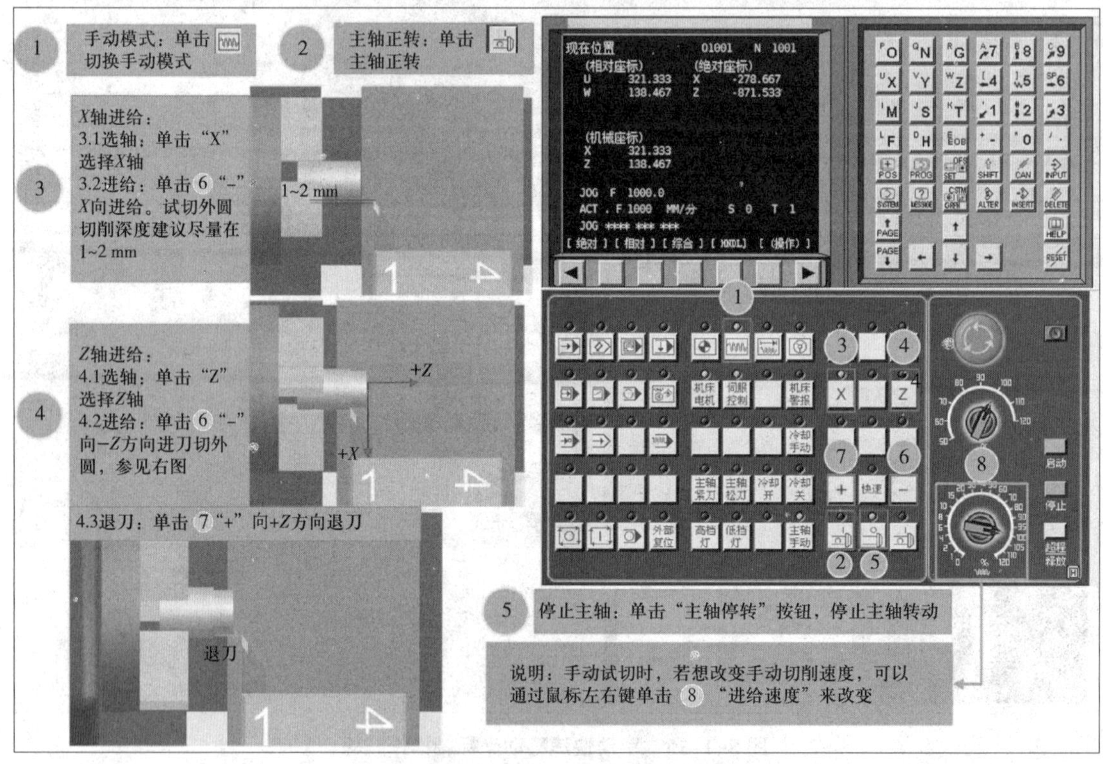

图 8-1-18 手动车削外圆操作流程

6. 导入数控程序

数控程序可以通过记事本或写字板等编辑软件输入并保存为文本格式文件（注意：必须是纯文本文件），也可直接用FANUC系统的MDI键盘输入。

（1）单击“编辑”按钮，转入编辑模式。

（2）单击MDI键盘上的“程序显示”按钮，进入程序管理页面。按【(操作)】下方软键后，再按扩展箭头，转至图8-1-19所示的传输程序菜单页面。

（3）按【READ】下方软键进入下一级菜单，MDI键盘输入程序号“O××××”（O后输入1 ~ 9 999的整数程序号），按功能键【EXEC】，系统提示“标头SKP”。

（4）单击菜单“机床”→“DNC传送...”或“DNC传送”工具按钮，在弹出的对话框中按路径选取要传输的文件，如图8-1-20所示，单击“打开”确认，即可输入加工程序。

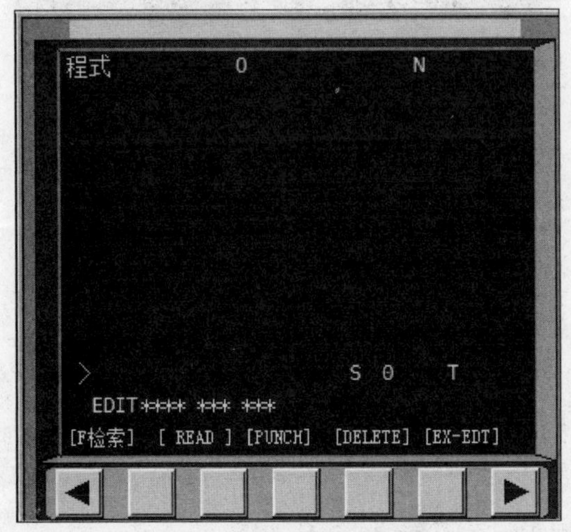

图8-1-19 传输程序菜单页面

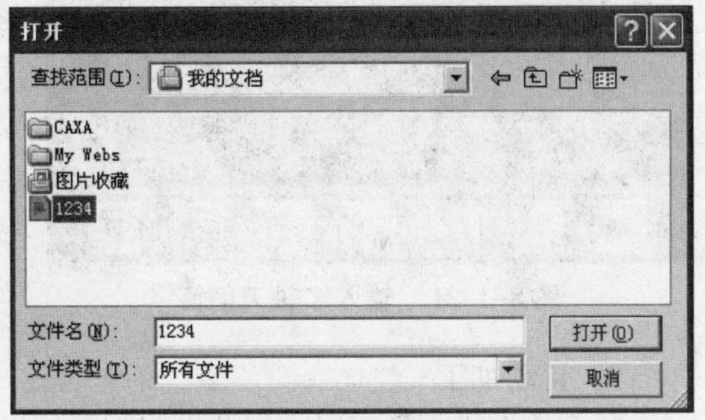

图8-1-20 选定传输程序文件

7. 检查运行轨迹

（1）单击操作面板上的“自动运行”按钮，使其指示灯变亮，转入自动加工模式。

（2）单击MDI键盘上的“程序显示”按钮，单击数字/字母键，输入需要检查运行轨迹的数控程序号“O××××”，按开始搜索按钮，找到后程序显示在屏幕上。

（3）单击“图形显示”按钮，进入检查运行轨迹模式，单击操作面板上的“循环启动”按钮，即可观察数控程序的运行轨迹，此时也可通过“视图”菜单中的动态旋转、动态缩放、动态平移等方式对运行轨迹进行全方位的动态观察。

8. 对刀操作

试切法对刀是用所选的刀具试切零件的外圆和端面，经过测量和计算得到零件右端面中心点的坐标值。

（1）用所选刀具手动试切工件外圆，保持X轴方向不动，刀具沿$+Z$轴方向退出。单击“主轴停止”按钮，使主轴停止转动。

（2）单击菜单“测量”，得到试切后的工件直径，记为 α。

（3）单击 MDI 键盘上的“偏置参数输入”按钮，进入形状补偿参数设定界面，将光标移到与刀位号相对应的位置，输入 Xα，按软键［测量］（见图 8–1–21），对应的刀具偏移量自动输入。

（4）启动主轴，试切工件端面，保持 Z 轴方向不动，刀具沿 $+X$ 轴方向退出。把端面在工件坐标系中 Z 的坐标值记为 β（此处以工件端面中心点为工件坐标系原点，则 β 为 0）。

（5）进入形状补偿参数设定界面，将光标移到相应的位置，输入 Zβ，按软键［测量］（见图 8–1–22），对应的刀具偏移量自动输入。

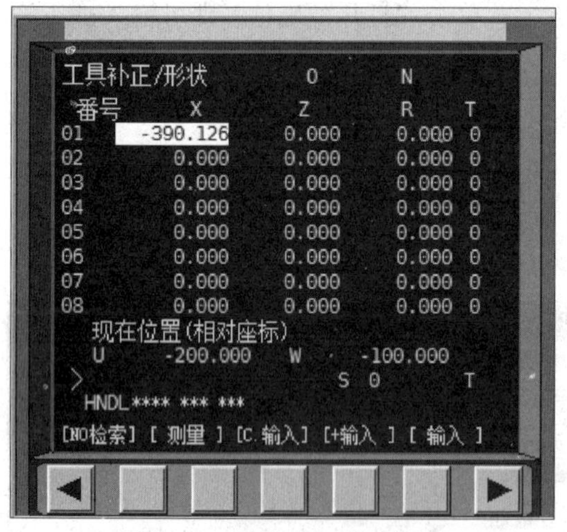

图 8–1–21　输入 X 轴刀偏值

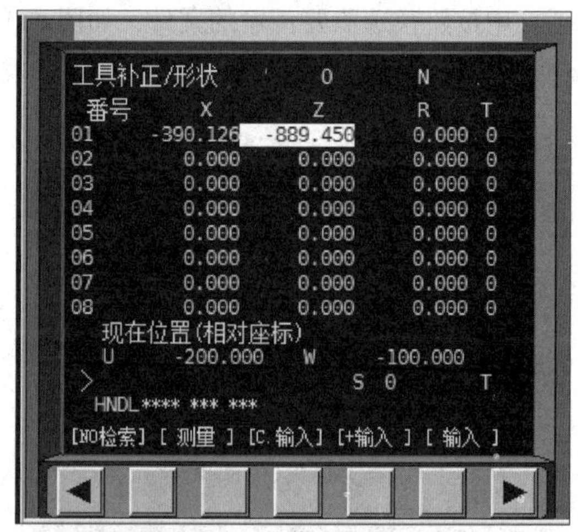

图 8–1–22　输入 Z 轴刀偏值

9．自动加工

（1）检查机床是否回零，若未回零，将机床回零。

（2）导入数控程序或自行编写一段程序。

（3）单击操作面板上的“自动运行”按钮，使其指示灯变亮。

（4）单击操作面板上的“循环启动”按钮，程序开始执行。

（5）程序执行完毕，循环启动指示灯灭，加工循环结束。

10．测量操作

（1）调用测量功能，操作流程如图 8–1–23 所示。

（2）选用自动测量功能，操作流程如图 8–1–24 所示。

（3）选用游标卡尺测量功能，操作流程如图 8–1–25 所示。

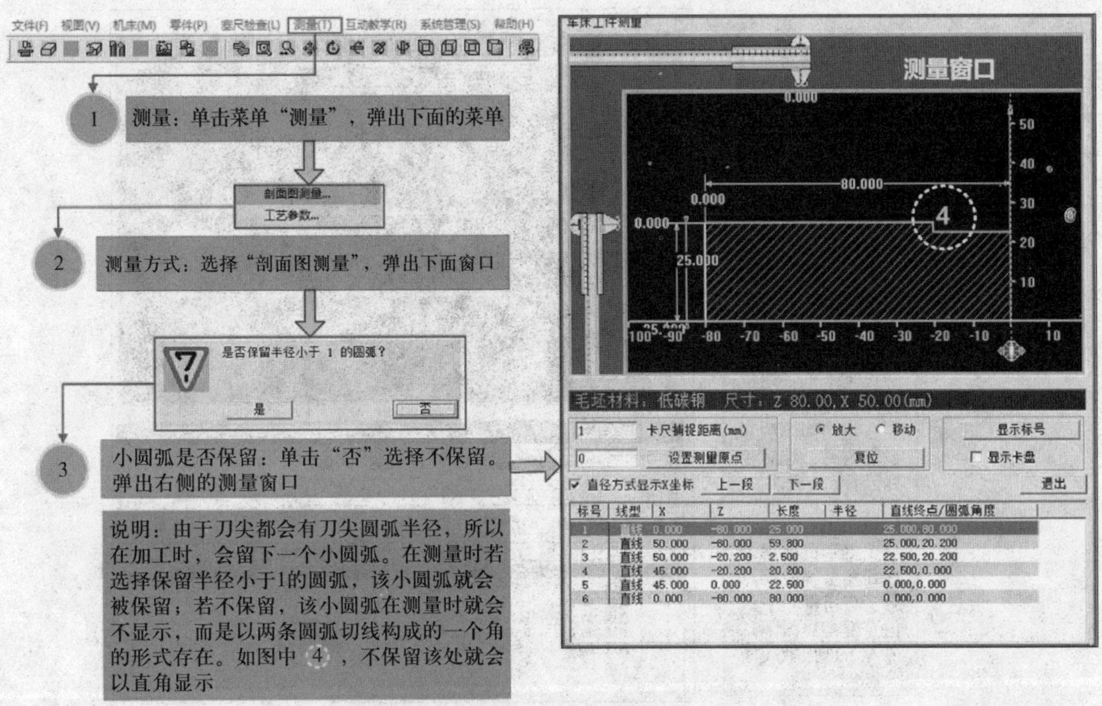

标号	线型	X	Z	长度	半径	直线终点/圆弧角度
1	直线	0.000	-80.000	25.000		25.000,80.000
2	直线	50.000	-80.000	59.800		25.000,20.200
3	直线	50.000	-20.200	2.500		22.500,20.200
4	直线	45.000	-20.200	20.200		22.500,0.000
5	直线	45.000	0.000	22.500		0.000,0.000
6	直线	0.000	-80.000	80.000		0.000,0.000

图 8–1–23 调用测量功能操作流程

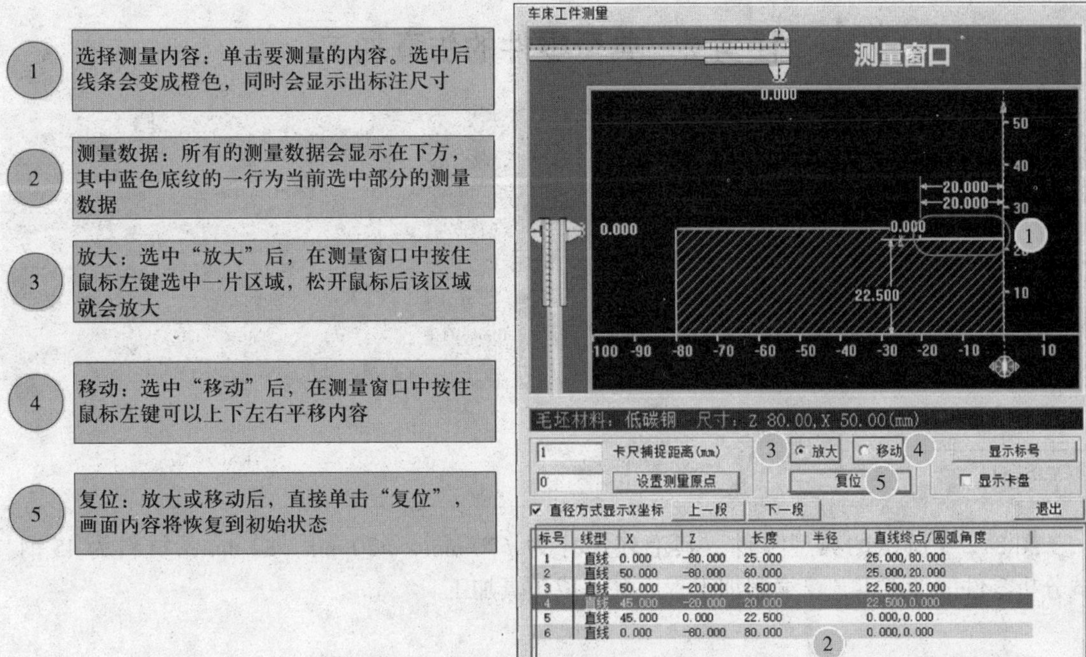

标号	线型	X	Z	长度	半径	直线终点/圆弧角度
1	直线	0.000	-80.000	25.000		25.000,80.000
2	直线	50.000	-80.000	60.000		25.000,20.000
3	直线	50.000	-20.000	2.500		22.500,20.000
4	直线	45.000	-20.000	20.000		22.500,0.000
5	直线	45.000	0.000	22.500		0.000,0.000
6	直线	0.000	-80.000	80.000		0.000,0.000

图 8–1–24 选用自动测量功能操作流程

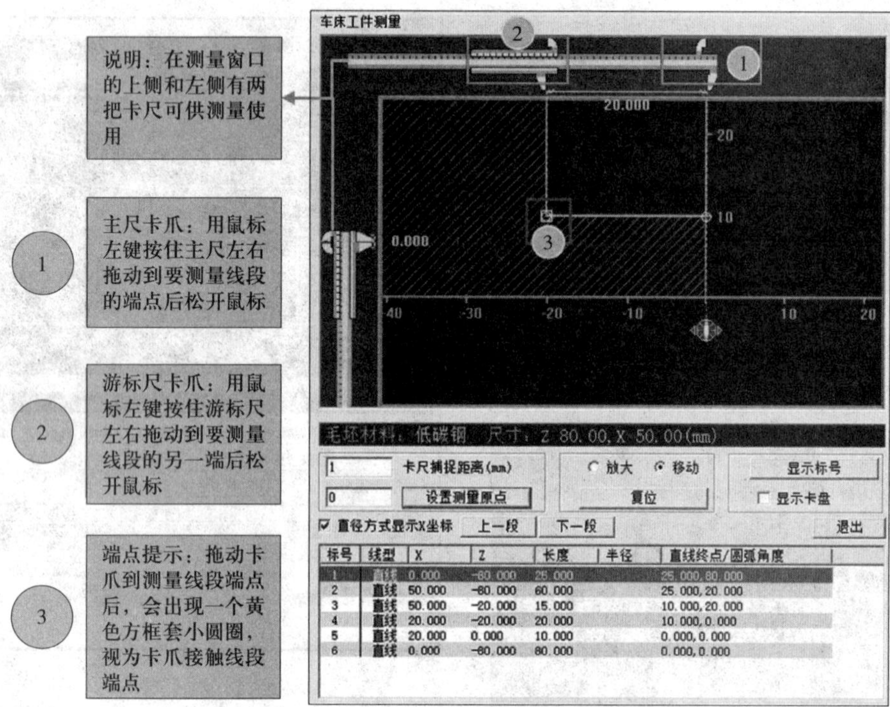

图 8-1-25 选用游标卡尺测量功能操作流程

任务 2 典型零件的仿真加工

任务目标

- ◆ 能制定典型零件的加工工艺
- ◆ 能选用可转位刀杆并配置刀片
- ◆ 能根据工艺要求编制加工程序
- ◆ 能利用仿真软件完成零件的仿真加工

任务引入

图 8-2-1 所示的典型零件，其毛坯尺寸为 ϕ70 mm × ϕ20 mm × 82 mm，材料为 45 钢。试分析零件的加工工艺，编制加工程序并完成仿真加工。

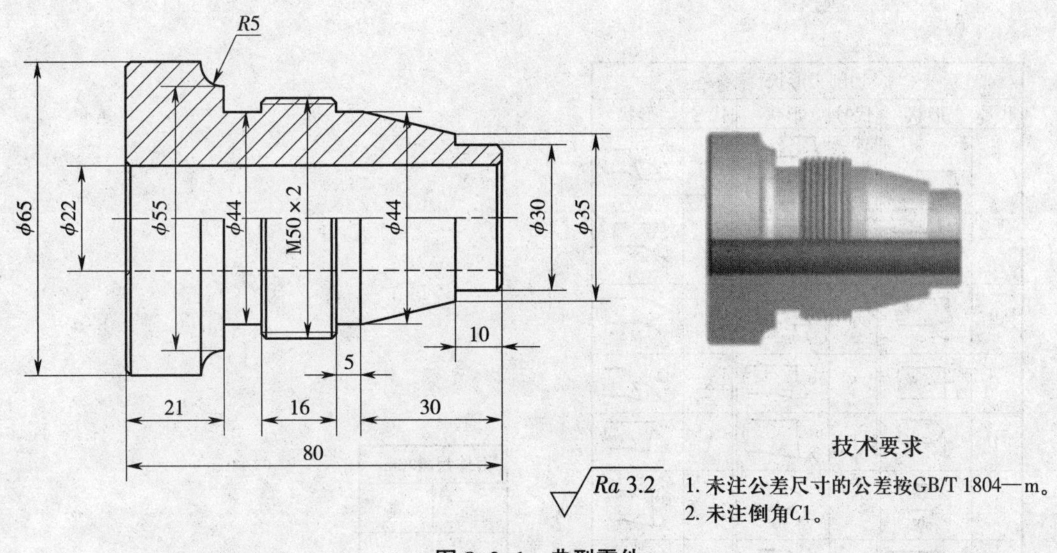

图 8-2-1 典型零件

任务分析

该零件主要由外圆、内孔、外沟槽、圆锥面、圆弧面、螺纹等加工要素构成，其中轴向与径向尺寸公差为一般公差，表面粗糙度全部为 *Ra*3.2 μm，未注倒角为 *C*1 mm。毛坯材料为 45 钢，切削加工性能较好，无热处理和硬度要求。

通过上述分析，采取以下几点工艺措施：

（1）零件右端外轮廓为单调递增形状，为简化编程，可使用 G71/G70 指令来完成 ϕ30 mm 和 ϕ35 mm 外圆、圆锥面、螺纹外圆及 *R*5 mm 圆弧的粗精加工。因此确定先加工零件左端 ϕ65 mm 外圆及 ϕ22 mm 内孔，然后掉头找正加工零件右端的工艺方案。

（2）由于零件的轴向与径向尺寸公差为一般公差，且表面粗糙度要求不高，随着数控机床制造技术和刀具新材料不断发展，为减少换刀次数，可以不再考虑安排粗精加工刀具。外轮廓加工可选主偏角为 93°、刀尖角 80° 的外圆刀具，来满足外圆、端面的加工要求。

（3）零件毛坯尺寸为 ϕ70 mm × ϕ20 mm × 82 mm，为实现零件的快速定位安装，选用三爪自定心卡盘。如果零件的批量较大，可增加轴向定位措施以减少装夹时间。

（4）毛坯材料为 45 钢，零件无热处理和硬度要求。为降低生产成本，刀具材料按刀具手册查询选用即可，选用的切削液要具备良好的润滑、冷却、防锈和清洗性能，还要在加工过程中能满足工艺要求，减少刀具损耗，降低加工表面的温度及表面粗糙度等。

相关知识

外圆刀杆型号的含义如图 8-2-2 所示，内孔刀杆型号的含义如图 8-2-3 所示。

数控车可转位刀片型号的含义如图 8-2-4 所示。

数控刀杆配置刀片方法如图 8-2-5 所示。

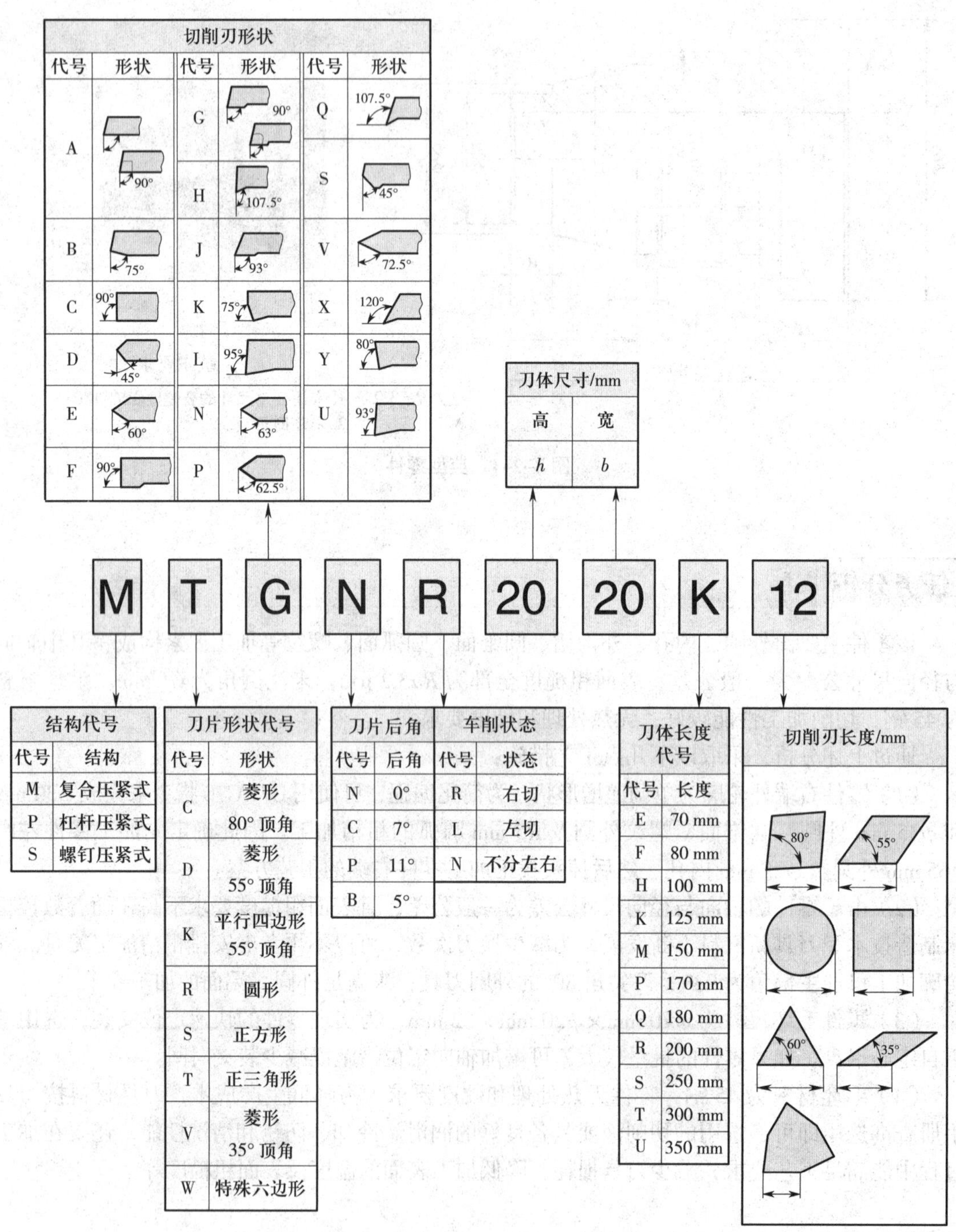

图 8–2–2　外圆刀杆型号的含义

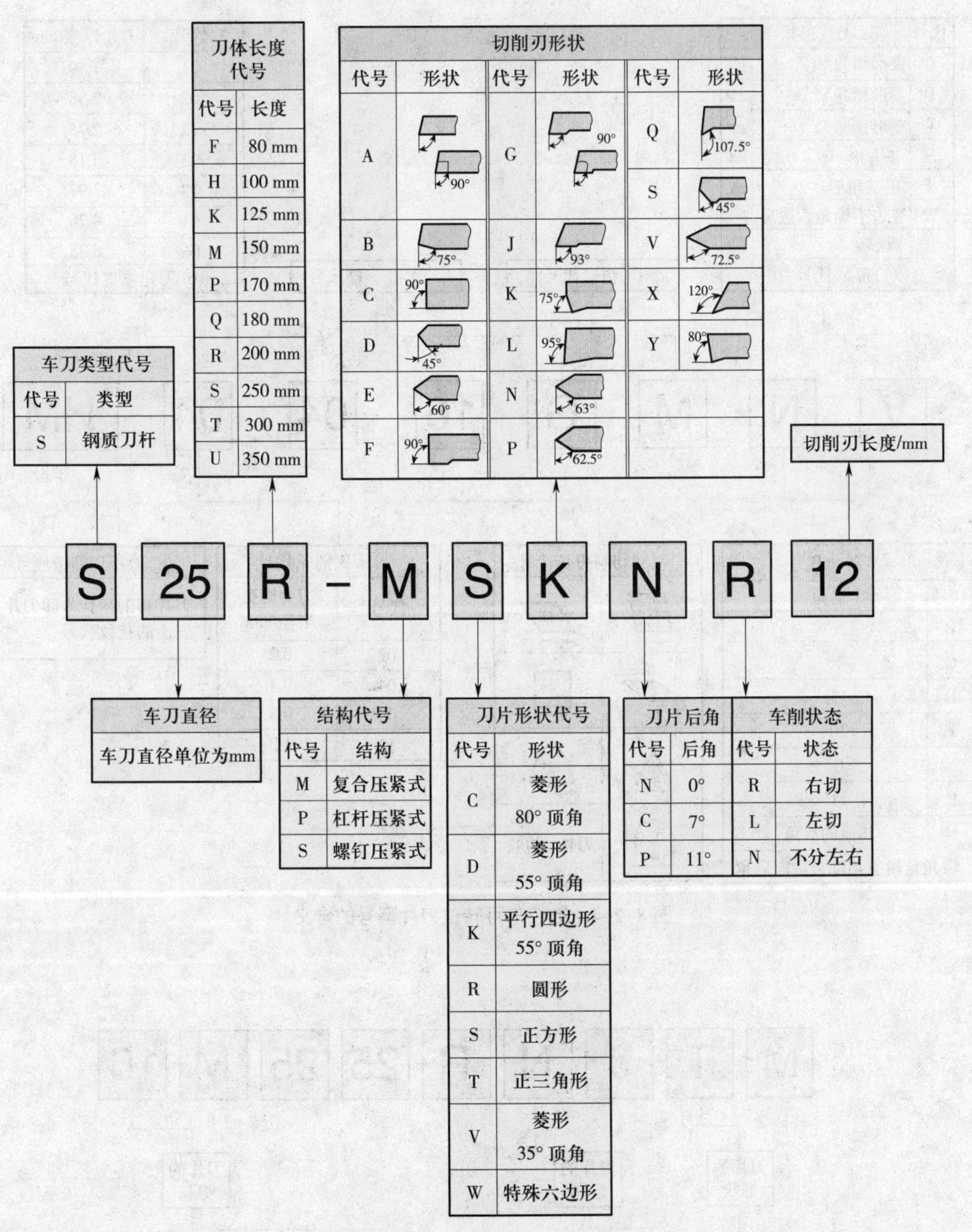

图 8-2-3 内孔刀杆型号的含义

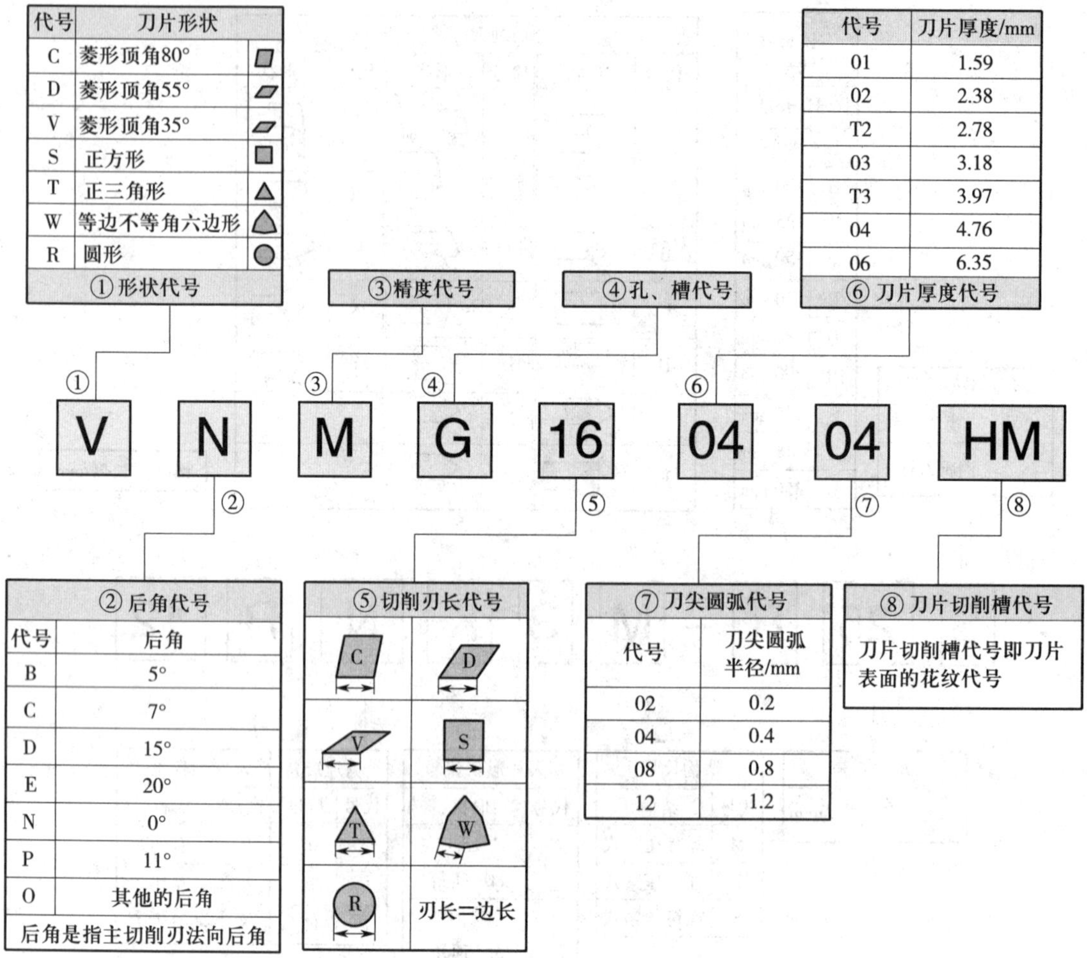

代号	刀片形状
C	菱形顶角80°
D	菱形顶角55°
V	菱形顶角35°
S	正方形
T	正三角形
W	等边不等角六边形
R	圆形

①形状代号

③精度代号

④孔、槽代号

代号	刀片厚度/mm
01	1.59
02	2.38
T2	2.78
03	3.18
T3	3.97
04	4.76
06	6.35

⑥刀片厚度代号

① V　② N　③ M　④ G　⑤ 16　⑥ 04　⑦ 04　⑧ HM

②后角代号

代号	后角
B	5°
C	7°
D	15°
E	20°
N	0°
P	11°
O	其他的后角

后角是指主切削刃法向后角

⑤切削刃长代号

C　D　V　S　T　W　R　刃长=边长

⑦刀尖圆弧代号

代号	刀尖圆弧半径/mm
02	0.2
04	0.4
08	0.8
12	1.2

⑧刀片切削槽代号

刀片切削槽代号即刀片表面的花纹代号

图 8-2-4　数控车可转位刀片型号的含义

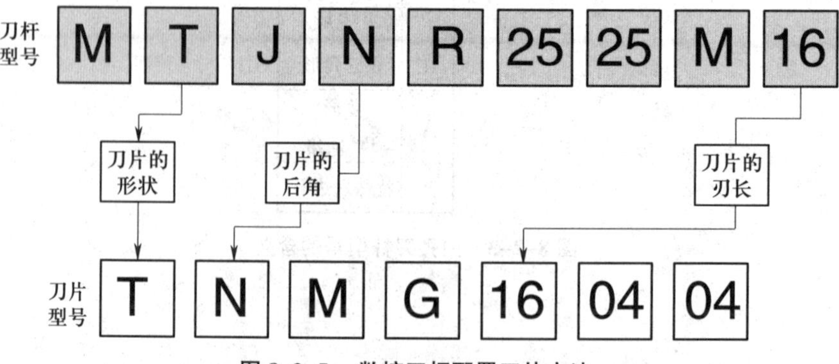

图 8-2-5　数控刀杆配置刀片方法

任务实施

一、确定加工工艺

零件加工工艺简卡见表 8–2–1。

表 8–2–1　　零件加工工艺简卡

工序号	工序内容	工序简图	工步内容
1	左端加工		1．三爪自定心卡盘夹持毛坯，伸出约 40 mm，找正并夹紧
			2．车左端面
			3. 车外倒角 $C1$ mm 及 $\phi65$ mm × 30 mm 外圆至尺寸要求
			4．车内倒角 $C1$ mm 及 $\phi22$ mm 通孔至尺寸要求
2	右端加工		5．掉头，夹持 $\phi65$ mm 外圆
			6．车右端面，保证总长 80 mm 至尺寸要求
			7．车外圆、圆锥面、螺纹外径及圆弧面至尺寸要求
			8．车槽 8 mm × $\phi44$ mm 至尺寸要求
			9．车螺纹 M50 × 2 至尺寸要求
			10．车内孔倒角 $C1$ mm
			11．去毛刺、检验

二、填写相关工艺卡片

数控加工刀具卡见表 8–2–2。

表 8–2–2　　数控加工刀具卡

产品名称或代号		×××		零件名称	×××	零件图号	×××
序号	刀具号	刀具名称	数量	加工内容		主要参数	备注
1	T01	93° 外圆车刀	1	车外轮廓、端面		$R0.4$ mm	
2	T02	93° 内孔车刀	1	车内孔、内孔倒角		$R0.2$ mm	
3	T03	4 mm 宽车槽刀	1	车槽、倒角			
4	T04	60° 螺纹车刀	1	车 M50 × 2 螺纹		60°	
编制	×××	审核	×××	批准	×××	共 × 页	第 × 页

数控加工工艺卡见表 8–2–3。

表 8–2–3　　数控加工工艺卡

<table>
<tr><td rowspan="2">单位名称</td><td rowspan="2">× × ×</td><td colspan="2">产品名称</td><td>零件名称</td><td colspan="3">零件图号</td></tr>
<tr><td colspan="2">× × ×</td><td>× × ×</td><td colspan="3">× × ×</td></tr>
<tr><th>序号</th><th>程序号</th><th>夹具名称</th><th>设备</th><th>数控系统</th><th colspan="3">车间</th></tr>
<tr><td>1</td><td>O1111</td><td rowspan="2">三爪自定心卡盘</td><td rowspan="2">CK6150</td><td rowspan="2">FANUC</td><td colspan="3" rowspan="2">× × ×</td></tr>
<tr><td>2</td><td>O2222</td></tr>
<tr><th>工步</th><th colspan="2">工步内容</th><th>刀号</th><th>主轴转速 /（r/min）</th><th>进给量 /（mm/r）</th><th>背吃刀量 / mm</th><th>备注</th></tr>
<tr><td>1</td><td colspan="2">三爪自定心卡盘夹持毛坯，伸出约 40 mm，找正并夹紧</td><td></td><td></td><td></td><td></td><td>手动</td></tr>
<tr><td>2</td><td colspan="2">车左端面</td><td>T01</td><td>1 200</td><td>0.1</td><td>1</td><td>O1111</td></tr>
<tr><td>3</td><td colspan="2">车外倒角 $C1$ mm 及 $\phi65$ mm × 30 mm 外圆至尺寸要求</td><td>T01</td><td>1 000</td><td>0.2</td><td>3</td><td>O1111</td></tr>
<tr><td>4</td><td colspan="2">车内倒角 $C1$ mm 及 $\phi22$ mm 通孔至尺寸要求</td><td>T02</td><td>1 400</td><td>0.15</td><td>1</td><td>O1111</td></tr>
<tr><td>5</td><td colspan="2">掉头，夹持 $\phi65$ mm 外圆</td><td></td><td></td><td></td><td></td><td>手动</td></tr>
<tr><td>6</td><td colspan="2">车右端面，保证总长 80 mm 至尺寸要求</td><td>T01</td><td>1 200</td><td>0.1</td><td>1</td><td>O2222</td></tr>
<tr><td>7</td><td colspan="2">车外圆、圆锥面、螺纹外径及圆弧面至尺寸要求</td><td>T01</td><td>1 000</td><td>0.2</td><td>3</td><td>O2222</td></tr>
<tr><td>8</td><td colspan="2">车槽 8 mm × $\phi44$ mm 至尺寸要求</td><td>T03</td><td>800</td><td>0.05</td><td>4</td><td>O2222</td></tr>
<tr><td>9</td><td colspan="2">车螺纹 M50 × 2 至尺寸要求</td><td>T04</td><td>650</td><td>2</td><td>0.9 ~ 0.1</td><td>O2222</td></tr>
<tr><td>10</td><td colspan="2">车内孔倒角 $C1$ mm</td><td>T02</td><td>1 400</td><td>0.2</td><td>1</td><td>O2222</td></tr>
<tr><td>11</td><td colspan="2">去毛刺，检验</td><td></td><td></td><td></td><td></td><td>手动</td></tr>
<tr><td>编制</td><td colspan="2">× × ×</td><td>审核</td><td>× × ×</td><td>批准</td><td colspan="2">× × ×</td></tr>
</table>

三、编写加工程序

根据加工工艺，手工编制零件的加工程序。工件坐标系原点分别设置在零件的左右两端面中心处，零件左端加工程序见表 8–2–4，零件右端加工程序见表 8–2–5。

表 8–2–4　　零件左端加工程序

程序	说明
O1111;	程序号
G99;	指定为每转进给方式
T0101;	选择 1 号车刀和 1 号刀补
M03 S1200;	主轴正转，转速为 1 200 r/min

续表

程序	说明
G00 X72.0 Z2.0 M08；	刀具快速定位至外轮廓切入点，打开切削液
G94 X18.0 Z0 F0.1；	车左端面，进给量为 0.1 mm/r
G90 X67.0 Z–30.0 F0.2 S1000；	车 ϕ65 mm 外圆第 1 刀，进给量为 0.2 mm/r，转速为 1 000 r/min
G01 G42 X63.0 Z0；	执行刀尖圆弧半径补偿，定位至倒角起点
X65.0 Z–1.0；	车外倒角 C1 mm
G40 Z–30.0；	车 ϕ65 mm 外圆第 2 刀，取消刀尖圆弧半径补偿
G00 X100.0 Z100.0；	快速返回换刀点
T0202；	选择 2 号车刀和 2 号刀补
G00 X20.0 Z2.0 S1400；	刀具快速定位至内孔切入点，转速为 1 400 r/min
G90 X21.0 Z–82.0 F0.15；	车 ϕ22 mm 内孔第 1 刀，进给量为 0.15 mm/r
G01 G41 X24.0 Z0；	执行刀尖圆弧半径补偿，定位至倒角起点
X22.0 Z–1.0；	车内倒角 C1 mm
G40 Z–82.0；	车 ϕ22 mm 内孔第 2 刀，取消刀尖圆弧半径补偿
G00 X20.0 Z2.0；	斜线退回切入点
X100.0 Z100.0 M09；	快速返回换刀点，停切削液
M05；	主轴停转
M30；	程序结束

表 8–2–5　　零件右端加工程序

程序	说明
O2222；	程序号
G99；	指定为每转进给方式
T0105；	选择 1 号车刀和 5 号刀补
M03 S1200；	主轴正转，转速为 1 200 r/min
G00 X72.0 Z2.0 M08；	刀具快速定位至外轮廓切入点，打开切削液
G94 X20.0 Z0 F0.1；	车右端面，保证总长，进给量为 0.1 mm/r
G71 U2 R0.5	指定 G71 背吃刀量 2 mm，退刀量 0.5 mm
G71 P1 Q2 U0.5 W0 F0.2 S1000；	指定循环的起终程序段号、精车余量、进给量及主轴转速
N1 G00 X28.0；	循环起始段，进刀至 ϕ28 mm

续表

程序	说明
G01 Z0 F0.15;	直线插补至外倒角起点，精车进给量为 0.15 mm/r
X30.0 Z-1.0;	车外倒角 *C*1 mm
Z-10.0;	车 ϕ30 mm 外圆
X35.0;	退至圆锥面小端 ϕ35 mm
X44.0 Z-30.0;	车圆锥面
W-5.0;	车 ϕ44 mm 外圆
X48.0;	退至螺纹右端 *C*1 mm 倒角起点
X50.0 W-1.0;	车倒角 *C*1 mm
Z-59.0;	车螺纹外圆
X55.0;	退至车 *R*5 mm 圆弧起点
G02 X65.0 W-5.0 R5;	车 *R*5 mm 圆弧
N2 G01 X68.0;	循环结束段，退刀
G42 G70 P1 Q2;	执行刀尖圆弧半径补偿，精加工
G00 G40 X100.0 Z100.0;	取消刀尖圆弧半径补偿，快速返回换刀点
T0303;	选择 3 号车刀和 3 号刀补
G00 X56.0 Z-59.0 S800;	刀具快速定位至槽切入点，转速为 800 r/min
G01 X44.0 F0.05;	车槽第 1 刀
G04 X2.0;	程序暂停 2 s
G00 X51.0;	快速退刀
Z-54.0;	定位至螺纹左端 *C*1 mm 倒角 *Z* 轴起点
G01 X50.0 F0.05;	进刀至 *C*1 mm 倒角 *X* 轴起点，进给量为 0.05 mm/r
X48.0 Z-55.0;	车 *C*1 mm 倒角
X44.0;	车槽第 2 刀
G04 X2.0;	程序暂停 2 s
G00 X56.0;	退刀
X100.0 Z100.0;	快速返回换刀点
T0404;	选择 4 号车刀和 4 号刀补
G00 X52.0 Z-30.0 S650;	快速定位至螺纹切入点，转速为 650 r/min
G92 X49.1 Z-58.0 F2;	车螺纹第 1 刀

续表

程序	说明
X48.5；	车螺纹第 2 刀
X47.9；	车螺纹第 3 刀
X47.5；	车螺纹第 4 刀
X47.4；	车螺纹第 5 刀
G00 X100.0 Z100.0；	快速返回换刀点
T0206；	选择 2 号车刀和 6 号刀补
G00 X24.0 Z4.0 S1400；	快速定位至切入点，转速为 1 400 r/min
G01 G41 Z0；	执行刀尖圆弧半径补偿，直线插补至倒角起点
X21.0 Z–1.5 F0.2；	车内孔 *C*1 mm 倒角
G00 G40 Z100.0；	取消刀尖圆弧半径补偿，快速返回 *Z* 轴换刀点
G00 X100.0 M09；	快速返回 *X* 轴换刀点，停切削液
M05；	主轴停转
M30；	程序结束

四、数控车仿真加工

在进行数控车仿真加工时，一定要按照数控车安全操作规程的要求进行操作，在仿真的过程中要仔细观察，及时修改错误，避免出现撞机等重大失误。零件的仿真加工过程见表 8–2–6。

表 8–2–6　　　　零件的仿真加工过程

步骤	操作内容	主要操作过程	操作结果
1	选择机床	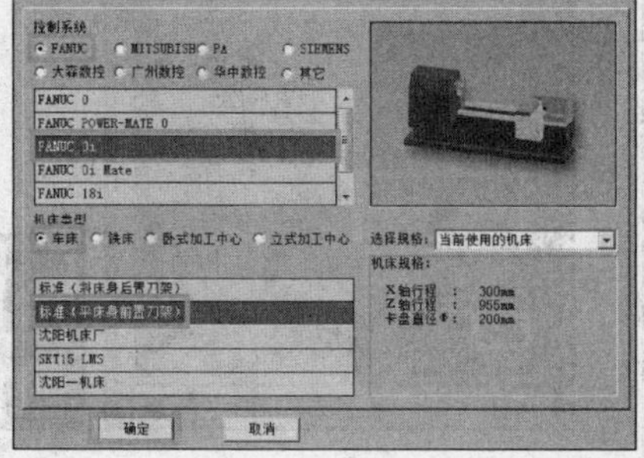	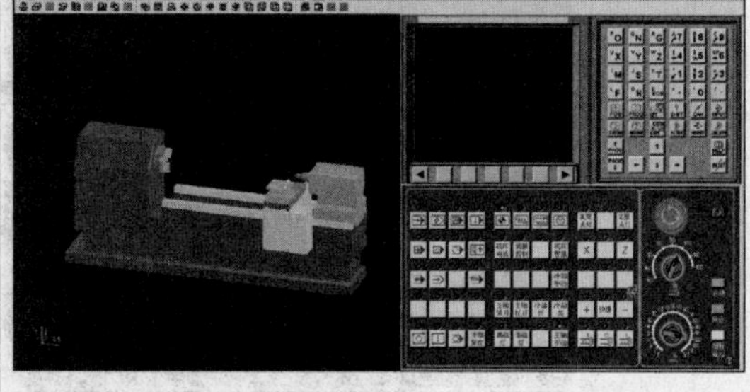

续表

步骤	操作内容	主要操作过程	操作结果
2	修改系统属性	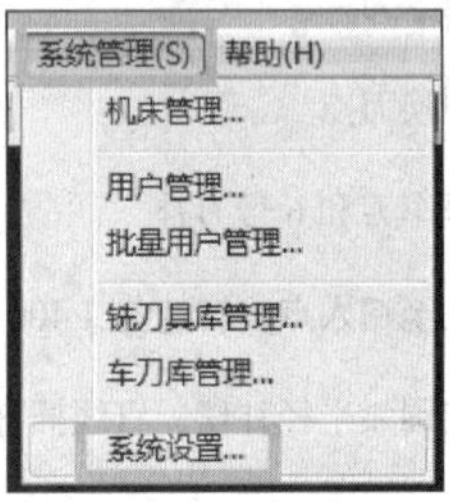 系统管理(S) 帮助(H) 机床管理... 用户管理... 批量用户管理... 铣刀具库管理... 车刀库管理... 系统设置...	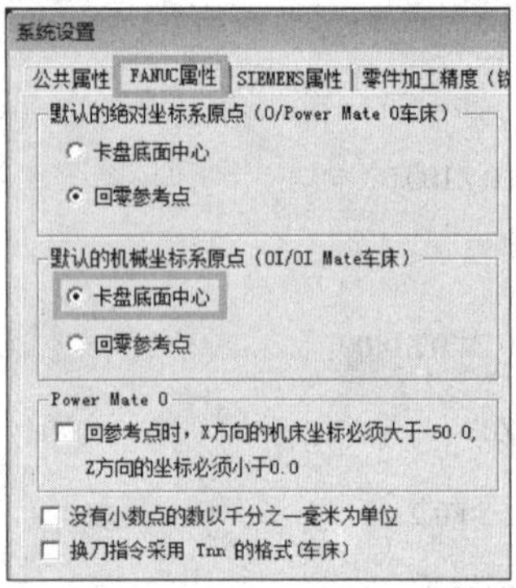 系统设置 公共属性 FANUC属性 SIEMENS属性 零件加工精度 默认的绝对坐标系原点（0/Power Mate 0车床） 卡盘底面中心 回零参考点 默认的机械坐标系原点（0I/0I Mate车床） 卡盘底面中心 回零参考点 Power Mate 0 回参考点时，X方向的机床坐标必须大于-50.0，Z方向的坐标必须小于0.0 没有小数点的数以千分之一毫米为单位 换刀指令采用 Tnn 的格式(车床)
3	启动机床	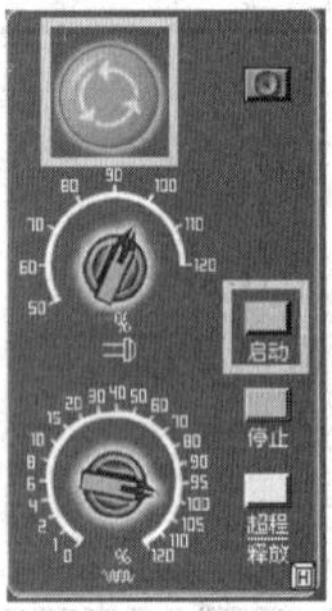 启动 停止 超程释放	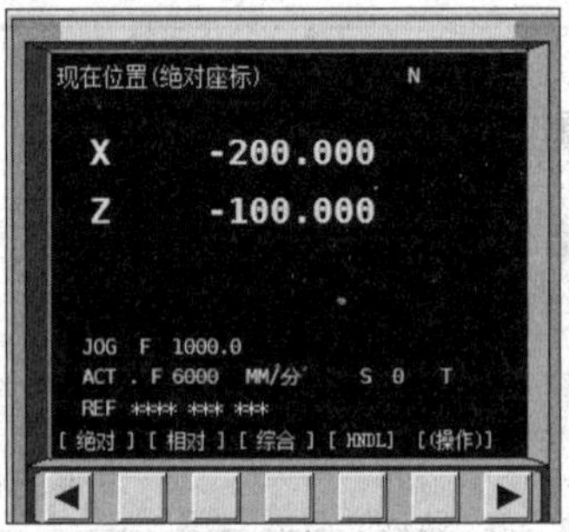  现在位置(绝对座标) N X -200.000 Z -100.000 JOG F 1000.0 ACT . F 6000 MM/分 S 0 T REF **** *** *** [绝对] [相对] [综合] [HNDL] [(操作)] 机床电机 伺服控制 机床警报 冷却手动
4	回零操作	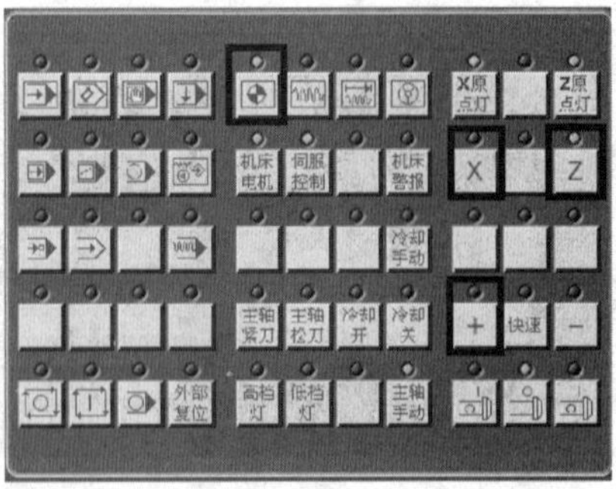 X原点灯 Z原点灯 机床电机 伺服控制 机床警报 X Z 冷却手动 主轴紧刀 主轴松刀 冷却开 冷却关 + 快速 − 外部复位 高档灯 低档灯 主轴手动	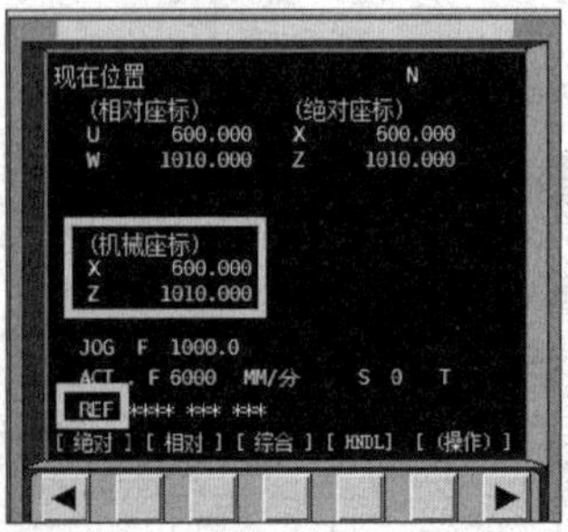 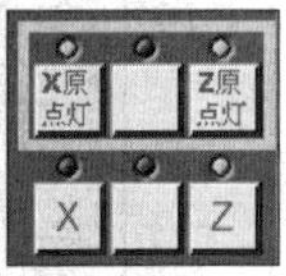 现在位置 N (相对座标) (绝对座标) U 600.000 X 600.000 W 1010.000 Z 1010.000 (机械座标) X 600.000 Z 1010.000 JOG F 1000.0 ACT . F 6000 MM/分 S 0 T REF **** *** *** [绝对] [相对] [综合] [HNDL] [(操作)] X原点灯 Z原点灯 X Z

续表

步骤	操作内容	主要操作过程	操作结果
5	安装刀具	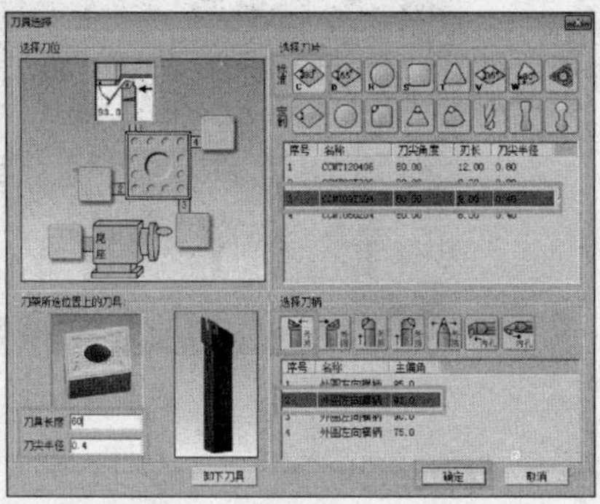	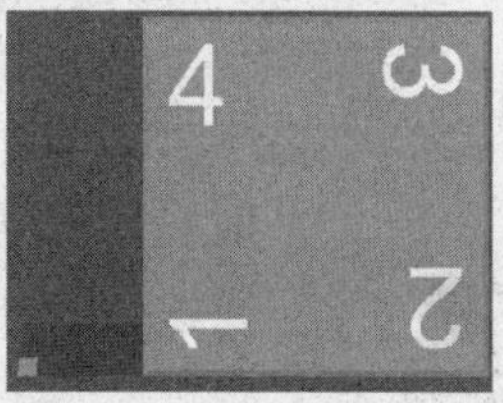
		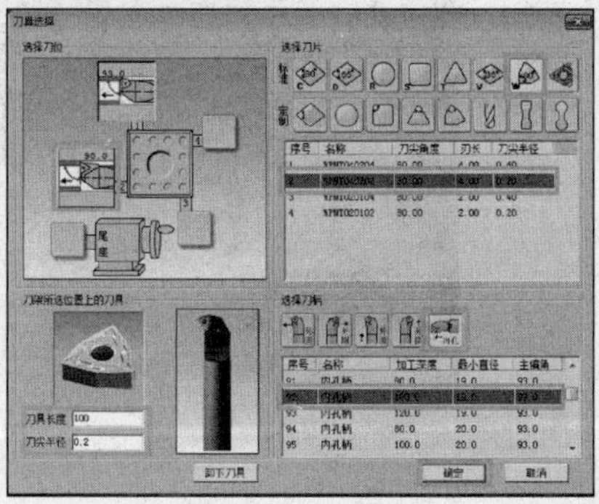	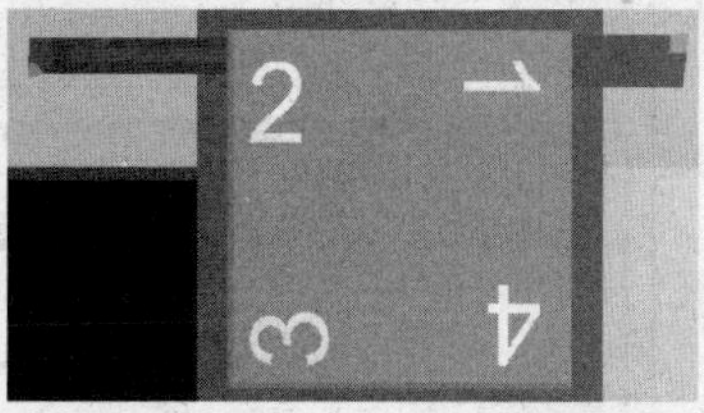
		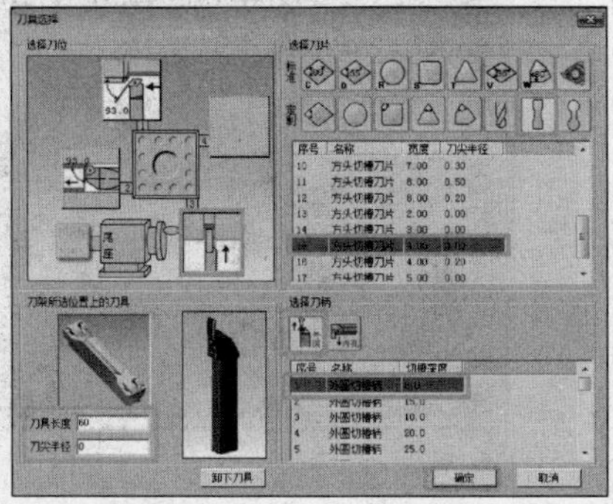	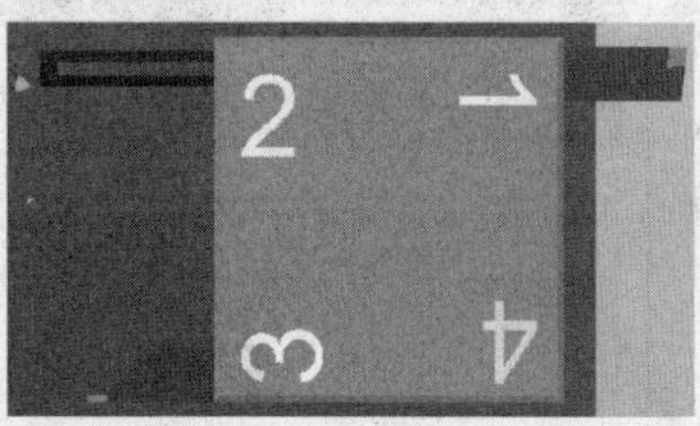

续表

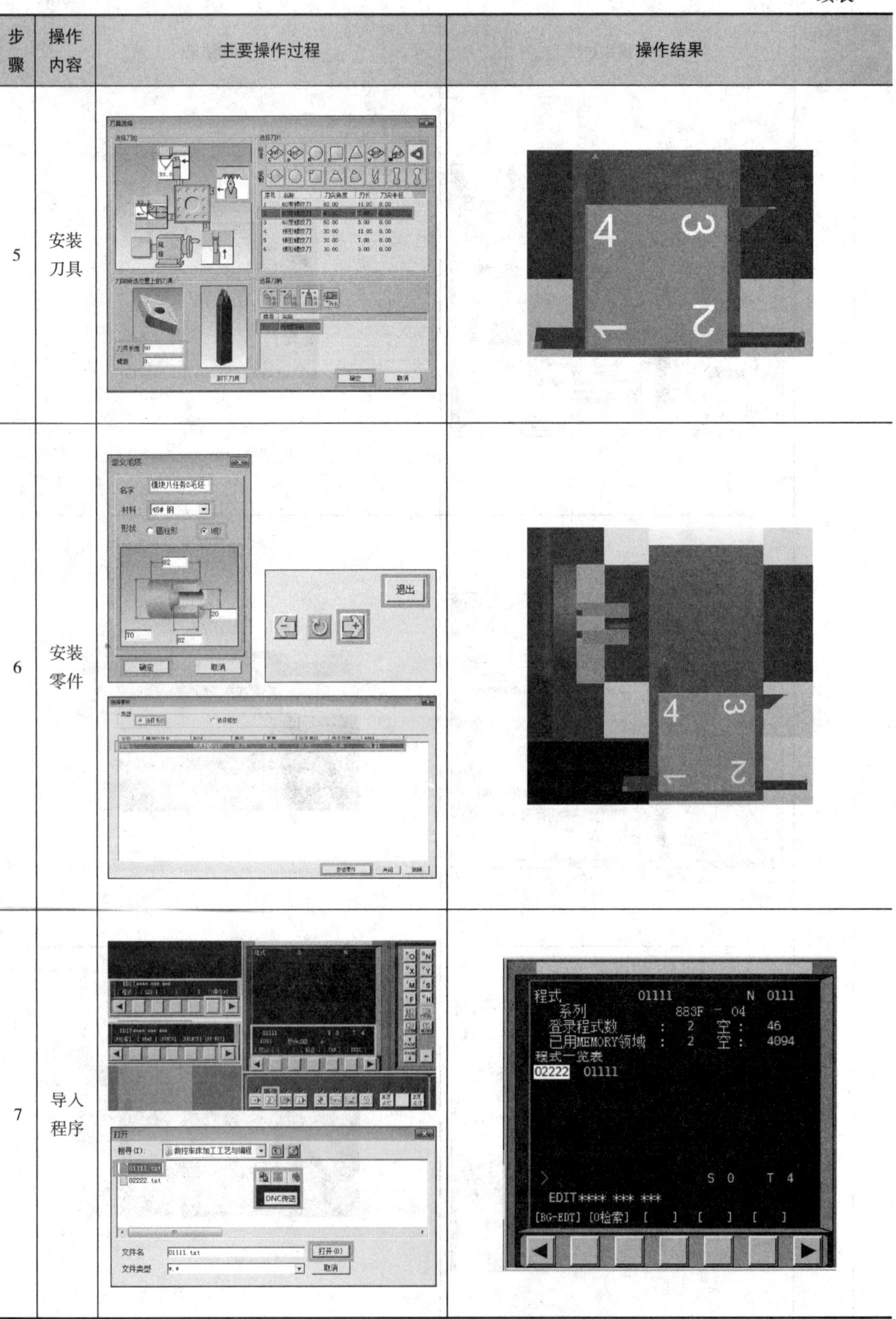

步骤	操作内容	主要操作过程	操作结果
5	安装刀具		
6	安装零件		
7	导入程序		

续表

步骤	操作内容	主要操作过程	操作结果
8	检查轨迹		
9	设置1、2号刀刀偏		
10	工序1自动加工		

续表

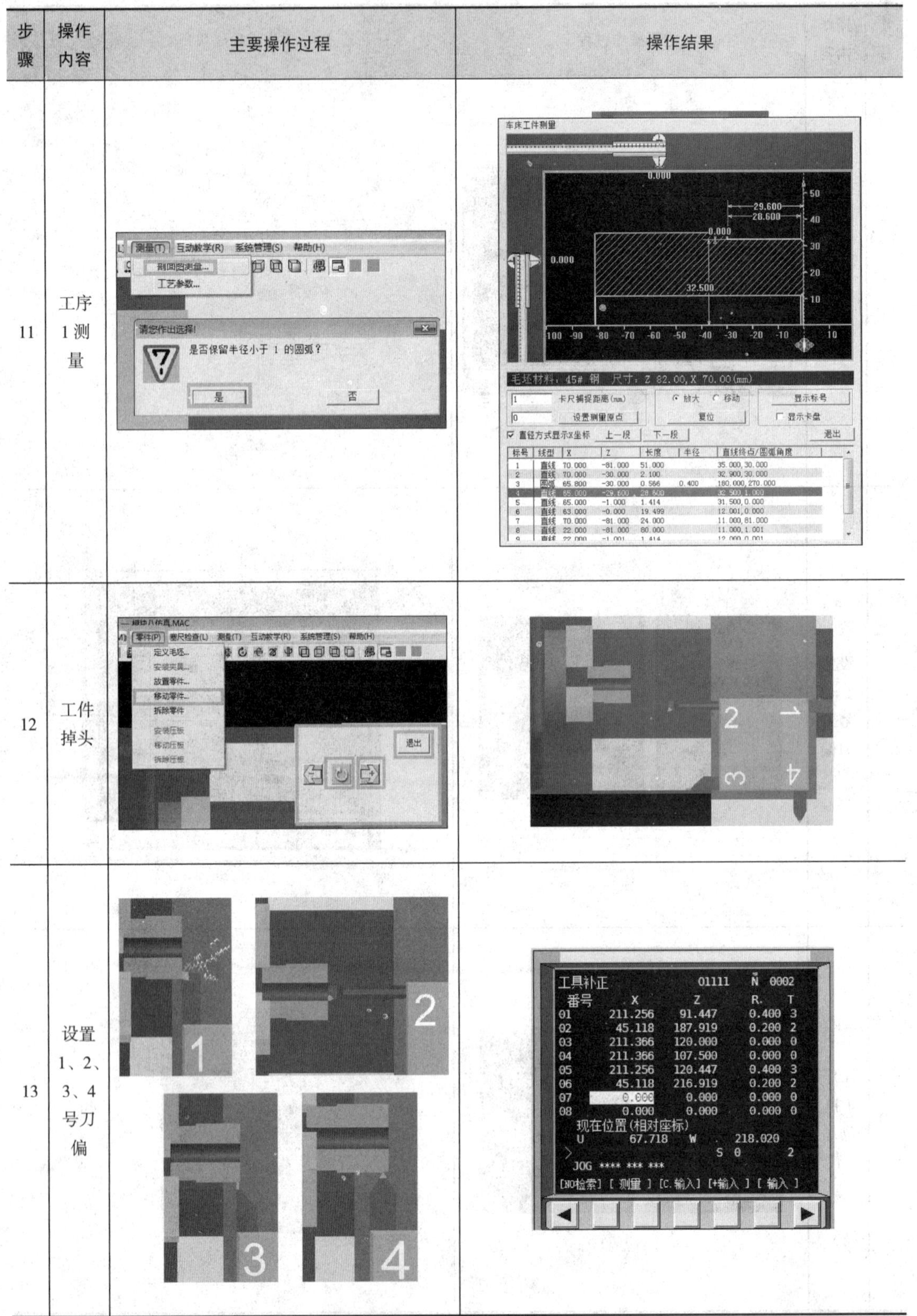

步骤	操作内容	主要操作过程	操作结果
11	工序1测量		
12	工件掉头		
13	设置1、2、3、4号刀偏		

续表

步骤	操作内容	主要操作过程	操作结果
14	工序2自动加工	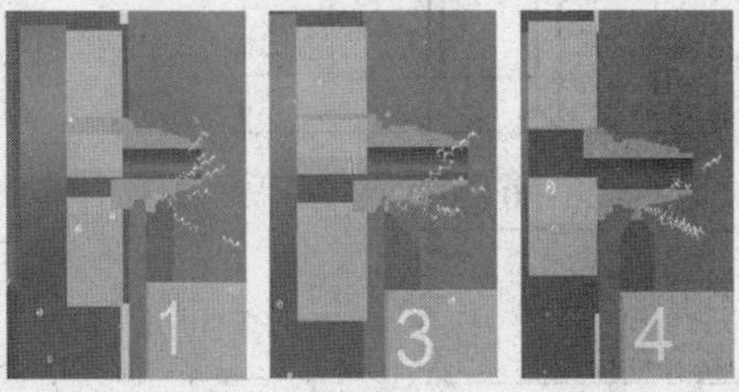	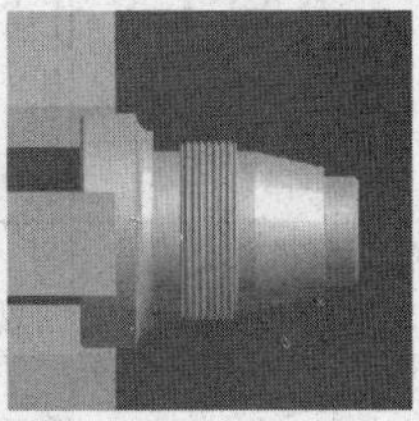
15	工序2测量	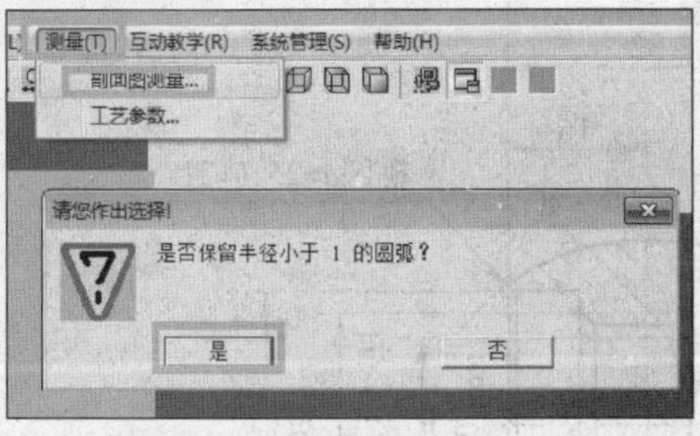	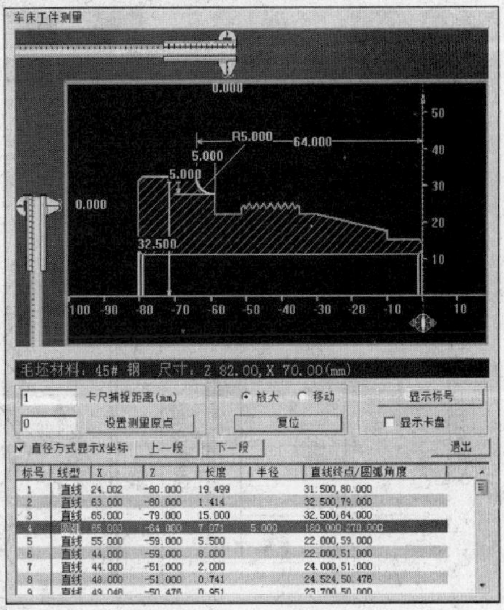

思考与练习

1. 习题图 8–1 所示零件的毛坯尺寸为 ϕ45 mm × 98 mm，材料为 06Cr19Ni10。试分析加工工艺，编制加工程序并进行仿真加工。

2. 习题图 8–2 所示零件的毛坯尺寸为 ϕ50 mm × 98 mm，材料为 45 钢。试分析加工工艺，编制加工程序并进行仿真加工。

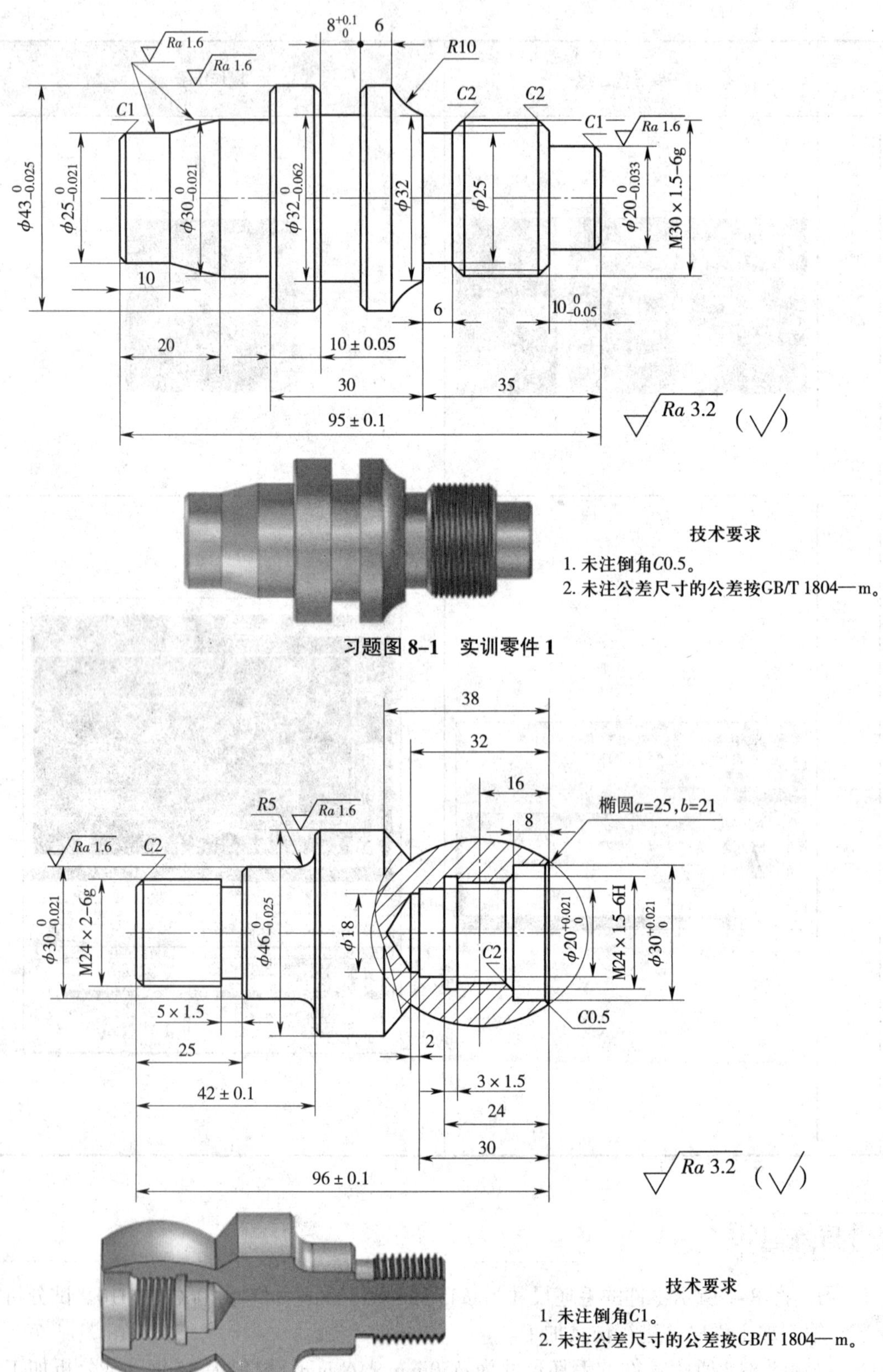

习题图 8–1　实训零件 1

习题图 8–2　实训零件 2

3．习题图 8–3 所示零件，毛坯尺寸为 $\phi60$ mm × 115 mm，材料为 2A12。试分析加工工艺，编制加工程序并进行仿真加工。

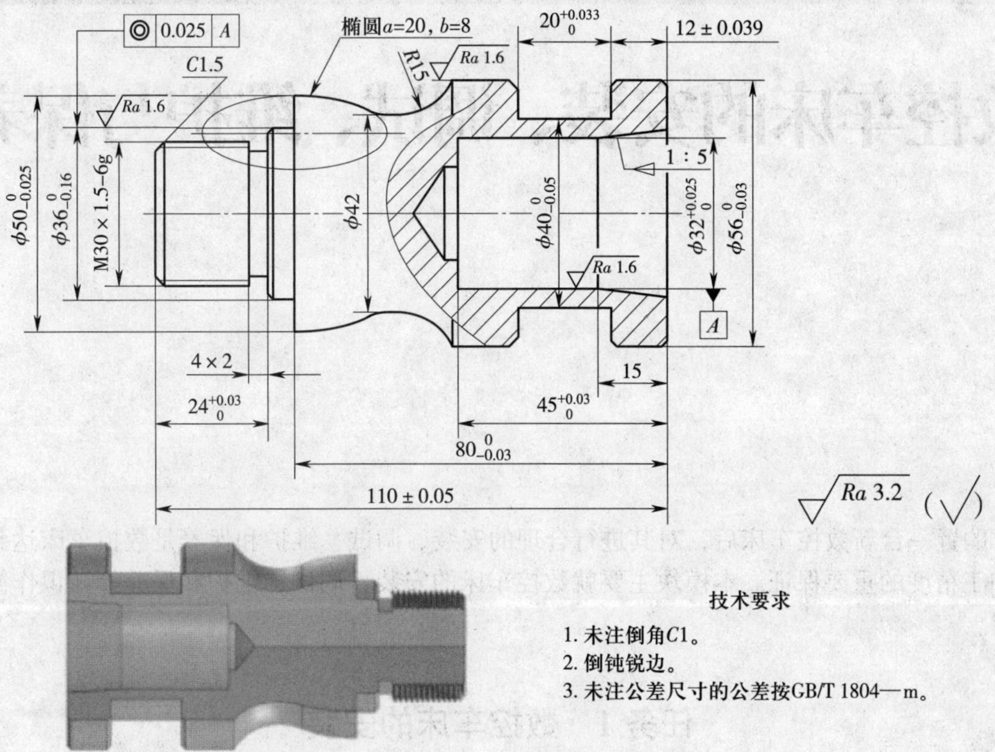

习题图 8–3　实训零件 3

模块九

数控车床的安装、调试、维护与保养

购置一台新数控车床后，对其进行合理的安装、调试、维护和保养是数控车床达到规定加工精度的重要保证。本模块主要就数控车床的安装、调试、维护和保养等知识作简要介绍。

任务1　数控车床的安装

任务目标

◆ 掌握数控车床开箱前的注意事项
◆ 掌握数控车床验收时相关文件的归档要求及相关文件的内容要求
◆ 掌握数控车床外观质量检验的相关要求
◆ 了解数控车床的安装过程

任务引入

数控车床的安装是指设备由制造厂商运到用户处，一直到数控车床安装到位这一阶段的工作内容。数控车床属于高精度、自动化机床，应严格按照制造厂商提供的使用说明书上的安装规程进行安装。数控车床的安装质量将直接影响数控车床的使用情况和使用寿命。

本任务要求能够正确安装新购置的数控车床。

其安装程序如下：

1．开箱前相关人员应全部到场。

2．检查包装箱内相关文件是否齐全。

3．观察数控车床外观质量是否符合要求。

4．正确安装。

相关知识

一、数控车床验收人员的组成

数控车床的包装箱到达安装现场后，设备管理部门要及时组织相关人员开箱检查，参加人员应包括设备管理人员、设备采购人员、设备计划调配员、档案人员和供货方的指定负责人。

二、对数控车床安装地基的要求

数控车床的质量、工件的质量、切削过程中产生的切削力等，都将通过数控车床的支承部件最终传至地基。地基质量的好坏，将关系到数控车床的加工精度、运动平稳性、变形、磨损以及使用寿命。所以，在安装数控车床之前，应先处理好地基。

为增大阻尼，减少机床振动，地基应有一定的质量。为避免过大的振动、下沉和变形，地基应具有足够的强度和刚度。经济型数控车床作用在地基上的压力一般为（3～8）$\times 10^4$ N/m^2，一般天然地基的强度足以保证，但数控车床要安放在均匀的同类地基上。对于精密和重型数控车床，当有较大的工件需在车床上移动时，会引起地基的变形，此时就需加大地基刚度并压实地基土以减小地基的变形。地基土的处理方法可采用压夯实法、换土垫层法、碎石挤密法或碎石桩加固法。精密数控车床或 50 t 以上的重型数控车床，其地基加固可用预压法或采用桩基。

在数控车床确定的安放位置上，根据说明书中提供的安装地基图进行施工，如图 9–1–1 所示。同时要考虑数控车床的质量和重心位置，与数控车床连接的电线、管道的铺设，预留地脚螺栓和预埋件的位置。

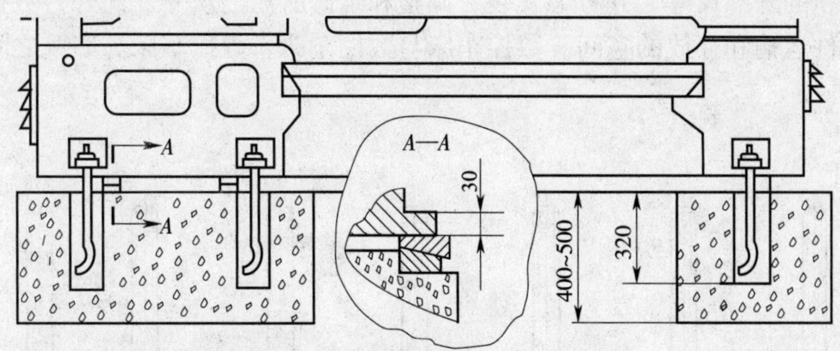

图 9–1–1　数控车床安装地基示意图

一般中小型数控车床无须做单独的地基，只需在硬化好的地面上采用活动垫铁（见图 9–1–2）稳定数控车床的床身，用支承件调整车床的水平，如图 9–1–3 所示。大型、重型数控车床需要专门做地基，精密数控车床应安装在单独的地基上，在地基周围设置防振沟，并用地脚螺栓紧固。

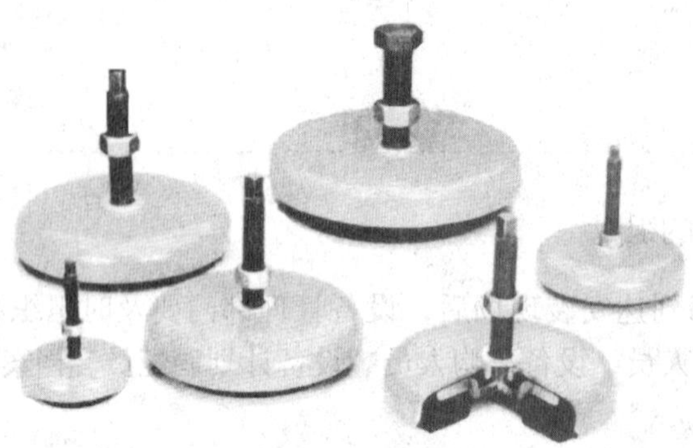

图 9–1–2 活动垫铁

图 9–1–3 用活动垫铁支承的数控车床

常用的各种地脚螺栓及固定方式如图 9–1–4 至图 9–1–7 所示。地基平面尺寸应大于数控车床支承面积的外廓尺寸，并考虑安装、调整和维修所需的尺寸。此外，数控车床旁应留有足够用于工件运输和存放的空间。数控车床与数控车床、数控车床与墙壁之间应留有足够的距离。

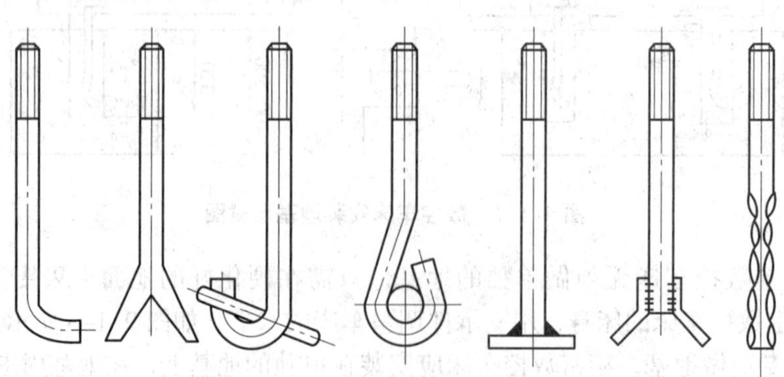

图 9–1–4 固定地脚螺栓

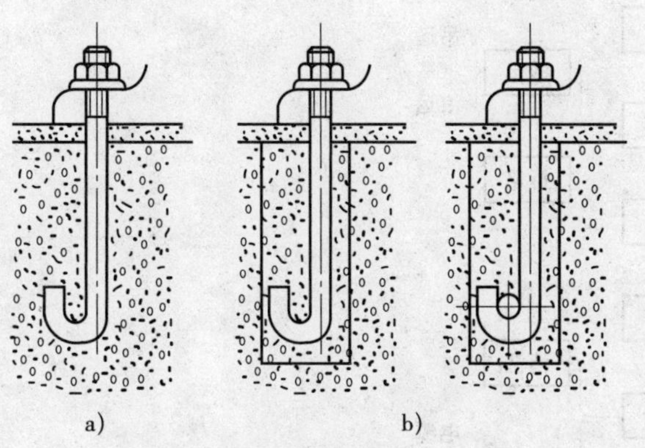

图 9-1-5 固定地脚螺栓的固定方法

a）一次浇灌法 b）二次浇灌法

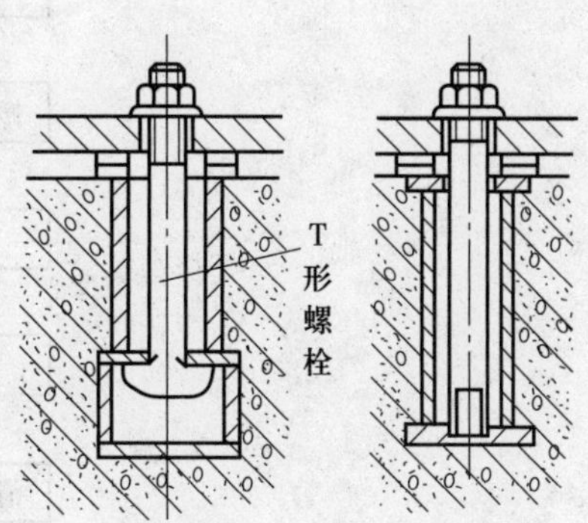

图 9-1-6 活地脚螺栓

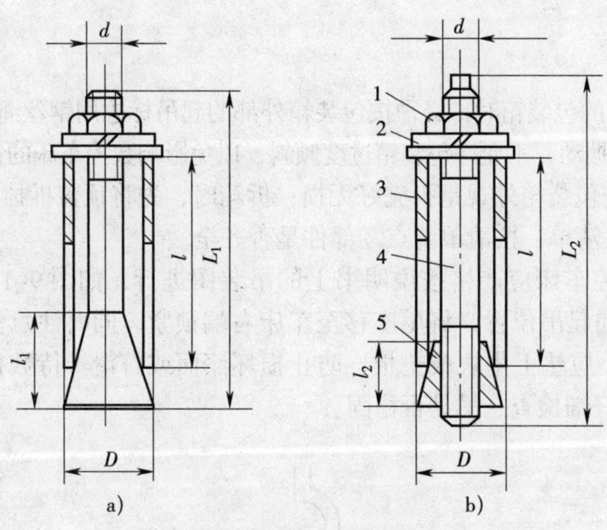

图 9-1-7 膨胀螺栓

a）Ⅰ型 b）Ⅱ型

1—螺母 2—垫圈 3—套筒 4—螺栓 5—锥体

三、对数控车床安装环境的要求

数控车床的安装位置应远离焊机、高频机械等各种干扰源，应避免阳光照射和热辐射的影响，其环境温度应控制在 0 ~ 45 ℃，相对湿度在 50% 左右，必要时应采取适当措施加以控制。数控车床不能安装在有粉尘的车间里，应避免腐蚀性气体的侵蚀。

任务实施

数控车床的安装应按图 9-1-8 所示的流程进行。

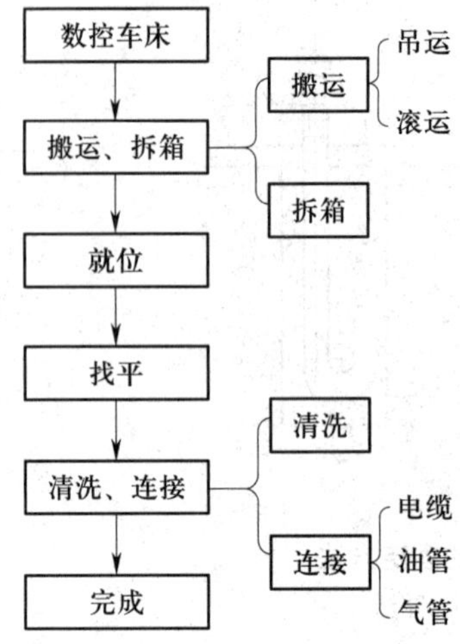

图 9-1-8　数控车床的安装流程

一、搬运及拆箱

吊运装有数控车床的包装箱时，必须按包装箱外部的起吊标志用钢丝绳进行起吊，要尽量避免包装箱受到冲击和振动，不允许包装箱过度倾斜，以免影响数控车床的精度甚至造成损伤。

拆箱前应仔细检查包装箱外观是否完好无损；拆箱时，先将顶盖拆掉，再拆箱壁；拆箱后，应找出箱内的相关清单，按清单清点零部件是否齐全。

吊运已开箱的数控车床应严格按说明书上的吊装图进行，如图 9-1-9 所示。起吊时，注意数控车床的重心和起吊位置，将尾座移至车床右端锁紧，同时注意使车床底座呈水平状态。使用钢丝绳时，应垫上木块或垫板，防止损坏漆面或打滑。待数控车床吊起离地面 100 ~ 200 mm 时，应仔细检查悬吊是否稳固。

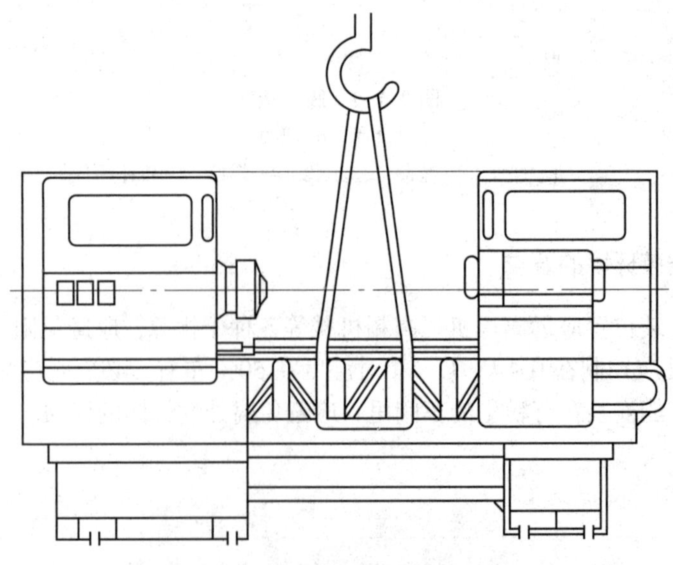

图 9-1-9　数控车床吊运方法示意图

二、就位

将数控车床缓缓地送至安装位置，并使活动垫铁、调整垫铁、地脚螺栓等相应地对号入座。常用调整垫铁见表 9–1–1。

表 9–1–1 常用调整垫铁

名称	图示	特点和用途
斜垫铁	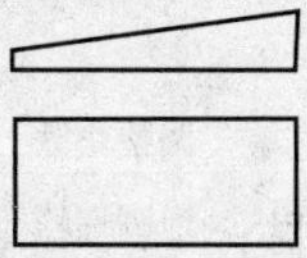	斜垫铁斜度为 1 ∶ 10，一般配置在地脚螺栓附近，成对使用，用于安装尺寸小、要求不高、安装后不需要再调整的数控车床。亦可单个使用，此时与数控车床底座为线接触，刚度不高
开口垫铁	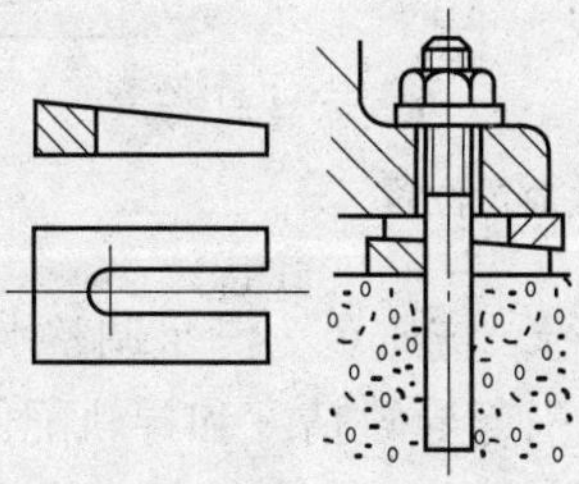	开口垫铁直接卡入地脚螺栓，拧紧地脚螺栓时能减小数控车床底座产生的变形
带通孔斜垫铁	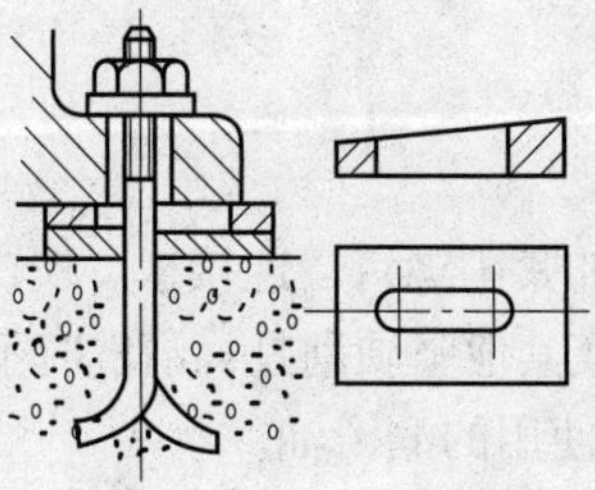	带通孔斜垫铁套在地脚螺栓上，拧紧地脚螺栓时能减小数控车床底座产生的变形
钩头垫铁	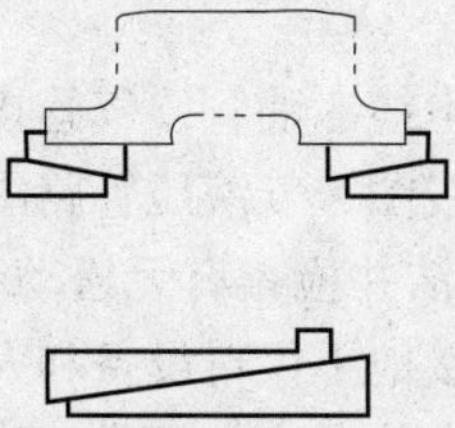	钩头垫铁的钩头部分紧靠在数控车床底座边缘上，安装调整时起限位作用，用于振动较大或质量为 10 ~ 15 t 的普通中小型数控车床

三、找平

将数控车床放置于地基上，在自由状态下按数控车床说明书的要求调整其水平。找正安装水平的基准面，应在数控车床的主要工作面（如数控车床导轨面或装配基面）上进行。对中大型数控车床，应采用多点垫铁支承，将床身在自由状态下调成水平。图 9–1–10 所示的数控车床上有 8 个调整水平垫铁，垫铁应尽量靠近地脚螺栓，以免紧固地脚螺栓时使已调整好的水平精度发生变化，水平仪读数应小于说明书中的规定数值。在各支承点都能支承住床身后，再压紧各地脚螺栓。在压紧过程中，床身不能产生额外的扭曲和变形。高精度数控车床可采用弹性支承进行调整，抑制数控车床振动。

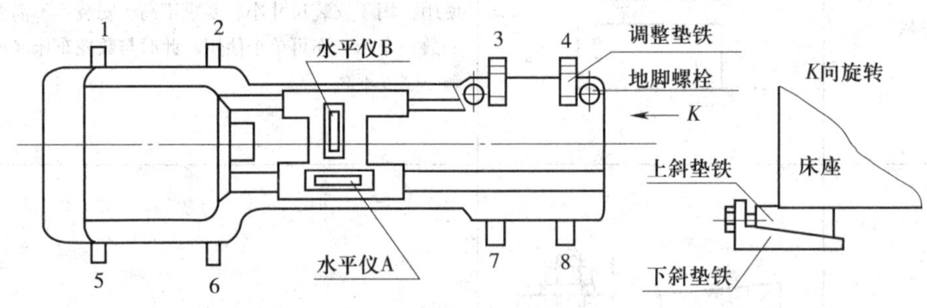

图 9–1–10　垫铁放置位置

找平工作应选在一天中温度较稳定的时候进行。应避免为满足调整水平的需要，使用可能导致数控车床产生强迫变形的安装方法，避免引起导轨精度和导轨配件的连接发生变化，使数控车床精度和性能受到破坏。对浇灌地脚螺栓安装的数控车床，考虑水泥地基的干燥有一个过程，故要求数控车床运行数月或半年后再精调一次床身水平，以保证数控车床的长期工作精度。

四、清洗和连接

1. 清理数控车床

拆除各部件上因运输需要而安装的紧固件（如紧固螺钉、连接板、楔铁等），清理各连接面、运动面上的防锈涂料。清理时不能使用金属或其他坚硬刮具，清洗时不得用棉纱或纱布，要用浸有清洗剂的棉布或绸布。清洗后涂上规定使用的润滑油。

对一些解体运输的数控车床（如车削中心），待主机就位后，应将在运输前拆下的零部件安装在主机上。在组装中，要特别注意各接合面的清理，并去除由于磕碰形成的毛刺，要尽量使用原配的定位元件将各零部件恢复到数控车床拆卸前的位置，以利于下一步的调试。

2. 连接电缆、油管和气管

主机装好后即可连接电缆、油管和气管。每根电缆、油管、气管接头上都有标牌，电气柜和各部件的插座上也有相应的标牌，根据电气接线图、气液压管路图将电缆、管道一一对号入座。在连接电缆的插头和插座时，必须仔细清洁并检查有无松动和损坏。安装电缆后，一定要拧紧紧固螺钉，保证接触完全可靠。良好的接地不仅对设备和人身安全起到重要的保障作用，同时还能减少电气干扰，保证数控系统及数控车床的正常工作。数控车床接地方式如图 9–1–11 所示。

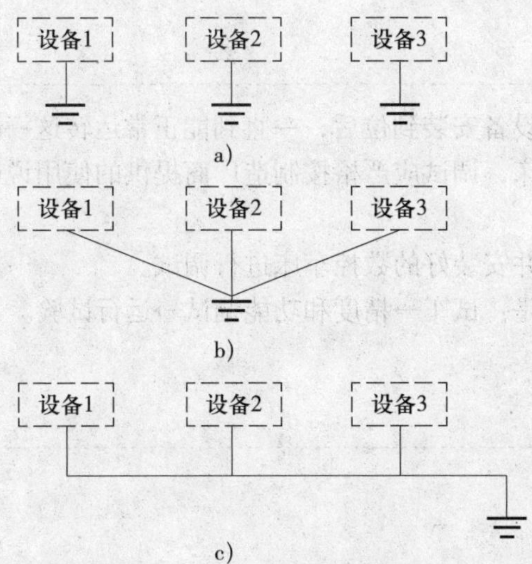

图 9-1-11 数控车床接地方式示意图

a）独立接地方式 b）多台接地方式 c）错误的接地方式

在连接油管、气管时，注意防止异物从接口进入管路，避免造成整个气液压系统发生故障。每个接头都必须拧紧，否则到试车时，若发现有油管渗漏或漏气现象，可能要拆卸一大批管子，使安装调试的工作量加大，浪费时间。

3．检查数控柜和电气柜

检查数控车床的数控柜和电气柜内部各插接件接触是否良好。与外界电源连接时，应重点检查输入电源的电压和相序，电网输入的相序可用相序表检查。接通数控车床上的油泵、切削液泵电动机，判断油泵、切削液泵电动机转向是否正确。油泵运转正常后，再接通数控系统电源。

错误的相序会使数控系统立即报警，甚至损坏器件，相序不对时，应及时调整。

国产数控车床上常装有一些进口的元器件、部件和电动机等，这些元器件的工作电压可能与国内标准不一样，因此需单独配置电源或变压器。接线时，必须按数控车床说明书中规定的方法连接。通电前，应确认供电制式是否符合要求。最后，全面检查各部件的连接状况，检查是否有多余的接线头和管接头等。

以上工作完成后，才能进行试车。

任务 2 数控车床的调试

任务目标

- ◆ 掌握数控车床的调试要求
- ◆ 掌握数控车床的调试过程

任务引入

数控车床的调试是指设备安装到位后，一直到能正常运转这一阶段的工作内容。数控车床属于高精度、自动化机床，调试应严格按制造厂商提供的使用说明书及有关的技术标准进行。

本任务要求对新购置并安装好的数控车床进行调试。

数控车床的调试步骤是：试车→精度和功能调试→运行试验。

任务实施

一、试车

试车的目的是检查数控车床的安装是否稳固，传动、操纵、控制、润滑、液压等系统的工作是否正常、可靠。

1．按数控车床说明书加油、通气

某数控车床润滑点分布如图 9–2–1 所示，润滑点及所用润滑油脂见表 9–2–1。给油箱注入符合要求的液压油，接通经过干燥脱水的压缩空气气源。

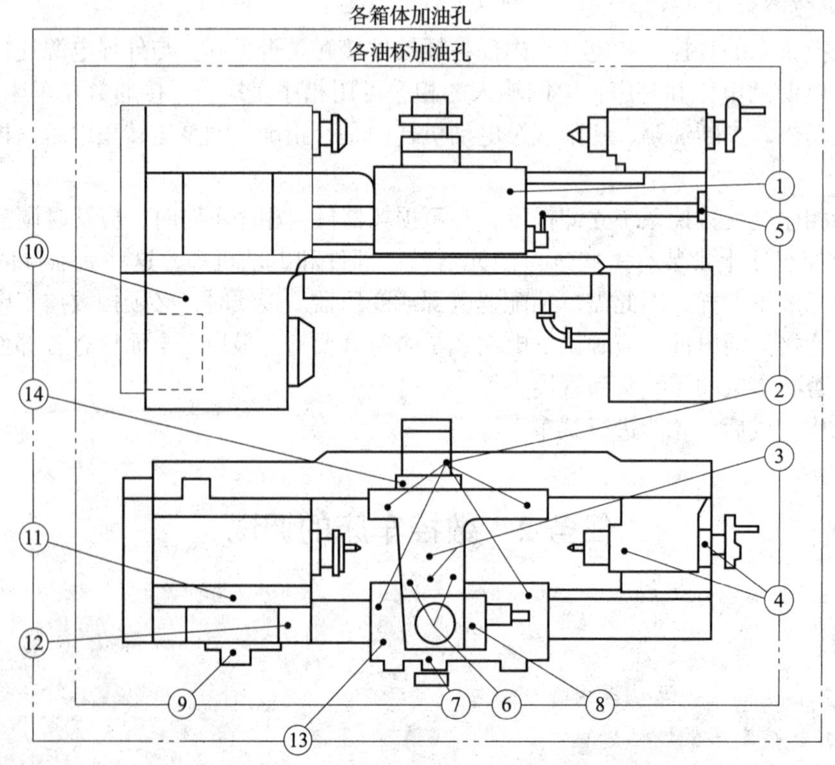

图 9–2–1　某数控车床润滑点分布示意图

表 9-2-1　　润滑点及所用润滑油脂

序号	润滑部位	孔数	油类	加油期	换油期
1	丝杠螺母	1	机油	每班一次	
2	床鞍与床身滑动面	4	机油	每班一次	
3	横进刀螺母	2	机油	每班一次	
4	尾座	2	机油	每班一次	
5	丝杠支承轴承	1	钙基脂	适量注入	6个月
6	中滑板	2	机油	适量注入	
7	横进刀轴承	1	机油	每班一次	
8	刀架支承轴承	1	钙基脂	适量注入	6个月
9	变速机构	1	机油	每班一次	
10	变速箱	1	齿轮油	按油标	6个月
11	主轴箱	1	齿轮油	按油标	6个月
12	溜板箱	1	齿轮油	按油标	6个月
13	*X*向进给箱	1	钙基脂	适量注入	6个月
14	*Z*向进给箱	1	钙基脂	适量注入	6个月

2．给数控车床通电

通电时，最好先对各部件分别供电，确认正确无误后再对整机供电。这样，可分别观察各部位有无故障报警，然后再用手动方式陆续启动各部件，检查安全装置是否起作用。例如，液压系统启动后，判断油泵电动机转动方向是否正确，液压管路是否建立起油路压力，各液压元件是否工作正常，液压管路各接头有无渗漏，冷却装置工作是否正常。接通电源，确认数控系统内部的直流稳压单元提供的 +5 V（公差 ±5%）、+24 V（公差 ±10%）等输出端电压是否符合要求。向数控装置供电，确认数控装置是否正常工作、接口信号是否有误。

3．校核数控车床参数设置

进一步校核数控车床参数设置是否符合数控车床说明书的规定。接通伺服系统电源，并做好按压急停按钮的准备。

如果伺服电动机的反馈信号线接反或断线，均会出现数控车床“飞车”现象。

4．检查数控车床各运动功能是否正常

如液晶显示屏上无报警信号，可通过手动操作测试各坐标轴的运动是否正常，倍率旋钮是否起作用。检查各轴运动部件系统限位和限位开关工作情况，系统急停、复位按钮能否起作用。再进一步测试主轴正转、反转、停转是否正常，换刀动作以及夹紧装置、润滑装置、排屑装置的工作是否正常等。还应进行一次数控车床有无基准点功能以及每次返回基准点的位置是否完全一致的检查。

数控车床初步运转后，应进行粗调整，主要调整床身水平，粗调主要几何精度，调整经过拆装的主要运动部件和主机的相对位置。

二、精度和功能调试

1．调整数控车床的几何精度

利用地脚螺栓及垫铁精调床身水平。移动床身上各运动部件（如滑板、尾座等），在各坐标全行程内观察数控车床水平的变化情况，并调整相应的几何精度，使之均在公差范围内。

2．检查数控系统工作情况

仔细检查数控系统和可编程序控制器的设定参数是否符合随机文件中规定的数据，然后试验各主要操作功能、运行行程、常用指令执行情况等，如手动操作方式、点动方式、自动运行方式、行程的极限保护、主轴挂挡指令和各级转速指令（S 指令）等，执行应正确无误。检查辅助功能及附件的工作是否正常。

通过上述检查与调试，为数控车床的运行试验做好准备。

三、运行试验

由于数控车床功能很多，为保证工作中长期自动运行性能良好，在安装调试结束后必须对其工作可靠性进行检验。一般可通过整机在一定条件下较长时间的自动运行来检验数控车床的工作可靠性。根据国家标准中的规定，数控车床自动运行试验的时间一般为 16 h。自动运行期间不应发生任何故障，如出现故障或排除故障超出规定时间，应在调整后重新进行自动运行试验。

运行试验一般分为空运行试验、功能试验和负荷试验。

1．空运行试验

空运行试验包括主运动系统空运行试验和进给运动系统空运行试验。试验应按有关规定进行。

（1）主运动系统空运行试验

无级变速的主传动应不少于 12 个转速，依次从低到高进行空运转，每个转速运转时间不少于 2 min。最高转速运转时间不少于 2 h，当主轴前后轴承达到稳定温度后测量其温度不得超过 60 ℃，温升不得超过 30 ℃。主传动系统的空运转功率按设计规定进行考核。

（2）进给运动系统空运行试验

对直线坐标轴上的运动部件，分别以低、中、高进给速度和快速（G00）进行空运转试验，各运动部件应移动平稳，无爬行和振动现象。

2．功能试验

功能试验分为手动功能试验和自动功能试验。

（1）手动功能试验

手动功能试验包括：

1）对主轴以中速进行 10 次正转、反转、停转试验。

2）对进给运动系统进行 10 种变速试验（包括低速、中速、高速和快速）。

3）对各指示器、按键、旋钮以及外部设备进行试验。

4）对其他附属装置进行试验。

（2）自动功能试验

自动功能试验是用程序控制数控车床各部位的动作进行试验，主要项目有：

1）对主轴以中速连续进行10次正转、反转、停转试验。

2）对主传动系统进行变速试验。

3）对各坐标轴上的运动部件以低速、中速、高速进行变速试验，以及在中速时连续进行正反向的启动、停止和增量进给方式的操作试验。

4）对坐标联动、定位、直线和圆弧插补等功能进行试验。

在空运行试验和功能试验之后，应编制一个连续空运行试验程序，进行至少16 h的连续空运行试验。程序应包括：

● 主轴低速、中速、高速正转、反转、停转等。

● 各坐标轴上的运动部件分别以低、中、高进给速度和快速做正反方向运行。运行时应接近最大加工范围，并选任意点进行定位。运行中不允许使用倍率旋钮，高速进给速度和快速运行状态下的时间应不少于每个循环程序所用时间的10%。

● 各坐标轴联动运行。

● 其他功能试验。

● 循环程序之间暂停时间不超过0.5 min。

3．负荷试验

负荷试验包括承载工件最大质量试验、最大切削扭矩试验、最大切削抗力试验和最大切削功率试验。

（1）承载工件最大质量试验

将与设计中规定的承载工件最大质量相当的重物置于工作台上，载荷应均布，分别以最低、最高进给速度和快速移动工作台。以最低进给速度移动时，应在接近行程的两端和中间进行往复运动，每处移动距离不少于20 mm；以最高进给速度和快速移动时，应在全行程进行。运动应平稳，低速无爬行现象。

（2）最大切削扭矩试验

试验时使用硬质合金车刀切削灰铸铁。在主轴恒扭矩转速范围内选一适当转速，调整切削用量使数控车床达到设计规定的最大扭矩。这时，数控车床应能够平稳工作。

（3）最大切削抗力试验

试验时使用高速钢麻花钻切削灰铸铁。在主轴恒扭矩转速范围内选一适当转速，调整切削用量使数控车床达到设计规定的最大切削抗力。这时，数控车床各部件应工作正常，过载保险装置可靠。

（4）最大切削功率试验

试验时使用硬质合金车刀切削钢或铸铁。在主轴恒功率转速范围内选一适当转速，调整切削用量使数控车床达到最大功率（主电动机达到额定功率）。这时，数控车床工作正常，无颤振现象，记录金属切除率。

任务3　数控车床的维护与保养

任务目标

- ◆ 掌握数控车床维护与保养的意义和要求
- ◆ 掌握数控车床维护与保养的操作规定

任务引入

在生产中，数控车床能否达到加工精度高、产品质量稳定、生产率高的目标，不仅取决于数控车床本身的精度和性能，也取决于数控车床能否得到正确的维护和保养。做好对数控车床的日常维护与保养工作，可以延长元器件的使用寿命和机械部件的磨损周期，防止意外事故的发生，确保长时间稳定工作。

本任务要求能对数控车床进行日常维护与保养。

相关知识

一、数控车床维护与保养的目的和意义

1. 延长平均无故障时间，提高数控车床的开动率。
2. 便于及早发现故障隐患，避免停机损失。
3. 保持数控车床的加工精度。

二、数控车床维护与保养的基本要求

1. 在思想上要重视数控车床维护与保养工作。
2. 提高操作人员的综合素质。
3. 为数控车床创造一个良好的使用环境。
4. 严格遵守数控车床安全操作规程。
5. 冷静对待数控车床故障，不可盲目处理。
6. 严格执行数控车床管理的规章制度。

三、数控车床维护中的点检管理

点检是数控车床维护的有效办法。点检就是按有关维护文件的规定，对设备进行定点、定时的检查和维护。其优点是可以把故障消灭在萌芽状态，防止过修或欠修，缺点是工作量大。在设备运行阶段，以点检为核心的现代维修管理体系，能达到降低故障率和维修费用，提高维修效率的目的。

1. 点检的类型

点检可分为专职点检、日常点检和生产点检三个层次，数控车床点检维修过程如图 9–3–1 所示。

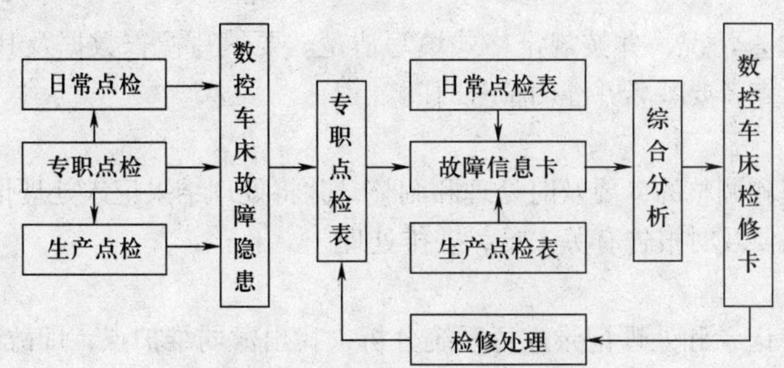

图 9–3–1 数控车床点检维修过程

（1）专职点检

对数控车床的关键部位和重要部位按周期进行重点点检和设备状态监测，并制订点检计划，做好诊断记录，分析维修结果，提出改善设备维护管理的建议。

（2）日常点检

对数控车床的一般部位进行点检，处理和检查数控车床在运行过程中出现的故障。

（3）生产点检

对生产运行中的数控车床进行点检，并进行润滑、紧固等工作。

2. 点检的内容

数控车床的点检主要包括下列内容。

（1）定点

确定一台数控车床有多少个维护点，找准可能发生故障的部位。只要把这些维护点“看住”，有了故障就会及时发现。

（2）定标

对每个维护点要逐个制定标准，例如间隙、温度、压力、流量、松紧度等，都要有明确的数量标准，只要不超过规定标准就不算故障。

（3）定期

要定出检查周期。有的维护点可能每班要检查几次，有的维护点可能一个月或几个月检查一次，要根据具体情况确定。

（4）定项

对于每个维护点检查哪些项目要有明确规定。维护点可能检查一项，也可能检查几项。

（5）定人

应根据检查部位和技术精度要求确定由谁进行检查，是操作者、维修人员还是技术人员，落实到人。

（6）定法

对于怎样检查要有规定，是人工观察还是用仪器测量，是采用普通仪器还是精密仪器。

（7）检查

检查的环境、步骤要有规定，是在生产运行中检查还是停机检查，是解体检查还是不解体检查。

（8）记录

要详细记录检查情况，并按规定格式填写清楚。要填写检查数据及其与规定标准的差值、处理意见，检查者要签名并注明检查时间。

（9）处理

检查中能处理和调整的，要及时处理和调整，并将处理结果记入处理记录。没有能力或没有条件处理的，要及时报告有关人员，安排处理。

（10）分析

要定期对检查记录和处理记录进行系统分析，找出薄弱维护点，即故障率高的维护点，提出意见，交设计人员进行改进。

任务实施

正确的操作是保证数控车床正常使用的前提，同时必要的维护和保养也是降低数控车床故障率的重要保障。数控系统是数控车床的控制指挥中心，对其进行维护和保养是延长元器件的使用寿命，防止各种故障，特别是恶性事故的发生，从而延长整台数控车床使用寿命的有效手段。

一、数控系统的维护与保养

不同数控车床的数控系统的使用、维护要求，在随机所带的说明书中一般都有明确的规定。

1. 定岗、定人、定机，严格按设备管理制度去做，无证人员不得随便开机。

2. 按各种部件的保养条例进行日常维护。

3. 维护与保养时先通强电，后通弱电，先外围设备，后数控系统。断电顺序与通电顺序相反。

4. 维护与保养时如数控系统和电路没问题，不要开数控柜和强电柜的门。机加工车间空气中一般都含有油雾、飘浮的灰尘，甚至金属粉末。一旦它们落在数控装置内的印制电路板或电子器件上，容易引起元器件间绝缘电阻下降，并导致元器件及印制电路板损坏。严禁为使数控系统能超负荷长期工作，打开数控装置柜门进行散热，其最终结果是导致系统加速损坏。

5. 每天检查数控装置上各个冷却风扇工作是否正常。定时清理数控装置的散热通风系统。应视工作环境的状况，每半年或每季度检查一次风道过滤网是否堵塞。过滤网上灰尘积聚过多，需及时清理，否则将会引起数控装置内部温度过高（一般不允许超过 55 ℃），致使数控系统不能可靠地工作，甚至发生过热报警现象。

6. 定期维护数控系统的输入 / 输出装置。通信接口等是数控装置与外部进行信息交换的重要途径，如有损坏，将导致读入信息出错。通信接口应有防护盖，以防止灰尘、切屑落入。

7. 经常监视数控装置用的电网电压。数控装置通常允许电网电压在一定范围内波动，如果超出此范围就会造成系统不能正常工作，甚至会引起数控系统内的电子部件损坏。必要时可增加交流稳压器。

8. 定期更换存储器电池。存储器一般采用可充电电池维持电路，防止断电期间数控系统丢失存储的信息。在正常电路供电时，由 +5 V 电源经一个二极管向存储器供电，同时对可充电电池进行充电。当电源停电时，则改由电池供电保持存储器的信息。在一般情况下，即使电池未失效，也应每年更换一次，以便确保系统能正常工作。注意，更换电池应在数控装置通电状态下进行，以免系统数据丢失。

9. 对长期不用的数控车床应经常给数控系统通电，在数控车床锁住不动的情况下，让系统空运行，一般每月通电 2 ~ 3 次，每次通电运行时间不少于 1 h。

特别是在环境湿度较大的梅雨季节，可利用电气元件本身的发热来驱散数控装置内的潮气，以保证电气元件性能稳定、可靠及充电电池的电量。实践表明，在空气湿度较大的地区，经常通电是降低故障率的有效措施。

10. 维护备用的印制电路板。应定期将已购置的备用印制电路板装到数控装置上通电运行一段时间。印制电路板长期不用易出故障，应经常通电以防损坏。

二、数控车床的维护与保养

数控车床工作效率的高低、各附件的故障率、使用寿命的长短等，很大程度上取决于用户能否正确使用与维护。良好的工作环境、技术水平高的操作者和维护者，将大大延长数控车床无故障工作时间，提高生产率，同时可减少机械部件的磨损，避免不必要的失误。

为了使数控车床保持良好状态，除了发生事故应及时修理外，坚持日常维护与保养可以把许多故障消灭在发生之前，防止或减少事故的发生。不同型号的数控车床要求不完全一样，具体维护要求在其说明书中都有明确规定。数控车床的通用维护要求见表 9–3–1。某数控车床的维护与保养要求见表 9–3–2。

表 9–3–1　　数控车床的通用维护要求

维护类型		具体要求
日常维护		1. 擦拭数控车床丝杠和导轨的外露部分，用轻质油洗去污物和切屑 2. 擦拭全部外露限位开关的周围区域，仔细擦拭各传感器的齿轮、齿条、连杆和检测头 3. 检查润滑油箱和液压油箱的油量及油压、油温、油雾的状况 4. 使电气系统和液压系统至少升温 30 min，检查各参数是否正常，气压压力是否正常，有无泄漏 5. 空运转使各运动部件得到充分润滑，防止卡死 6. 检查刀架转位、定位情况
定期维护	每月维护	1. 清理控制柜内部 2. 检查、清洗或更换通风系统的空气滤清器 3. 检查按钮及指示灯是否正常 4. 检查全部电磁铁和限位开关是否正常 5. 检查并紧固全部电线接头，检查有无腐蚀破损 6. 全面检查安全防护设施是否完整牢固

续表

维护类型		具体要求
定期维护	每两月维护	1. 检查并紧固液压管路接头 2. 检查电源电压是否正常，有无缺相、接地不良 3. 检查所有电动机，并按要求更换电刷 4. 检查液压马达是否有渗漏，并按要求更换油封 5. 启动液压系统，打开放气阀，排出油缸和管路中的空气 6. 检查联轴器、带轮和带是否松动、磨损 7. 清洗或更换滑块和导轨的防护毡垫
	每季维护	1. 清洗切削液箱，更换切削液 2. 清洗或更换液压系统的滤油器及伺服控制系统的滤油器 3. 清洗主轴变速箱，注入新润滑油 4. 检查联锁装置、定时器和开关是否正常工作 5. 检查继电器接触压力是否合适，并根据需要清洗和调整触点 6. 检查齿轮箱和传动部件的工作间隙是否合适
	每半年维护	1. 化验液压油，根据化验结果确定是否换油。如换油应清洗液压油箱，疏通油路，清洗或更换过滤器 2. 检查数控车床工作台是否水平，检查锁紧螺钉及调整垫铁是否锁紧，并按要求调整水平 3. 检查镶条、滑块的调整机构，调整间隙 4. 检查并调整全部传动丝杠，清洗滚动丝杠并涂新润滑油 5. 拆卸、清扫电动机，加注润滑油脂，检查电动机轴承并更换 6. 检查、清洗并重新装好机械式联轴器 7. 检查、清洗和调整平衡系统，并更换钢缆或钢丝绳 8. 清扫电气柜、数控柜及电路板，更换维持存储器内容的电池

表 9-3-2　　某数控车床的维护与保养要求

序号	周期	维护与保养部位	维护与保养要求
1	每日	机床外表	清理铁屑和油污
2		主轴箱	清理主轴箱、锥孔及卡盘
3		X、Z 轴向导轨面	清除切屑及脏物，检查润滑油是否充分，导轨面有无划伤
4		滚动丝杠	清理导轨和滚动丝杠，滑板移动应无异常噪声
5		操作面板	清理面板，指示灯指示正常，各按键、按钮、转动开关灵敏、可靠
6		液晶显示屏	检查是否有报警提示，若有应及时处理
7		液压系统	油压表指示压力正常，油泵运转声音正常，油管、管接头无泄漏，无异常噪声，工作油面高度正常
8		液压平衡系统	平衡压力指示正常，快速移动时平衡阀工作正常
9		电气控制柜	关好柜门，电气控制柜冷却风扇工作正常，风道过滤网无堵塞

续表

序号	周期	维护与保养部位	维护与保养要求
10	每日	刀架	刀具无损伤，正确夹紧在刀夹上。刀架选刀转位正确可靠，落刀压实
11		数控柜	检查数控柜上各排风扇工作是否正常，风道过滤器是否被灰尘堵塞
12		导轨润滑油箱	检查油标、油量，及时添加润滑油，润滑油泵能正常工作
13		压缩空气气源压力	气动控制系统压力应在正常范围内
14		自动空气干燥器、气源自动分水滤气器	及时清理分水器中滤出的水分，保证自动空气干燥器正常工作
15		气液转换器和增压器油面	如油面高度不够，应及时补充油液
16		主轴润滑恒温油箱	工作正常，油量充足
1	每周	各种防护装置	各种防护装置应无松动、漏水
1	每月	主轴机构	主轴径向、轴向间隙适当，若松动应拆开主轴箱加以调整。各挡变速应平稳、可靠，如不正常应检查油压指示或箱体拨叉、齿轮状况
2		X、Z 轴导轨及滚动丝杠	清理铁屑和油污，检查滑道有无磨损，疏通润滑油路，清洗防尘油毡
3		电气开关	清理脚踏开关，X、Z 轴行程开关及刀库定位开关。检查、调节行程撞块位置
4		冷却系统	疏通冷却管路，清洗冷却液箱
1	半年	主轴系统	检查锥孔跳动，检查、调整主轴传动用 V 带、编码器用同步带的张力
2		润滑油位指示开关	检查润滑装置的浮子开关动作情况，浮子落在下限位时，操作面板上应有报警显示
3		X、Z 轴直流伺服电动机	检查换向器表面，吹掉粉尘，去掉毛刺，更换磨损严重的电刷，磨合后使用，清洗编码器
4		电气控制柜	检查各插头、插座、电缆、继电器触点接触状况，检查并清理印制电路板、电源变压器、伺服变压器
5		液压系统	检查并清理过滤器、油泵、溢流阀、电磁换向阀，检查油质，清理油箱，更换新油
6		主轴润滑恒温油箱	清洗过滤器，更换润滑油
7		滚珠丝杠	清洗滚珠丝杠上的旧油脂，换新油脂
8		液压油路	清洗液压阀、过滤器、油箱等，更换或过滤液压油
9		车床精度	按车床说明书的要求调整几何精度
1	每年	直流伺服电动机电刷	检查换向器表面，去除毛刺，更换磨损严重的电刷，磨合后使用
2		润滑油泵、滤油器	清理润滑油箱，清洗润滑油泵，更换润滑油

续表

序号	周期	维护与保养部位	维护与保养要求
1	不定期	各轴导轨上镶条、压紧滚轮松紧状态	按车床说明书调整
2		切削液箱	检查液面高度，切削液过脏时清洗箱底部和过滤器
3		排屑器	清理切屑，检查有无卡住情况
4		废油池	清理废油池中的废油，以防外溢
5		主轴驱动带	按车床说明书调整

表 9–3–2 中只列出了数控车床常规检查内容，不同的数控车床应按说明书中规定的内容进行维护与保养。总之，只有做好日常维护与保养工作，才能使数控车床的故障率大幅度降低，提高其利用率，充分发挥其性能。

思考与练习

1．对数控车床安装地基与安装环境有哪些要求？
2．数控车床的安装步骤有哪几步？
3．常用的调整垫铁有哪几种类型？
4．试车的目的是什么？
5．试车前应做哪些准备工作？
6．数控车床的运行试验包括哪几项？
7．数控车床功能试验有哪些内容？
8．数控车床负荷试验有哪些项目？
9．点检是指什么？有什么特点？分为哪几个层次？
10．数控车床维护与保养的要求有哪些？